"十三五"江苏省高等学校重点教材（编号：2020-1-040）

高等职业教育路桥类专业"新形态一体化"系列教材

土 工 技 术 与 应 用

第 2 版

主　编　胡雪梅

参　编　杨蘅　曾凡稳

主　审　蒋玲　刘亚楼

U0255119

机 械 工 业 出 版 社

本书依据道路与桥梁工程专业人才培养方案编写，编写过程中兼顾了高职高专学生能力培养的需要，并将现行行业规范融入书中。内容组织以必需、够用为度，精简了理论知识阐述，强化了技术的工程应用。

本书采用"项目—任务"体例模式，以工作任务为载体来组织内容，内容包括土的基本性质、土的分类、土中应力、地基沉降变形评价、土的强度与地基承载力、土压力与土坡稳定、桥梁基础应用七个项目。为了能更好地学习本书，读者需要具备工程地质、工程力学等基础知识。

本书适用于道路与桥梁类专业群学生及相关从事道路岩土工程的技术人员。

为方便教学，本书还配有电子课件及相关资源，凡使用本书作为教材的教师可登录机械工业出版社教育服务网 www.cmpedu.com 注册下载。机工社职教建筑群（教师交流 QQ 群）：221010660。咨询电话：010-88379934。

图书在版编目（CIP）数据

土工技术与应用/胡雪梅主编. —2 版. —北京：机械工业出版社，2022.8（2024.1 重印）

高等职业教育路桥类专业"新形态一体化"系列教材　"十三五"江苏省高等学校重点教材

ISBN 978-7-111-70957-2

Ⅰ.①土…　Ⅱ.①胡…　Ⅲ.①土工学-高等职业教育-教材　Ⅳ.①TU4

中国版本图书馆 CIP 数据核字（2022）第 099128 号

机械工业出版社（北京市百万庄大街 22 号　邮政编码 100037）
策划编辑：沈百琦　　　　　　责任编辑：沈百琦　陈将浪
责任校对：郑　婕　刘雅娜　封面设计：鞠　杨
责任印制：刘　媛
涿州市般润文化传播有限公司印刷
2024 年 1 月第 2 版第 2 次印刷
184mm×260mm · 17.5 印张 · 423 千字
标准书号：ISBN 978-7-111-70957-2
定价：55.00 元

电话服务　　　　　　　　　　网络服务
客服电话：010-88361066　　机 工 官 网：www.cmpbook.com
　　　　　010-88379833　　机 工 官 博：weibo.com/cmp1952
　　　　　010-68326294　　金 书 网：www.golden-book.com
封底无防伪标均为盗版　机工教育服务网：www.cmpedu.com

前言

本书是"十三五"江苏省高等学校重点教材，高等职业教育路桥类专业"新形态一体化"系列教材。

"土工技术与应用"是道路与桥梁工程专业的一门专业基础课，主要用于学习土工技术在路桥设计和施工领域的工程应用。本书融合土力学基本原理和土工试验技术，介绍了土的基本性质、土的分类、土中应力、地基沉降变形评价、土的强度与地基承载力、土压力与土坡稳定、桥梁基础应用等知识，用于分析和解决生产实践中的岩土工程问题。本书第1版于2015年1月出版，历经多次重印，受到广大院校师生的好评，此次修订对全书的结构和内容进行了调整，丰富并优化了教材的配套资源（以二维码的形式设置在配套的实训指导报告中），手机扫描二维码即可获得在线的数字课程资源支持。

本书编写以路桥行业岗位标准为依据，按能力需求选取内容，在传承传统土力学教材的基础上，结合行业发展趋势与人才需求，反映学科领域内的新技术、新成果。本书第2版修订特色如下：

1. 体系规范

本书以产教融合为抓手，实施校企合作开发，坚持"依托路桥，面向路桥，服务路桥"的编写思路，书中融入交通行业最新规范及要求，依据《公路土工试验规程》（JTG 3430—2020）和《公路桥涵地基与基础设计规范》（JTG 3363—2019）进行修订，确保本书内容紧随行业发展步伐。另外，本书编写组与华设设计集团股份有限公司进行校企合作共建教材，参照交通运输部、人力资源和社会保障部的公路水运工程试验检测专业技术人员职业资格和注册土木工程师（岩土）执业资格标准进行课证融通开发，为学生的从业考证提供良好的知识基础。

2. 内容先进

本书力求用新观点、新思想阐述书中内容，从土的基本性质到桥梁基础应用，涉及感知、认识、理解、操作四个层面。全书理实并重，设置了七个教学项目的25个学习任务和8个实训任务，每个项目前有项目概述、学习目标，其中包含知识目标、技能目标和素养目标。配套的"实训指导报告"，依据课程涉及的专项能力设计实训内容和实施方案，按"学习情境—资讯—下达工作任务—实施计划—评定反馈"的路线指导读者完成实训任务。此次修订新增设了"知识链接""应用链接"小版块，方便读者学习。

3. 立体开发

在"互联网+"的时代背景下，本书在修订过程中紧密结合本专业的在线开放课程建设（中国大学MOOC"土工技术与应用"，网址：https://www.icourse163.org/course/NJCI-1449603163?tid=1450036444），同步打造适合线上、线下混合式教学改革的新形态一体化教材。本次修订增设了所有项目的 PPT 课件和实训指导报告中的土工试验系列微课视频，将实训操作可视化，便于教师的特色化教学与学生的自主学习，尽可能地满足高职路桥类教学对个性化、多样化、实用化的需求。

4. 融合素养知识

为贯彻落实党的二十大报告中关于立德树人根本宗旨，培养合格的社会主义建设者和接班人，本书融入素养知识内容，在每个项目的末尾以"案例小贴士"的形式介绍国内外一些具有典型意义的土力学工程事故，潜移默化地进行社会主义核心价值观、工匠精神等教育，把课程对职业能力、职业素养的要求以及社会主义核心价值观、工匠精神、良好的思想道德风尚等人文教育内容融合在教材之中，激发学生热爱祖国的思想感情，培养学生坚持不懈、精益求精、自强不息等美好品德，增强学生的社会责任感，为学生的人格培养与终身发展奠定坚实的基础。

本书由南京交通职业技术学院胡雪梅担任主编，参加编写的人员还有南京交通职业技术学院杨蘅、曾凡稳。本书由南京交通职业技术学院蒋玲教授和华设设计集团股份有限公司研究员级高级工程师刘亚楼担任主审。本书编写分工安排：胡雪梅编写绪论、项目一、项目三、项目六、项目七、实训指导报告，并负责制作立体化资源；项目四、项目五由杨蘅编写，项目二由曾凡稳编写；全书由胡雪梅统稿。

由于作者水平有限，书中不妥之处在所难免，敬请各位读者批评指正。

编　者

目录

前言

绪　论

一、土与地基基础的概念

土是一种天然的地质材料，它是由地壳表层的岩石经过风化、搬运和沉积过程后形成的覆盖于地表的松散堆积物。

在道路桥梁地基基础施工过程中会面临各种与土有关的问题，包含土工试验，土的渗透、变形、强度问题，特殊土的处理，地基基础方案的选择、施工等，这些土工技术问题均以土为研究对象。由于土的形成年代、生成环境及物质成分不同，决定了土与生俱来的碎散性、多相性和自然变异性的特点，研究并弄清土的物理、力学性质对于保证结构物的安全运营十分重要。因此，在土木工程建设设计与施工过程中需要利用土力学基本原理和土工测试技术，研究土的物理性质以及受外力时土的应力、变形、强度和渗透特性的变化。由于土具有复杂的物理成因和工程特性，因此目前在解决土工问题时，土力学基本原理的运用尚不能像其他力学学科那样具备系统的理论和严密的数学公式，而必须借助经验、现场试验来及室内试验来进行理论计算。所以，这是一门强烈依赖于实践的学科，是土力学工程运用的体现。

所有的建筑物都建造在一定的地层（土层或岩层）上，通常把承受结构作用的土体或岩体称为地基，未经过人工处理就可以满足设计要求的地基称为天然地基。当地基软弱，其承载力不能满足设计要求时，需进行加固处理的地基称为人工地基，对其应采取提高地基土的承载力、改善其变形性质或渗透性质的工程措施。

基础是将结构所承受的各种作用传递给地基的下部结构（图 0-1），一般应埋入地下一定的深度，进入较好的地层。基础根据埋置深度不同可分为浅基础和深基础，通常把埋置深度

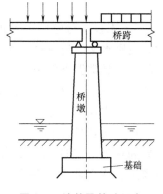

图 0-1　地基及基础示意

小于基础宽度且设计时不考虑基础侧边土体各种抗力作用的基础称为浅基础；反之，若浅层土质不良，须把基础埋置于深处的优质地层时，就得借助于特殊的施工方法，建造各种类型

的深基础，如桩基础、墩基础、沉井和地下连续墙等。

地基与基础受到各种荷载作用后，将产生一定的应力和变形，为保证结构物的正常使用和安全，地基与基础必须具有足够的强度和稳定性，变形也应该在允许的范围内。根据地基土的具体情况、上部结构的要求和荷载特点选用合适的基础类型，并合理地进行基础设计与施工，是本书重点解决的问题。

地基与基础是建筑物的根本，统称为基础工程，其勘察、设计和施工的质量将直接影响到建筑物的安危：地基土的条件千变万化，建筑场地一旦确定，就应根据该场地的地质条件来设计基础，所以通过土工试验和原位测试来了解土的性质必不可少；在勘察、设计、施工及使用阶段，土的渗透、变形、强度、稳定性等问题一直存在，需要随时加以解决；地基基础属于隐蔽工程，一旦发生质量问题，处理起来相当复杂和困难。

在道路与桥梁的工程实践中有很多地方要用到土，归纳起来可以分为三类：①作为结构物的地基，如桥梁墩（台）、挡土墙；②作为建筑材料，如用土填筑的路堤、土坝等土工构筑物；③作为结构物周围的介质或环境，如隧道、挡土墙、公路边坡等。

道路工程中，土是修筑路堤的基本材料，同时它又是支撑路堤的地基：路堤的临界高度和边坡坡度与土体的抗剪强度和土坡稳定性有关；为了获得具有一定强度和良好水稳定性的路堤，需要采用压实的施工方法，其施工质量控制依赖于土的击实特性；挡土墙设计中需要进行土压力的计算。随着高速公路建设的突飞猛进，对路基的沉降控制提出了很高的技术要求，研究土的压缩性与沉降、时间的关系是解决问题的关键；土基的冻胀和翻浆在我国北方地区是非常突出的问题，防治冻害需要研究土中水的运动规律；土质改良后的稳定土是目前广泛运用的基层材料，还有各种软土地基的处理都是建立在土力学基础之上的。

在桥梁工程中，基础工程造价很高，经济、合理的桥梁基础设计需要依靠于土力学基本理论的支持；对于超静定结构的大跨度桥梁结构，基础的沉降、倾斜或水平位移是引起结构产生较大次应力的重要因素；软土地区高速公路建设中的"桥头跳车"是影响工程正常使用的技术难题，这些问题均涉及基础的沉降、填土的压实控制和软基的加固处理等知识。

二、本课程的任务与学习要求

"土工技术与应用"是道路与桥梁相关各专业的主干课程之一，课程内容涉及工程力学、地质水文、建筑材料和结构设计等多个学科领域，内容广泛，综合性、实践性较强。课程的任务是掌握土的物理性质、工程分类和必备的公路土工试验方法；结合桥梁基础设计应用知识处理土的渗透性、沉降变形、土体强度与稳定性问题。

通过本课程的学习，要求学生掌握土力学计算原理、土工试验方法、桥梁基础的初步设计；对影响土体工程建设的因素有初步判别的能力，并给出处理意见；能根据工程需要和场地环境选择土工试验项目，描述与鉴定土质，规范地进行土工试验；能运用土的渗透、变形和强度基本理论分析和评价地基变形问题、土坡稳定性，能进行地基强度验算、土压力计算。

在本课程的学习过程中，必须紧抓土的变形、强度和稳定性问题这一重要线索，并特别注意认识土的多样性和易变性等特点；采用综合的思维方式来学习，学习土力学基本原理时还要结合桥梁基础设计、桥梁检测以及路基设计等知识。此外，还应掌握有关的土工试验技术及地基勘察技能，对建筑场地的工程地质条件做出正确的评价，运用土力学的基本知识去正确解决地基基础中的疑难问题。因此，在学习时需要注意理论联系实际，提高自己分析问题和解决问题的能力。

三、学科发展简介

土工技术与应用是一门研究土的学科，目的是解决工程建设中有关土的工程技术问题。21世纪科学技术飞速发展，在岩土工程领域，随着道路桥梁、地铁隧道、港口码头的发展，人们越来越多地需要了解和掌握有关岩土工程方面的知识，不但需要掌握微观的土力学知识，还需要了解宏观的基础工程知识。本课程将基础施工与土力学基本原理结合起来，全面地分析岩土工程问题，介绍相应的土工技术，实现了基础施工与土力学基本原理的融合发展。

作为本学科理论基础的土力学，始于18世纪的欧洲。随着资本主义工业化的发展，为了满足向国内外扩张市场的需要，陆上交通进入了"铁路时代"，因此最初有关土力学的个别理论多与解决铁路路基问题有关。1773年，法国的库仑根据试验，创立了著名的土的抗剪强度公式和土压力理论；1857年，英国的朗金通过不同假设，提出了另一种土压力理论；1885年，法国的布辛尼斯克求得了半无限弹性体在垂直集中力作用下，应力和变形的理论解答；1922年，瑞典的费伦纽斯为解决铁路塌方问题，研究出了土坡稳定分析法。这些理论和方法，至今仍在广泛使用。1925年，美国科学家太沙基发表土力学专著，至此土力学成为一门独立的学科。1936年以来，已召开了十多届国际土力学和基础工程会议，涌现了大量的论文、研究报告和技术资料，很多国家定期出版土工杂志，世界各地不定期地召开类似的专业会议，总结和交流本学科的研究成果。

与经典的力学相比，土力学具有更深刻的社会性、人文性和哲学内涵。《周易》中有"地势坤，君子以厚德载物"；《尚书·洪范》中有"土爰稼穑"。土力学虽然跻身于力学，但由于材料的特殊性和工程问题的复杂性，不可能仅靠经典的力学理论来解决所有的土力学工程问题，很多是从实践出发，依靠土工试验得出或是提炼出一系列的伴有诸多假设却又很实用的理论和方法，因此土力学具有经验性、实用性的特点，它充满了感性，源于现实，贴近生活，关联于社会，相通于历史。

随着我国社会的大发展，土力学地基基础学科经历了迅速的发展。全国各地有关生产、科研单位和高等院校不断总结实践经验，不断开展现场测试、室内试验和理论研究，在解决工程实践问题的同时也为土力学的理论研究做出了突出贡献。目前，高层建筑、高速公路、机场、铁路、桥梁、隧道等的建设都与它们赖以存在的土体有着密切的关系，它们的安全与否在很大程度上取决于土体能否提供足够的承载力以及工程结构是否发生了超过允许的沉降和差异变形等，这些问题的出现和解决促进了土力学的发展。有关单位积极研究土的本构关系、土的弹塑性与黏弹性理论以及土的动力特性；同时，各单位相继研制成功了各种各样的勘察、试验与地基处理设备，如自动记录的静力触探仪、现场孔隙水压仪、大型三轴仪、振动三轴仪、真三轴仪、流变三轴仪、深层搅拌器、塑料排水板插板机等，这些理论与设备为土力学的发展提供了良好的条件。

改革开放以来，我国在基础设施建设方面取得了重大的进展和突破，高速铁路、高速公路的运营里程均居世界首位，超高层建筑数量世界第一，三峡工程、青藏铁路、南水北调、西气东输、港珠澳大桥、上海中心大厦等一个个世纪工程，令世界瞩目。这些世纪工程的建设离不开国家政策的支持，离不开土木建设者的奉献；从技术的角度来说，也离不开土力学基础理论的指导。实践证明我们中华民族具有无限的创新能力，可以办成很多看起来不可能办成的事情，我们相信，未来我国的土力学地基与基础学科必将得到更新的更大的发展。

课后训练

1. 什么是土？土有何特点？
2. 简述土在道路工程中的作用。

项目一 土的基本性质

项目概述：

　　地表土层是由固体颗粒（又称为固相）、水和气体所组成的，故称为三相系。土中颗粒的大小、成分及三相之间的比例关系，反映出土的不同性质，如干湿、轻重、松紧及软硬等。土的这些物理性质与力学性质之间有着密切的联系，如土松而湿则强度低、压缩性大；反之，则强度高而压缩性小。公路工程中要选用或确定土质，就必须学习土的三相组成、土的物理性质，会进行指标换算并评价土的物理状态与渗透性。一般依据《公路土工试验规程》（JTG 3430—2020）（以下简称《土工规程》）完成相关土工试验，通过击实试验获得并确定最大干密度和最佳含水率，进而正确选择路基填方土料，并控制土体的压实质量。

学习目标：

　　1. 具备土的级配特征与颗粒分析知识，能进行土的物理性质与物理状态指标评价；具备换算土的物理性质指标的技能。
　　2. 具备测定土的基本物理性质指标、完成击实试验的基本技能，能规范地编写试验报告。
　　3. 掌握土的渗透概念和影响因素，能够分析产生渗透变形的原因并提出防治措施。
　　4. 激发专业使命感，树立职业素养和工程规范意识，能理论联系实际。

任务一

土的组成

一、土的三相组成

　　地球表层的整体岩石，在大气中经受长期的风化作用后形成形状不同、大小不一的颗粒，这些颗粒在不同的自然条件下堆积（或经过搬运、沉积），即形成通常所说的土。土的形成经历了漫长的地质过程，它是地质作用的产物，是由各种岩屑、矿物颗粒（称为土粒）组成的松散堆积物。由于土的形成过程不同，加上自然环境不同，土的性质有极大的差异，而人类的工程活动又促使土的性质发生变异。

在寸草不生的沙漠中，砂土是干燥的；在芳草萋萋的绿地中，土是湿润的；在苇蒲猎猎的沼泽中，土是饱和的。因而土可以是无水、含水或饱水的，孔隙中未充水的部分都是空气。由此可知土是由固相、液相和气相三部分组成的。固相部分为土粒，由矿物颗粒或有机质组成，构成土的骨架；液相部分为水及其溶解物；气相部分为空气和其他气体。土中孔隙全部被水充满的土，称为饱和土，如地下水位以下的透水土层；孔隙中仅含空气没有水的土，称为干土，如沙漠表层的干砂。饱和土和干土都是两相体系。一般在地下水位以上和地面以下一定深度内的土的孔隙中兼含空气和水，此时的土体属三相体系，称为湿土或自然土。土的工程特性主要取决于土粒的大小和矿物类型，即土的颗粒级配与矿物成分。土中的液相部分对土的性质影响较大，尤其是细粒土，土粒与水相互作用可形成一系列特殊的物理性质。

（一）土的矿物成分和有机质

1. 土的矿物成分

土粒是组成土的最主要部分，土粒的矿物成分是影响土的性质的重要因素。矿物成分按成因可分为原生矿物和次生矿物两类。

1）原生矿物是指岩石经过物理风化破碎但成分没有发生变化的矿物碎屑，如石英、长石、云母等，主要存在于卵石、砾、砂、粉各粒组中。原生矿物是物理风化的产物，化学性质比较稳定，具有较强的水稳定性。其中，以石英砂粒强度最高、硬度最大、稳定性最好，而云母则最弱，石英和云母是粗颗粒土的主要成分。

2）次生矿物是指原生矿物在一定气候条件下经化学风化作用分解形成的一些颗粒更小的新矿物，如三氧化二铁、三氧化二铝、次生二氧化硅、黏土矿物、碳酸盐等。次生矿物按其与水的作用可分为可溶或不可溶次生矿物。可溶的次生矿物按其溶解难易程度又分为易溶的、中溶的和难溶的次生矿物。次生矿物的成分和性质均较复杂，对土的工程性质影响也较大，其中数量最多的是黏土矿物。常见的黏土矿物有高岭石、蒙脱石、伊利石，它们是组成黏性土的主要成分，颗粒极细，呈片状或针状，具有高度的分散性和胶体性质，与水相互作用形成黏性土的一系列特性，如可塑性、膨胀性、收缩性等。蒙脱石具有很强的亲水性，伊利石次之，高岭石亲水性最小。

2. 土中的有机质

在岩石风化以及风化产物搬运、沉积过程中，常有动植物的残骸及其分解物质参与沉积，成为土中的有机质。有机质易于分解变质，故土中有机质含量过多时，将导致地基或土坝坝体发生集中渗流或不均匀沉降。因此，在工程中常对土料的有机质含量提出一定的限制，筑坝土料一般不宜超过5%，灌浆土料要小于2%。

（二）土中的水

土的液相是指土孔隙中存在的水。一般把土中的水看成是中性、无色、无味、无臭的，其密度为$1g/cm^3$，其在$0℃$时冻结，在$100℃$时沸腾。但实际上，土中水是成分复杂的电解质水溶液，它与土粒间有着复杂的相互作用。土孔隙中的液态水，根据它与土粒表面的相互作用情况，主要有两种类型：结合水和自由水。

1. 结合水

结合水对细粒土的工程性质有很大影响，它是吸着在土颗粒表面呈薄膜状的水，受土粒表面引力的作用而不服从静水力学规律，结合水的密度、黏滞度均比一般正常水要高，冰点低于 0℃，最低可达零下几十摄氏度。结合水的这些特征随其与土粒表面的距离而变化，越靠近土粒表面的水分子，受土粒的吸附力越强，与正常水的性质的差别越大。因此按吸附力的强弱，结合水可分为强结合水（也称为吸着水）和弱结合水（也称为薄膜水）。强结合水紧靠土粒表面，密度可达 $2g/cm^3$，具有固体性质，能够抵抗剪切作用。弱结合水远离土颗粒表面，它是强结合水与自由水的过渡类型，因此它的密度是 $1\sim2g/cm^3$，土颗粒表面结合水的总量及其变化，取决于矿物的亲水性、土粒的分散性和土粒的带电离子等。

2. 自由水

位于结合水膜以外的水，为正常的液态水溶液，它受重力的控制在土粒间的孔隙中流动，能传递静水压力，称为自由水，包括毛细水和重力水。毛细水是指受土粒的分子引力以及水与空气界面的表面张力而存在、运动于毛细孔隙中的水。毛细水一般存在于地下水位以上，由于表面张力的作用，地下水沿着土的毛细通道逐渐上升，形成毛细水上升带。毛细水上升的高度和速度取决于土的孔隙大小和形状、土颗粒的粒径尺寸和水的表面张力等。重力水位于地下水位以下的粗颗粒的孔隙中，是只受重力控制、水分子不受土粒表面吸引力影响的普通液态水，它对土产生浮力，使土的密度减小；重力水渗流能使土体发生渗透变形；重力水还能溶解土中的水溶盐，使土的强度降低，压缩性增大。

（三）土中气体

土中的气体存在于土孔隙中未被水所占据的部分。土的含气量与含水率有密切关系。土孔隙中占优势的是气体还是水，其性质有很大的不同。土中气体成分与大气成分相比，主要区别在于 CO_2、O_2 及 N_2 的含量不同。一般土中气体含有更多的 CO_2，较少的 O_2，较多的 N_2。土中的气体可分为与大气连通的气体和与大气不连通的气体两类。与大气连通的气体，受外力作用时易被挤出，对土的工程性质影响不大。而与大气不连通的气体对土的工程性质影响较大，在受到外力作用时，随着压力的增大，这种"气泡"可被压缩或溶解于水中；压力减小时，"气泡"恢复原状或重新游离出来。与大气不连通的气体多存在于黏性土中，不易逸出，使土的渗透性降低、弹性与压缩性增大。

二、土的结构和构造

（一）土的结构

土的结构是指土颗粒的大小、形状、表面特征、相互排列及其联结关系的综合特征。土的结构是在成土的过程中逐渐形成的，它反映了土的成分、成因和年代对土的工程性质的影响。

1. 单粒结构

单粒结构是碎石土和砂土的结构特征，如图 1-1a 所示。其特点是土粒间没有联结存在，或联结非常微弱，可以忽略不计。疏松状态的单粒结构在荷载作用下，特别是在振动荷载作用下会趋向密实，土粒移向更稳定的位置，同时产生较大的变形；密实状态的单粒结构在剪应力作用下会发生剪胀，即体积膨胀，密度变小。单粒结构的紧密程度取决于其矿物成分、颗粒形状、粒度成分及级配的均匀程度。片状矿物颗粒组成的砂土最为疏松；浑圆的颗粒组成的土比带棱角的颗粒组成的土容易趋向密实；土粒的级配越不均匀，结构越紧密。

2. 蜂窝状结构

蜂窝状结构是以粉粒为主的土的结构特征，如图 1-1b 所示。粒径为 0.002～0.02mm 的土粒在水中沉积时，基本上以单个颗粒下沉，在下沉过程中碰到已沉积的土粒时，如果土粒间的引力相对自重而言已经足够的大，则此颗粒就停留在最初的接触位置上不再下沉，形成大孔隙的蜂窝状结构。

3. 絮状结构

絮状结构是黏土颗粒特有的结构特征，如图 1-1c 所示。悬浮在水中的黏土颗粒当介质发生变化时，土粒互相聚合，以边-边、面-边的接触方式形成絮状物下沉，沉积为大孔隙的絮状结构。

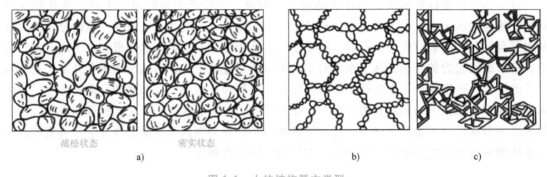

疏松状态   密实状态

a)   b)   c)

图 1-1 土的结构基本类型

a）单粒结构 b）蜂窝状结构 c）絮状结构

土的结构形成以后，当外界条件变化时，也会发生变化。例如，土层在上覆土层作用下压密固结时，结构会趋于更紧密的排列；卸载时土体的膨胀（如钻探取土时土样的膨胀或基坑开挖时基底的隆起）会松动土的结构；当土层失水干缩或介质发生变化时，盐类结晶的胶结能增强土粒间的联结；外力作用（如施工时对土的扰动或剪应力的长期作用）会弱化土的结构，破坏土粒原来的排列方式和土粒间的联结，使絮状结构变为平行的重塑结构，降低土的强度，增大压缩性。因此，在取土试验或施工过程中都必须尽量减少对土的扰动，避免破坏土的原状结构。

（二）土的构造

土的构造是指同一土层中成分和大小都相近的颗粒或颗粒集合体相互关系的特征，常见的有下列几种：

1. 层状构造

层状构造的土层由不同颜色、不同粒径的土组成层理，平原地区的层理通常为水平层理。层状构造是细粒土的一个重要特征。

2. 分散构造

分散构造的土层中土粒分布均匀，性质相近，如砂层、卵石层为分散构造。

3. 结核状构造

结核状构造是指在细粒土中掺有粗颗粒或各种结核，如含礓石的粉质黏土、含砾石的冰碛土等，其工程性质取决于细粒土部分。

4. 裂隙状构造

裂隙状构造的土体中有很多不连续的小裂隙，有的硬塑与坚硬状态的黏土为此种构造。裂隙状构造强度低，渗透性高，工程性质差。

三、土的颗粒级配

自然界中存在各种各样的土，其颗粒大小由 $1×10^{-6}$ mm 的极细黏土颗粒一直变化到几米大小的岩石碎块，当其颗粒大小不同时，土的物理性质也明显不同，当土粒变细时，土可由无黏性变为黏性，其强度、压缩性都会发生较大的变化。

（一）土的粒组

土是岩石风化的产物，是由无数的大小不同的土粒组成的，土粒的大小称为粒度。粒度是描述土最直观、最简单的标准，土粒大小相差极为悬殊，土的性质也不相同。为了便于研究，工程上通常把工程性质相近的一定尺寸范围的土粒划分为一组，称为粒组，粒组与粒组之间的分界尺寸称为界限粒径。工程上广泛采用的粒组有漂石粒、卵石粒、砾粒、砂粒、粉粒和黏粒。图 1-2 所示为《土工规程》中规定的粒组划分。

		200mm	60mm	20mm	5mm	2mm	0.5mm	0.25mm	0.075mm	0.002mm
巨粒组			粗粒组						细粒组	
漂石（块石）	卵石（小块石）	砾(角砾)			砂			粉粒	黏粒
		粗	中	细	粗	中	细		

图 1-2 粒组划分

（二）土的颗粒级配

自然界的土常包含几种粒组，土中各粒组的相对含量（用粒组质量占干土总质量的百分数表示）称为土的颗粒级配，可以通过颗粒分析试验确定颗粒级配。

1. 颗粒分析试验

测定土中各粒组颗粒质量占该土总质量的百分数，确定粒径分布范围的试验称为颗粒分析试验，简称为颗分试验，常用试验方法有筛分法和静水沉降法两种，具体试验内容见实训任务四。

1）筛分法。筛分法适用于粒径大于 0.075mm 的土粒。采用筛分法时，将一套孔径大小不同的标准筛，从上到下按粗孔到细孔的顺序叠好，将已知重量的风干、分散的土样过筛，把各粒组分离出来，并求出含量百分数。

2）静水沉降法。静水沉降法适用于分析粒径小于 0.075mm 的土粒，土粒大小相当于与实际土粒有相同沉降速度的理想圆球体的直径。静水沉降法主要利用土粒在静水中下沉速度不同（粗粒下沉快，而细粒下沉慢）的原理，把不同粒径的土粒区别开来。其步骤是先分散团粒、制备悬液，然后用密度计测定悬液的密度，再根据司笃克斯定律建立粒径与沉速的关系式，算出各粒组含量的百分数。静水沉降法又可以分为密度计法和移液管法，公路行业普遍采用密度计法。

如果土中同时含有粒径大于和小于 0.075mm 的土粒时，则需联合使用上述两种方法，试验方法可参阅《土工规程》。

2. 土的级配曲线

颗粒分析试验的成果常用颗粒级配累计曲线表示，如图1-3所示。图中横坐标表示粒径（对数尺度），纵坐标表示小于某粒径的土粒质量占总质量的百分数。累计曲线是一种比较完善的图示方法，考虑到土颗粒的粒径差距很大，采用半对数纸（半对数坐标）绘制，可以把细粒的含量更好地表达清楚。

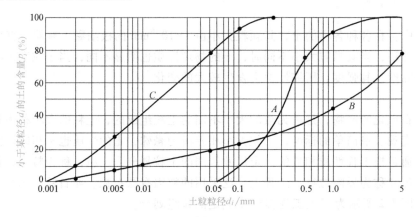

图1-3　颗粒级配累计曲线

由累计曲线可以直观地看出土中各粒组的分布情况。曲线 A 表示该土绝大部分是由比较均匀的砂粒组成的。而曲线 B 表示该土是由较多粒组的土粒组成的，土粒极不均匀，曲线 C 表示该土中砂粒极少，主要是由细颗粒组成的黏性土。颗粒级配累计曲线既可看出粒组的范围，又可得到各粒组的含量。

3. 颗粒级配指标

常用的判别土的颗粒级配良好与否的指标有两个：不均匀系数 C_u 和曲率系数 C_c。不均匀系数 C_u 是反映土颗粒粒径分布不均匀程度的参数，是控制粒径与有效粒径之比，即

$$C_u = \frac{d_{60}}{d_{10}} \tag{1-1}$$

不均匀系数反映曲线的范围，表明土粒大小的不均匀程度，其值越大，曲线越平缓，说明土粒越不均匀，即级配良好；其值越小，曲线越陡，说明土粒越均匀，即级配不良。

曲率系数是反映土的粒径分布曲线斜率连续性的参数，其计算方法如下：

$$C_c = \frac{(d_{30})^2}{d_{60} d_{10}} \tag{1-2}$$

式中　d_{10}，d_{30}，d_{60}——土的特征粒径（mm），在土的粒径分布曲线上，小于该粒径的土粒质量分别为总土质量的 10%、30%、60%。

曲率系数 C_c 反映的是颗粒级配累计曲线分布的整体形态，表示粒组是否缺失的情况，$C_c = 1 \sim 3$ 时，表明土粒大小的连续性较好；也就是说 C_c 小于 1 或大于 3 时的土，颗粒级配不连续，缺乏中间粒径。

一般认为不均匀系数 $C_u < 5$ 的土称为匀粒土，级配不良。但实际上仅用单独一个指标 C_u 来确定土的级配情况是不够的，还必须同时考察累计曲线的整体形状，故需兼顾曲率系数。

因此，《土工规程》中规定，级配良好的土必须同时满足两个条件，即 $C_u \geq 5$ 且 $C_c = 1 \sim 3$；如不能同时满足这两个条件，则为级配不良的土。例如图 1-3 中曲线 A，$d_{10} = 0.10\text{mm}$；$d_{30} = 0.22\text{mm}$；$d_{60} = 0.39\text{mm}$，则 $C_u = 3.9$，$C_c = 1.24$，因此土样 A 为级配不良的土。

级配良好的土，粗、细颗粒搭配较好，粗颗粒间的孔隙被细颗粒填充，易被压实到较高的密实度，因而土的透水性小、强度高、压缩性小。反之，级配不良的土，其压实密度小、强度低、透水性大而渗透稳定性差。

土粒组成和级配相近的土，往往具有某些共同的性质，所以土粒组成和级配可作为土（特别是粗粒土）的工程分类和筑路土料选择的依据。

知识链接——级配的运用

在工程应用中，级配良好是指土中大小颗粒数量适中，土的孔隙小容易压实、强度高、变形小，透水性较小，不易发生管涌，适宜用作工程填土（如处理软弱地基时的换填土、路基、土坝等填方工程）的土料。但是这种级配良好的土透水性不好，作为排水与反滤材料就不合适了，工程中是选用级配良好还是级配不良的土不能一概而论。

【例 1-1】 取 500g 烘干土试样进行筛分析，表 1-1 为筛分析试验结果，底盘内试验质量为 20g，试确定此土样的级配特征。

表 1-1 筛分析试验结果

筛孔孔径/mm	2.0	1.0	0.5	0.25	0.075	底筛
留筛质量/g	50	150	150	100	30	20

解：依据试验数据，求出累计留筛质量和小于某粒径百分数见表 1-2。

表 1-2 筛分析试验计算结果表

筛孔孔径/mm	2.0	1.0	0.5	0.25	0.075	底筛
留筛质量/g	50	150	150	100	30	20
累计留筛质量/g	50	200	350	450	480	500
大于筛孔孔径百分数(%)	10	40	70	90	96	100
小于某粒径百分数(%)	90	60	30	10	4	0

由计算结果可知：$d_{10} = 0.25\text{mm}$，$d_{30} = 0.5\text{mm}$，$d_{60} = 1.0\text{mm}$

不均匀系数：
$$C_u = \frac{d_{60}}{d_{10}} = \frac{1.0}{0.25} = 4$$

曲率系数：
$$C_c = \frac{(d_{30})^2}{d_{60}d_{10}} = \frac{0.5^2}{0.25 \times 1.0} = 1$$

因不均匀系数 $C_u < 5$，此土级配不良。

课后训练

1. 什么是土的颗粒级配？为什么绘制颗粒级配累计曲线要采用半对数坐标？

2. 如何用颗粒级配累计曲线来判断土的级配好坏？

3. 从干土样中取 1000g 的试样，经标准筛充分过筛后称得各级筛上留下来的土粒质量见表 1-3，试求土中各粒组的质量百分数以及小于各级筛孔径的质量累积百分数。

表 1-3　各级筛上留下来的土粒质量

筛孔孔径/mm	2.0	1.0	0.5	0.25	0.075	底盘
各级筛上的土粒质量/g	100	100	250	350	100	100

任务二

土的物理性质

一、土的物理性质指标

土的物理性质指标是指表示土中固、液、气三相的组成特性、比例关系及相互作用特性的物理量。土是由固相（土粒）、液相（水溶液）和气相（空气）组成的三相分散体系，可利用三相在体积上和质量（或重力）上的比例关系来反映土的干湿程度和紧密程度。土的三相比例指标是工程地质勘查报告中不可缺少的部分，是评定土工程性质最基本的指标，包括土粒比重（土粒相对密度），土的含水率、密度、孔隙比、孔隙率和饱和度等。为便于说明这些指标，通常把本来互相分散的三相分别集中起来，绘出土的三相图（图 1-4）。

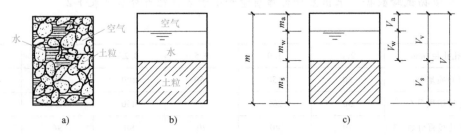

图 1-4　土的三相图（一）

a) 土体　b) 土的三相图　c) 各项的质量与体积

图 1-4 中各符号的意义如下：m 表示质量，V 表示体积；下标 a 表示气体，下标 s 表示土粒，下标 w 表示水，下标 v 表示孔隙。如 m_s、V_s 分别表示土粒质量和土粒体积。

（一）三项基本物理性质指标

三项基本物理性质指标是指土的密度、含水率和土粒比重，一般由实验室直接测定其数值，具体试验内容见实训任务一。其他指标由实测指标换算得到，称为换算（导出）指标。

1. 土的密度 ρ 与重度 γ

土的密度是指单位体积土的质量，用 ρ 表示，其单位为 g/cm^3，表达式如下：

$$\rho = \frac{m}{V} \tag{1-3}$$

天然状态下土的密度变化范围较大，一般黏性土 $\rho = 1.8 \sim 2.0\text{g/cm}^3$；砂土 $\rho = 1.6 \sim 2.0\text{g/cm}^3$。土的密度常用环刀法测定。

土的重度也称为容重，是指单位体积土的重量，用 γ 表示，单位为 kN/m^3，表达式如下：

$$\gamma = \frac{W}{V} = \frac{mg}{V} = \rho g \tag{1-4}$$

式中 W——土的重量（kN）；

g——重力加速度，约等于 9.807m/s^2，工程中一般取 $g = 10\text{m/s}^2$。

2. 土的含水率

土中含水率是指土中水的质量与土粒质量之比，以百分数表示，表达式如下：

$$w = \frac{m_\text{w}}{m_\text{s}} \times 100\% \tag{1-5}$$

室内测含水率的标准试验方法一般采用"烘干法"，操作时，先称取小块原状土样的湿土质量 m，然后置于烘箱内维持 $100 \sim 105℃$ 烘至恒重，再称取干土质量 m_s，湿土、干土的质量之差（$m - m_\text{s}$）与干土质量 m_s 的比值，就是土的含水率。

3. 土粒比重

土粒比重是指土粒的质量与同体积 4℃时纯水的质量之比，表达式如下：

$$G_\text{s} = \frac{m_\text{s}}{V_s \rho_\text{w}} \tag{1-6}$$

式中 ρ_w——4℃时纯水的密度，取 $\rho_\text{w} = 1.0\text{g/cm}^3$。

因为 $\rho_\text{w} = 1.0\text{g/cm}^3$，所以实际上，土粒比重在数值上等于土粒密度（固体土颗粒的密度），是无量纲数。

土粒比重常用比重瓶法测定，操作时，将风干、碾碎的土样注入比重瓶内，由排出同体积水的质量的原理测定土颗粒的体积。土粒比重的变化范围不大，一般砂土为 $2.65 \sim 2.69$；粉土为 $2.70 \sim 2.71$；黏性土为 $2.72 \sim 2.75$；土中有机质含量增加时，土粒比重将显著减小。

（二）换算指标

1. 土的饱和密度 ρ_sat 与饱和重度 γ_sat

土的饱和密度是指土中孔隙完全被水充满时的密度，常见值为 $1.8 \sim 2.3\text{g/cm}^3$，表达式如下：

$$\rho_\text{sat} = \frac{m_\text{s} + V_\text{v}\rho_\text{w}}{V} \tag{1-7}$$

土的饱和重度是指土中孔隙充满水时的单位体积重量，表达式如下：

$$\gamma_\text{sat} = \frac{W_\text{s} + V_\text{v}\gamma_\text{w}}{V} = \rho_\text{sat} g \tag{1-8}$$

式中 $V_\text{v}\gamma_\text{w}$——充满土中全部孔隙的水重；

γ_w——4℃时纯水的重度，取 $\gamma_\text{w} = 9.8\text{kN/m}^3$。

2. 土的浮重度 γ'（有效重度）

土在地下水位以下，受到水的浮力作用时单位体积的重量，称为土的浮重度，又称为有效重度，表达式如下：

$$\gamma' = \frac{W_s + V_v\gamma_w - V\gamma_w}{V} = \gamma_{sat} - \gamma_w = \rho'g \quad (1\text{-}9)$$

式中　ρ'——浮密度或有效密度（g/cm^3）。

3. 土的干密度 ρ_d 与干重度 γ_d

土的干密度是指单位体积土中土颗粒的质量，单位为 g/cm^3，表达式如下：

$$\rho_d = \frac{m_s}{V} \quad (1\text{-}10)$$

从式（1-10）中可以看出：土的干密度值与土的含水率无关，只取决于土的矿物成分和孔隙结构，土的干密度一般取 $1.4\sim1.7g/cm^3$。土的干密度越大，表明土体越密实，其强度越高。在工程上常把干密度作为评定土体紧密程度的标准，以控制填土工程的施工质量。一般认为干密度达到 $1.50g/cm^3$ 以上时，土就比较密实。

土在完全干燥状态下单位体积的重量，称为土的干重度，表达式如下：

$$\gamma_d = \frac{W_s}{V} = \rho_d g \quad (1\text{-}11)$$

同一种土的各种重度或密度在数值上有以下关系（浮重度对应浮密度）：

$$\gamma_{sat} > \gamma > \gamma_d > \gamma' \text{ 或 } \rho_{sat} > \rho > \rho_d > \rho'$$

4. 孔隙比 e

土的孔隙比是指土中孔隙体积与土粒体积之比，即

$$e = \frac{V_v}{V_s} \quad (1\text{-}12)$$

孔隙比用小数表示，它是一个重要的物理性质指标，可以用来评价天然土层的密实程度。一般认为 $e<0.6$ 的土是密实的低压缩性土，$e>1.0$ 的土是疏松的高压缩性土。

5. 孔隙率 n

土的孔隙率是指土中孔隙体积与土的总体积之比，以百分数表示，即

$$n = \frac{V_v}{V} \times 100\% \quad (1\text{-}13)$$

孔隙率与孔隙比之间存在着下述换算关系，即

$$n = \frac{e}{1+e} \times 100\% \quad (1\text{-}14)$$

6. 饱和度 S_r

饱和度是指土中水的体积与孔隙体积之比，以百分数表示，即

$$S_r = \frac{V_w}{V_v} \times 100\% \quad (1\text{-}15)$$

土的饱和度用来描述土孔隙中水充满孔隙的程度，$S_r = 0$ 为完全干燥的土；$S_r = 100\%$ 为完全饱和的土。虽然饱和度与含水率均为描述土中含水程度的指标，但两者之间不存在对应关系。根据饱和度 S_r，砂土的湿度可分为三种状态：稍湿砂土的 $S_r \leqslant 50\%$；潮湿砂土的 S_r 为 $50\% < S_r \leqslant 80\%$；饱和砂土的 $S_r > 80\%$。

工程研究中，一般将饱和度 $S_r>95\%$ 的天然黏性土视为完全饱和土；而砂土当 $S_r>80\%$ 时就认为已达到饱和了。

（三）物理性质指标之间的换算

上述物理性质指标中，除了土的密度 ρ、土粒比重 G_s 和土的含水率 w 是通过试验测定的，其余指标均可以由三个试验指标经计算得到，其换算关系见表1-4。对于表中的换算公式，只要掌握了每个指标的物理意义，就可以运用三相图推导得到。其基本思路是先画三相图，如图1-5所示，假定土的颗粒体积 $V_s=1$，水的密度 $\rho_w=1\mathrm{g/cm^3}$，则孔隙体积 $V_v=e$，总体积 $V=1+e$，土的颗粒质量 $m_s=V_sG_s\rho_w=G_s$，水的质量 $m_w=wm_s=wG_s$，土的总质量 $m=m_s+m_w=G_s+wG_s=(1+w)G_s$，根据定义有：

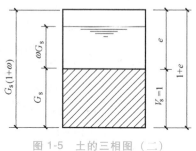

图1-5 土的三相图（二）

$$\rho=\frac{m}{V}=\frac{G_s(1+w)}{1+e}$$

$$\rho_d=\frac{m_s}{V}=\frac{G_s}{1+e}$$

$$e=\frac{G_s(1+w)}{\rho}-1$$

$$\rho_{sat}=\frac{m_s+V_v\rho_w}{V}=\frac{G_s+e}{1+e}$$

$$S_r=\frac{V_w}{V_v}=\frac{m_w}{e}=\frac{wG_s}{e}$$

表1-4 土的物理性质指标之间的换算

指标	定义	换算公式		
密度	$\rho=\dfrac{m}{V}$	试验直接测定	$\rho=\dfrac{G_s+S_re}{1+e}$	$\rho=\dfrac{G_s(1+w)}{1+e}$
比重	$G_s=\dfrac{m_s}{V_s\rho_w}$	试验直接测定	$G_s=\dfrac{S_re}{w}$	—
含水率	$w=\dfrac{m_w}{m_s}\times100\%$	试验直接测定	$w=\dfrac{S_re}{G_s}$	$w=\left(\dfrac{\rho}{\rho_d}-1\right)$
干密度	$\rho_d=\dfrac{m_s}{V}$	$\rho_d=\dfrac{\rho}{1+w}$	$\rho_d=\dfrac{G_s}{1+e}$	—
饱和密度	$\rho_{sat}=\dfrac{m_s+V_v\rho_w}{V}$	$\rho_{sat}=\dfrac{G_s+e}{1+e}$	—	—
浮密度	$\rho'=\rho_{sat}-\rho_w$	$\rho'=\dfrac{G_s-1}{1+e}$	—	—
孔隙比	$e=\dfrac{V_v}{V_s}$	$e=\dfrac{G_s(1+w)}{\rho}-1$	$e=\dfrac{G_s}{\rho_d}-1$	—
孔隙率	$n=\dfrac{V_v}{V}\times100\%$	$n=\dfrac{e}{1+e}\times100\%$	$n=1-\dfrac{\rho_d}{G_s}$	—
饱和度	$S_r=\dfrac{V_w}{V_v}\times100\%$	$S_r=\dfrac{wG_s}{e}$	$S_r=\dfrac{w\rho_d}{n}$	—

【例1-2】 用体积 $V = 60\text{cm}^3$ 的环刀切取原状土样，称得其质量为108g，将其烘干后称得质量为96.43g，测得土样的比重 $G_s = 2.70$，试求试样的密度与重度、干重度、饱和重度、含水率、孔隙比、孔隙率和饱和度。

解：密度：$\rho = \dfrac{m}{V} = \dfrac{108}{60}\text{g/cm}^3 = 1.80\text{g/cm}^3$

重度：$\gamma = \rho g = 1.80 \times 9.8\text{kN/m}^3 = 17.64\text{kN/m}^3$

含水率：$w = \dfrac{m_w}{m_s} \times 100\% = \dfrac{108 - 96.43}{96.43} \times 100\% = 12.0\%$

干重度：$\gamma_d = \dfrac{\gamma}{1+w} = \dfrac{17.64}{1+0.12}\text{kN/m}^3 = 15.75\text{kN/m}^3$

孔隙比：$e = \dfrac{G_s(1+w)}{\rho} - 1 = \dfrac{2.70 \times (1 + 12.0\%)}{1.80} - 1 = 0.68$

孔隙率：$n = \dfrac{e}{1+e} \times 100\% = \dfrac{0.68}{1+0.68} \times 100\% = 40.5\%$

饱和度：$S_r = \dfrac{wG_s}{e} = \dfrac{0.12 \times 2.70}{0.68} = 47.6\%$

饱和重度：$\gamma_{sat} = \rho_{sat} g = \dfrac{G_s + e}{1+e} g = \dfrac{2.70 + 0.68}{1+0.68} \times 9.8\text{kN/m}^3 = 19.72\text{kN/m}^3$

【例1-3】 某饱和黏性土的含水率为 $w = 38\%$，比重 $G_s = 2.71$，求土的孔隙比 e 和干重度 γ_d。

解：根据题意，该土为饱和土，因此饱和度 S_r 为100%。由 $S_r = \dfrac{wG_s}{e}$ 得孔隙比 $e = wG_s = 0.38 \times 2.71 = 1.03$；干重度 $\gamma_d = \rho_d g = \dfrac{G_s}{1+e} g = \dfrac{2.71}{1+1.03} \times 9.8\text{kN/m}^3 = 13.08\text{kN/m}^3$

二、土的物理状态指标

土的物理状态指标主要用于反映砂、砾石等无黏性土的密实度（松密程度）以及黏性土的稠度（软硬程度）状态。

（一）无黏性土的密实度

无黏性土的密实度对于其工程性质有重要的影响。密实的砂土具有较高的强度和较低的压缩性，是良好的建筑物地基；松散的砂土，尤其是饱和的松散砂土，不仅强度低，且水稳定性极差，容易产生流砂、液化等工程事故。对无黏性土评价的主要问题是正确地划分其密实度，孔隙比、相对密实度和标准贯入锤击数都可以描述无黏性土的密实度。

1. 孔隙比 e

孔隙比 e 是判别无黏性土密实度最直接的指标，孔隙比越大，则土越松散。在《公路桥涵地基与基础设计规范》（JTG 3363—2019）（以下简称《桥涵地基规范》）中，根据孔隙比按表1-5可将粉土密实度划分为密实、中密、稍密三个类别。

表1-5　粉土密实度分类

孔隙比 e	密实度
$e<0.75$	密实
$0.75\leqslant e\leqslant 0.9$	中密
$e>0.90$	稍密

但用孔隙比表示密实度的方法虽然简便，却有明显的缺陷，如没有考虑颗粒级配这一重要因素对无黏性土密实状态的影响。例如，两种级配不同的砂，假定第一种砂是理想的均匀圆球，不均匀系数 $C_u=1.0$，这种砂最密实时的排列如图1-6a所示，这时的孔隙比 $e_1=0.35$；第二种砂同样是理想的圆球，但其级配中除大的圆球外，还有小的圆球可以充填于孔隙中，即不均匀系数 $C_u>1.0$，这种砂最密实时的排列如图1-6b所示，显然这种砂最密实时的孔隙比 $e_2<0.35$。如果两种砂具有同样的孔隙比（$e=0.35$），则第一种砂已处于最密实的状态，而第二种砂还不是最密实的。

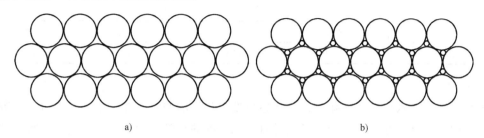

a)   b)

图1-6　砂的最密实排列

a）非最密实　b）最密实

2. 相对密实度 D_r

工程上用相对密实度 D_r 来判别无黏性土的密实度。相对密实度 D_r 是将天然孔隙比 e 与最疏松状态的孔隙比 e_{max} 及最密实状态的孔隙比 e_{min} 进行对比，作为衡量无黏性土密实度的指标。砂土最疏松状态的孔隙比 e_{max} 及最密实状态的孔隙比 e_{min} 试验见实训任务二。相对密实度表达式为

$$D_r=\frac{e_{max}-e}{e_{max}-e_{min}} \tag{1-16}$$

由式（1-16）可知，若无黏性土的 $e=e_{max}$，则 $D_r=0$，其处于最疏松状态；若 $e=e_{min}$，则 $D_r=1$，其处于最密实状态。因此，工程上常按以下标准评价砂土的松密程度：$D_r\geqslant 0.67$ 时，为密实状态；$0.33<D_r<0.67$ 时，砂土为中密状态；$D_r\leqslant 0.33$ 时，砂土为松散状态。

采用相对密实度 D_r 来评价无黏性土的松密程度在理论上是合理的，但在实际上，测定最大孔隙比 e_{max} 和最小孔隙比 e_{min} 没有统一标准，同时测定无黏性土的天然孔隙比 e 也有很大困难。由于这些原因，砂土的相对密实度 D_r 的测定误差是很大的。故在实际工作中，应用较多的是用现场标准贯入试验来评价无黏性土的松密程度。

【例1-4】　某公路取土场，砂土的密度 $\rho=1.77\text{g/cm}^3$，含水率 $w=9.8\%$，比重 $G_s=2.67$，烘干后测得最小孔隙比 $e_{min}=0.461$，最大孔隙比 $e_{max}=0.943$，试判断此土样在天然

状态下的密实程度。

解：

$$e = \frac{G_s(1+w)}{\rho} - 1 = \frac{2.67 \times (1+9.8\%)}{1.77} - 1 = 0.66$$

$$D_r = \frac{e_{max} - e}{e_{max} - e_{min}} = \frac{0.943 - 0.66}{0.943 - 0.461} = 0.59$$

可知此天然状态下土样的工程性质为中密状态。

3. 标准贯入锤击数 N

标准贯入试验是在现场进行的原位试验，该试验是用质量为 63.5kg 的穿心锤，以 76cm 的落距将贯入器打入土中 30cm，所需要的锤击数作为判别指标，称为标准贯入锤击数 N。显然，锤击数 N 越大，表明土层越密实；锤击数 N 越小，土层越疏松。《桥涵地基规范》中按标准贯入锤击数 N 划分砂土密实度的标准见表 1-6。

表 1-6 按标准贯入锤击数 N 值确定砂土密实度

密实度	松散	稍密	中密	密实
标准贯入锤击数 N	$N \leq 10$	$10 < N \leq 15$	$15 < N \leq 30$	$N > 30$

（二）黏性土的稠度

当黏性土的含水率发生变化时，其状态也发生相应的变化。在生活中经常可以看到这样的现象：雨天土路泥泞不堪，当车辆驶过时形成很深的车辙，而在久晴以后却变得坚硬。这种现象说明土的工程性质与含水率有密切的关系。

1. 稠度状态

黏性土随着含水率的变化，可具有不同的状态：当含水率很高时，土可成为液态的泥浆；随着含水率的减少，土的流动性逐渐消失，土进入可塑态，在外力作用下，土可以塑成任何形状而不产生裂缝，解除外力后仍保持其所塑形状；当含水率继续减小，土失去了可塑性，变成半固态；直至变成固态，体积不再收缩（图 1-7）。这几种状态反映了黏性土的软硬程度或抵抗外力的能力，称为稠度，所以稠度是指黏性土在某一含水率下对外界引起的变形或破坏的抵抗能力，是黏性土最主要的物理状态指标。

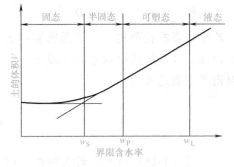

图 1-7 黏性土的界限含水率

2. 界限含水率

黏性土由一种状态转变为另一种状态的分界含水率称为界限含水率（图 1-7），也称为稠度界限，它对黏性土的分类及工程性质的评价有重要意义。黏性土由可塑态变化到（流动）液态的界限含水率称为液限，用 w_L 来表示；由半固态变化到可塑态的界限含水率称为塑限，用 w_P 来表示；由半固态不断蒸发水分，体积逐渐缩小，直到体积不再缩小时的界限含水率称为缩限，用 w_S 来表示。

3. 液限和塑限的测定

有些国家采用液限碟式仪来测定液限，如图 1-8 所示，在一圆碟内盛放土膏，表面刮平，用刻槽刮刀在土膏中刮一条底宽为 2mm 的 V 形槽，再以 2 次/s 的速度转动摇柄，使圆碟上抬 10mm；然后自由下落在硬橡胶垫板上，记录 V 形槽合拢长度在 13mm 处的下落次数，同时测定该土膏的含水率。一般情况下，V 形槽的合拢长度在 13mm、下落次数恰好为 25 次时，对应的土膏含水率就是土膏的液限。

我国的《土工规程》采用液限和塑限联合测定法来测定液限，见实训任务三。液限和塑限联合测定法采用平衡锥式液限仪（图 1-9），平衡锥尖角的角度为 30°，高度为 25mm，质量为 76g 或 100g。试验时，使平衡锥在重力作用下锥入土膏中，达到规定锥入深度时的含水率即为土膏的液限。若所用平衡锥的质量为 100g，锥入深度为 20mm；若所用平衡锥的质量为 76g，锥入深度为 17mm。如果是用 100g 的平衡锥求出液限，则通过液限 w_L 与塑限 w_P 时的锥入深度 h_P 的关系曲线查得 h_P，再由 w-h 曲线（含水率-锥入深度曲线）求出锥入深度 h_P 时所对应的含水率，即为该土样的塑限；如采用 76g 平衡锥，通过 76g 平衡锥锥入土中的深度与含水率的关系曲线，查得锥入土深变为 2mm 时对应的含水率即为土样的塑限。

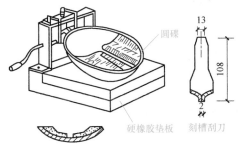

图 1-8　液限碟式仪

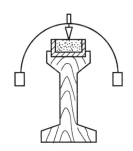

图 1-9　平衡锥式液限仪

塑限也可以采用滚搓法测定。试验时把塑性状态的土重塑均匀后，用手掌在毛玻璃板上把土团搓成圆土条，在搓的过程中，土条随着水分渐渐蒸发而变干，当搓到土条直径为 3mm 左右时，土条自动断裂为若干段，此时土条的含水率即为塑限。

4. 塑性指数与液性指数

液限和塑限之差的百分数（去掉百分号）称为塑性指数，用 I_P 表示，取整数，即

$$I_P = w_L - w_P \tag{1-17}$$

塑性指数表示处在可塑状态时土的含水率的变化范围，其值越大，土的塑性也越高。黏性土的塑性高低，与黏粒含量有关，一般黏粒含量越多，矿物的亲水性越强，结合水的含量越大，因而土的塑性也就越大。所以塑性指数是一个全面反映土的组成情况的指标，因此塑性指数可作为黏性土的工程分类依据。《桥涵地基规范》中规定黏性土根据塑性指数分为粉质黏土和黏土：$10 < I_P \leqslant 17$ 为粉质黏土；$I_P > 17$ 为黏土。

含水率对黏性土的状态有很大的影响，但对于不同的土，即使具有相同的含水率，也未必处于同样的状态。黏性土的稠度状态可用液性指数 I_L 来判别，其定义为

$$I_L = \frac{w - w_P}{w_L - w_P} \tag{1-18}$$

式中　I_L——液性指数，以小数表示；

　　　w——土的天然含水率；

其余符号意义同前。

由式（1-18）可知：当 $w \leqslant w_P$ 时，$I_L \leqslant 0$，土处于坚硬状态。

当 $w > w_L$ 时，$I_L > 1$，土处于流动状态。

当 $w_P < w \leqslant w_L$ 时，即 I_L 在 0 与 1 之间，土为可塑状态。

《桥涵地基规范》按 I_L 划分黏性土的稠度状态见表 1-7。

表 1-7　黏性土的稠度状态

稠度状态	坚硬	硬塑	可塑	软塑+	流塑
液性指数 I_L	$I_L \leqslant 0$	$0 < I_L \leqslant 0.25$	$0.25 < I_L \leqslant 0.75$	$0.75 < I_L \leqslant 1$	$I_L > 1$

【例 1-5】 已知黏性土的液限为 41%，塑限为 22%，土粒比重为 2.75，饱和度为 98%，孔隙比为 1.55，试计算塑性指数、液性指数，并确定黏性土的状态。

解：

$$I_P = w_L - w_P = 41 - 22 = 19$$

黏性土的含水率为

$$w = \frac{eS_r}{G_s} = \frac{1.55 \times 0.98}{2.75} = 55.2\%$$

$$I_L = \frac{w - w_P}{w_L - w_P} = \frac{0.552 - 0.22}{0.41 - 0.22} = 1.75 > 1$$

故黏性土的状态为流塑状态。

课后训练

1. 试证明以下各式：

1) $e = \frac{G_s(1+w)}{\rho} - 1$

2) $\rho_d = \frac{\rho}{1+w}$

3) $\gamma' = \frac{\gamma(\gamma_s - \gamma_w)}{\gamma_s(1+w)}$

4) $G_s = \frac{\rho_d S_r}{S_r \rho_w - \rho_d w}$

2. 用体积为 60cm³ 环刀切取土样，测得其质量为 110g，烘干后质量为 93g，土样比重为 2.70，求该土样的含水率、重度、饱和重度、干重度。

3. 有土样 1000g，它的含水率为 6.0%，若使它的含水率增加到 16.0%，要加多少水？

4. 某原状土样，测得该土的 $\gamma = 17.8\text{kN/m}^3$，$w = 25\%$，$G_s = 2.65$，试计算该土的干重度、孔隙比、饱和重度、浮重度和饱和度。

5. 有一砂土层，测得其天然密度为 1.77g/cm³，天然含水率为 9.8%，土粒比重为 2.70，烘干后测得最小孔隙比为 0.46，最大孔隙比为 0.94，试求天然孔隙比和相对密实度，并判别土层处于何种密实状态。

6. 从甲、乙两地黏性土中各取走土样进行稠度试验。两土样的液限、塑限都相同，$w_L = 40\%$，$w_P = 25\%$。但甲地的天然含水率 $w = 45\%$，而乙地的 $w = 20\%$。问两地土样的液性指数 I_L 各为多少？各属何种状态？按 I_P 分类时，两地土样各是什么土？哪个地区的土适合用作天然地基？

任务三

土的压实

一、土的击实性

在工程建设中，经常遇到填土问题，如公路路基填筑、市政沟槽回填等。施工过程中通过挖、运、填等工序后，土料的天然结构被破坏，且呈现松散状态，土料之间会留下许多孔隙。因此，必须利用机械对土基进行压实，使土颗粒重新排列，使之互相靠近、挤紧，使小颗粒土填充于大颗粒土的孔隙中，排出空气，从而使土的孔隙减小，形成新的密实体；同时使内摩擦力和黏聚力增加，使土基强度增加，稳定性得到提高。路基压实后强度高，可以避免自然沉降或在荷载作用下土基产生进一步压实；可以明显减小土体的透水性，增强土基的水稳定性，能在一定程度上防止因季节因素造成的病害，从而为线路的正常工作创造有利条件。筑路材料绝大部分是松散材料，压实的质量决定了土基和各种筑路材料层的强度和稳定性，因此土基和各种筑路材料层都必须进行良好的压实，要达到相关规范和施工设计的压实度要求。此外，在地基加固中，为了改善不良地基的工程性质，采用压实的手段使土变得密实，是一种经济、合理的改善土的工程性质的方法。土的压实是在动荷载作用下得到的，提高了土的密实度，从而使土的压缩性降低、透水性减小，例如采用重锤夯实来处理软弱地基，以提高其承载力。

土的击实性是指采用人工或机械对土施加夯压能量（如夯打、碾压、振动碾压等方式），使土在短时间内压实变密，获得最佳结构，以改善和提高土的力学强度，又称为土的压实性。

实践表明，由于土的基本性质复杂多变，不同土类对外界因素作用的反应不同，同一压实功能对于不同状态的土的压实效果完全不同，而为了达到同样的压实效果又可能付出相当大的不符合技术经济要求的代价。因此，为了技术可靠和经济合理，需要了解土的压实性及其变化规律。

研究土的压实性，常用的方法有现场填筑试验和室内击实试验两种。前者是在某一工序动工之前在现场选一试验路段，按设计要求和拟订的施工方法进行填筑，并同时进行有关测试工作以查明填筑条件（如使用的土料、填筑方法、碾压方法等）与填筑效果（压实度）的关系，从而可确定一些碾压参数；后者是通过击实仪进行试验，以获得最大干密度与相应的最佳含水率，用来指导施工和确定压实度。

在实验室内进行击实试验是研究土的压实性的基本方法，依据《土工规程》，击实试验分轻型和重型两种。轻型击实试验适用于粒径不大于20mm的黏性土，而重型击实试验适用于粒径不大于40mm的土。击实试验所用的主要设备是击实仪，包括击实筒、击锤及导杆等。图1-10所示轻型和重型两种击实仪，击实筒容积分别为997cm^{3}和2177cm^3；击锤质量分别为2.5kg和4.5kg；落高分别为30cm和45cm。击实试验方法见表1-8。试验时，将含水率w为一定值的扰动土样分层装入击实筒中，每铺一层（共3~5层）后用击锤按规定的落高和击数锤击土样，最后被击实的土样充满击实筒；由击实筒的体积和筒内被击实土的总重计算出湿密度 ρ，再算出干密度 ρ_d；由一组（不少于 5 个）不同含水率的同一种土样分别按上述方法进行试验，绘制含水率与干密度关系曲线（击实曲线），如图 1-11 所示。击实试验具体操作见实训任务八。

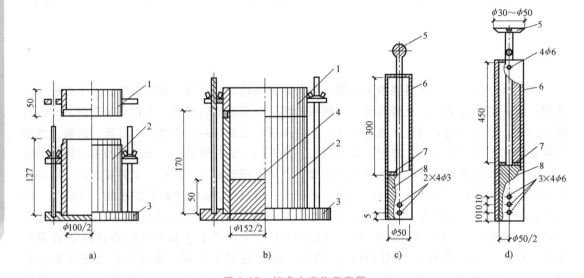

图 1-10　标准击实仪示意图

a）小击实筒　b）大击实筒　c）2.5kg 击锤　d）4.5kg 击锤

1—套筒　2—击实筒　3—底板　4—垫块　5—提手　6—导筒　7—硬橡胶垫　8—击锤

表 1-8　击实试验方法

试验方法	类别	锤底直径/cm	锤质量/kg	落高/cm	试筒尺寸		试样尺寸		层数	每层击数	击实功/(kJ/m³)	最大粒径/mm
					内径/cm	高/cm	高/cm	体积/cm³				
轻型	I-1	5	2.5	30	10	12.7	12.7	997	3	27	598.2	20
	I-2	5	2.5	30	15.2	17	12	2177	3	59	598.2	40
重型	II-1	5	4.5	45	10	12.7	12.7	997	5	27	2687.0	20
	II-2	5	4.5	45	15.2	17	12	2177	3	98	2677.2	40

击实曲线反映土的击实性如下：

1）对于某一土样，在一定的击实功作用下，只有当土的含水率为某一适宜值时，土样才能达到最密实，因此在击实曲线上反映出一个峰值，峰点所对应的纵坐标值为最大干密度 ρ_{dmax}，对应的横坐标值为最佳含水率 w_{op}。

2）土在击实过程中，通过土粒的相互位移，很容易将土中的气体挤出；但要通过挤出土中的水分来达到击实效果，对于黏性土，不是短时间的加载所能办得到的。因此，人工击实不是通过挤出土中水分而是挤出土中气体来达到击实目的。同时，当土的含水率接近或大于最佳含水率时，土孔隙中的气体越来越处于与大气不连通的状态，击实作用已不能将其排出土体。击实最好的土，也还有 3%~5% 的气体（总计）留在土中，即击实土不可能被击实到完全饱和状态，击实曲线必然位于饱和曲线的左侧而不可能与饱和曲线有交点，如图 1-12 所示。

3）当含水率低于最佳含水率时，干密度受含水率变化的影响较大，即含水率变化对干密度的影响在偏干时比在偏湿时要明显一些，因此击实曲线的左段比右段的坡度略陡。

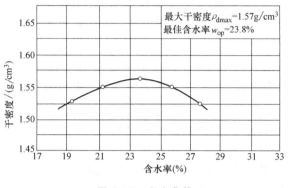

图 1-11　击实曲线

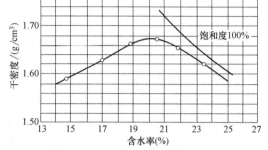

图 1-12　击实曲线与饱和曲线的关系

二、影响土压实的因素

天然结构的土，经过挖、运、填等工序后变成松散状态，必须将路基填土碾压密实，保证路基获得必需的强度和稳定性。如果路基压实不好，基础不稳定，将会影响路面的平整度。对于细粒土填筑的路基，影响压实效果的因素有内因和外因两方面：内因是指土质和湿度，外因是指压实功能（如力学性能、压实时间与压实速度、土层厚度）及压实时的自然和人为因素等。概括来说，影响土体压实效果的主要因素有：土的含水率、碾压层厚度、压实机械的类型和功能、碾压遍数和地基强度等。

（一）含水率对压实的影响

通过室内击实试验绘制出密实度（干密度）与含水率之间的关系曲线，如图 1-11 所示。在一定击实功的作用下，土体只有在适量含水率的情况下才能达到最大的干密度，此时的干密度为最大干密度 ρ_{dmax}，其对应的含水率为最佳含水率 w_{op}。也可以说，土在一定压实功作用下，只有在最佳含水率时才能达到最好的压实效果，即可得到最大密实度。试验统计证明，最佳含水率 w_{op} 与土的塑限 w_P 有关。另外，土中黏土矿物含量越大，则最佳含水率越大。

实践经验表明，对过湿的黏性土进行辗压或夯实时会出现软弹现象，俗称"橡皮土"，难以压实；对很干的黏性土进行碾压或夯实时，易"起皮"，不能把填土充分压实。因此，含水率太高或太低的填土都得不到好的压实效果，必须把填土的含水率控制在适当的范围内。通常把在一定的压实功能（在实验室，压实功能是用锤击数表示的）作用下使土最容易压实，并能达到最大密实度时的含水率称为土的最佳含水率，在最佳含水率下土的密度称为最大干密度。

压实粗粒土时，宜采用振动机具，同时充分洒水。

（二）土质对压实的影响

土是固相、液相和气相的三相体，即以土粒为骨架，以水和气体占据颗粒间的孔隙。当采用压实机械对土施加碾压时，土颗粒彼此挤紧，孔隙减小，顺序重新排列，形成新的密实体，粗粒土之间的摩擦效果和咬合效果增强，细粒土之间的分子引力增大，从而使土的强度和稳定性都得以提高。在同一压实功能作用下，含粗粒越多的土，其最大干密度越大；而最佳含水率越小，即随着粗粒土的增多，击实曲线的峰点逐渐向左上方移动。

土的颗粒级配对压实效果也有影响，颗粒级配越均匀，压实曲线的峰值范围就越宽广、越平缓。对于黏性土，压实效果与其中的黏土矿物成分的含量有关，添加木质素和铁基材料可改善土的压实效果。

砂性土也可用类似黏性土的方法进行击实试验。干砂在压力与振动作用下，容易密实；稍湿的砂土，因有毛细压力作用，砂土内部互相靠紧，阻止颗粒移动，击实效果不好；对于饱和砂土，毛细压力消失，击实效果良好。

土的性质不同，其干密度和含水率也不相同。室内标准击实试验表明，不同土质的最佳含水率和最大干密度不相同，如图1-13所示。

1）土中的粉粒、黏粒含量越多，土的塑性指数越大，土的最佳含水率越大，同时最大干密度越小。因此，一般情况下砂性土的最佳含水率要小于黏性土，而砂性土的最大干密度则大于黏性土。

2）各种土的最佳含水率和最大干密度虽不同，但击实曲线类似。

3）亚砂土和亚黏土的压实性能较好，是理想的筑路用土。

（三）压实功对压实的影响

压实功（指压实工具的质量、碾压次数或锤落高度、压实持续时间等）对压实的影响，是除含水率外的另一重要因素。若在一定限度内增加压实功，则可降低最佳含水率，提高最大干密度。对于同一类土，其最佳含水率和最大干密度随压实功变化而变化，如图1-14所示。

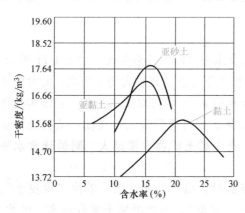

图1-13 不同土质的击实曲线

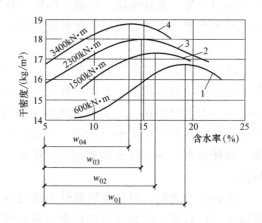

图1-14 不同压实功的击实曲线

试验表明，对于同一土料，压实功越大，越能克服较大的粒间阻力，得到的最佳含水率越小，相应的最大干密度越大，会使土的最大干密度增加。所以，对于同一种土，最佳含水率和最大干密度并不是恒定值，而是随压实功变化而变化的。

（四）碾压时的温度对压实的影响

在路基碾压过程中，温度升高可使被压土中的水的黏滞度降低，从而在土粒间起润滑作用，易于压实。但气温过高时，又会由于水分蒸发太快而不利于压实。温度低于0℃时，因部分水结冰，产生的阻力更大，起润滑作用的水更少，因而也得不到理想的压实效果。同一种土的最佳含水率随温度不同而有所变化。

（五）压实土层的厚度对压实的影响

压实土层的厚度对压实效果具有明显影响。相同压实条件下（土质、湿度与压实功能不变），从实测土层不同厚度的密实度可知：密实度随压实土层厚度的增加而递减，距表层5cm处密实度最高。另外，不同压实方式的有效压实厚度有所差异，根据压实方式、土质及土基压实的基本要求，压实土层的厚度有具体规定的数值，一般情况下，人工夯实不宜超过15cm；8~12t光面压路机不宜超过20cm；12~15t光面压路机不宜超过25cm；重型振动压路机或夯击机宜以50cm为限。实际施工时压实土层的厚度应通过现场试验确定，根据土的类别及压实土层厚度的不同确定合适的铺层厚度。

土所受的外力作用随着压实土层厚度的增加而逐渐减小，当超过一定范围时，土的密实度将不再提高，这个有效的压实厚度与土质、土的含水率、压实机械的构造特征等因素有关。所以，正确控制压实土层的厚度，对于提高压实机械生产率和填筑路基质量十分重要。

（六）地基或下承层强度对压实的影响

在填筑路堤时，若地基没有足够的强度，路堤的第一层难以达到较高的压实度，即使采用重型压路机或增加碾压遍数，也只能事倍功半，甚至使碾压土层发生"弹簧"效应。因此，对于地基或下承层强度不足的情况，填筑路堤时通常采取以下措施进行处理：

1）填筑路堤之前，应先碾压地基。

2）若地基有软弱层，则应用砂砾（碎石）处理地基。

3）路堑处路槽的碾压，应先铲除30~40cm的原状土层并碾压地基后，再分层填筑压实。

（七）压实机械和压实方法对压实的影响

填土的压实方法有碾压法、夯实法和振动法。平整场地等大面积填土工程多采用碾压法，小面积的填土工程则宜采用夯实法和振动法。相应的压实机械也可分为碾压式、夯击式和振动式三大类型。

1）碾压法是采用机械辊轮的压力压实填土，使其达到所需的密实度。碾压机械有平碾、羊足碾和气胎碾等。平碾又称为光碾压路机，是一种以内燃机为动力的自行式压路机。平碾按能量等级分为轻型（30~50kN）、中型（60~90kN）和重型（100~140kN）三种类型，适用于压实砂类土和黏性土。羊足碾根据碾压要求，可分为空筒、装砂、注水三种类型，适用于压实黏性土。

2）夯实法利用夯锤自由下落的冲击力来夯实填土，适用于工程量较小或作业面受限制的土基。

3）振动法是将振动压实机放在土层表面，土颗粒在振动作用下发生相对位移，从而达到紧密状态，适用于振实非黏性土、碎石类土、杂填土。

路基的各种压实机械和压实方法对压实的影响反映在以下几个方面：

1）压实机械不同，压力传布的有效深度不同。夯击式机械的压力传布最深，振动式机械次之，碾压式机械最浅，根据这一特性即可确定各种机械的最佳压实度。

2）压实机械的质量越小，碾压遍数越多（即时间越长），土的密实度越高，但密实度的增长速度随碾压遍数的增加而减小，并且密实度的增长有一个限度，达到这个限度后，若继续用原来的压实机械对土体增加压实遍数，则只能引起弹性变形，而不能进一步提高密实度。从工程实践来看，碾压遍数在6遍以前，密实度增加明显；6~10遍时，增长较慢；10

遍以后，稍有增长；20遍以后基本不增长。压实机械较重时，土的密实度随碾压遍数的增加而迅速增加，但超过某一极限后，土的变形急剧增加而达到破坏；机械过重而超过土的强度极限时，将立即引起土体破坏。

3）碾压速度越高，压实效果越差。碾压速度越高，土的变形量越小；土的黏性越大，这种影响就越显著。因此，为了提高压实效果，必须正确规定碾压速度。

基于以上因素，应根据压实的原理正确运用压实特性；应按照不同的要求选择适应不同土质的压实机械；应确定最佳压实厚度、碾压遍数和碾压速度；应准确地控制最佳含水率，以指导压实施工。

三、路基压实标准与填料选择

（一）路基压实标准

填土压实后，应具有一定的密实度，密实度可用压实度指标来控制。土的压实度 K 定义为现场压实填土达到的干密度 ρ_d 与室内击实试验所得到的最大干密度 ρ_{dmax} 的比值，可由下式表示：

$$K = \frac{\rho_d}{\rho_{dmax}} \tag{1-19}$$

压实度是路堤填筑质量的标准，压实度越接近于1，表明对压实质量的要求越高。必须指出，现场施工的填土压实常采用碾压法、夯实法和振动法来完成，这些方法无论是在击实能量、击实方法还是在土的变形条件方面，与室内击实试验都存在着一定的差异。因此，室内击实试验用来模拟现场压实仅是一种半经验的方法，要使填土压实的现场施工确保质量、达到要求的压实度，还应该进行现场检验。

在施工现场对土的压实度进行检验，一般可用环刀法、灌砂法、湿度密度仪法或核子密度仪法等方法来测定土的干密度和含水率，具体选用哪种方法可根据工地的实际情况决定。

（二）路基填料的选择

1）巨粒土、级配良好的砾石混合料是较好的路基填料；粗粒土、细粒土中的低液限黏质土具有较高的强度和足够的水稳定性，也属于较好的路基填料。

2）砂土可用作路基填料，但由于没有塑性，受水流冲刷和风蚀易损坏，在使用时可掺入黏性大的土。轻、重黏土不是理想的路基填料，规范规定液限大于50%、塑性指数大于26的土以及含水率超过规定的土，不得直接作为路堤填料；需要应用时，必须采取满足设计要求的技术措施（例如含水率过大时可通过晾晒来降低含水率），经检查合格后方可使用。粉土必须掺入较好的土体后才能用作路基填料，且在高等级公路中只能用于路堤下层（距路槽底部0.8m以下）。

3）当必需使用黄土、盐渍土、膨胀土等特殊土体作为路基填料时，应严格按其特殊的施工要求进行施工。淤泥，沼泽土，冻土，有机土，含有草皮、生活垃圾、树根和腐殖质的土不得用作路基填料。

4）钢渣、粉煤灰等材料，可用作路堤填料；其他工业废渣在使用前应进行有害物含量试验，避免有害物含量超标，污染环境。

5）捣碎后的种植土，可用于路堤边坡表层。

6）路基填方材料，应有一定的强度。

课后训练

1. 某黏性土土样的击实试验成果见表 1-9，该土的土粒容重为 27.0kN/m³，试绘出该土的击实曲线，确定其最佳含水率与最大干密度，并求出相应于击实曲线峰点的饱和度与孔隙比各为多少？

表 1-9　击实试验数据

含水率(%)	7.4	8.8	10.0	12.2	15.2	17.2
干密度/(g/cm³)	1.49	1.63	1.73	1.76	1.70	1.66

2. 某料场的天然含水率为 22%，土粒比重为 2.70，土的压实标准为 $\rho_d = 1.70 \text{g/cm}^3$，为避免土料过度碾压而产生剪切破坏，压密土的饱和度不宜超过 85%，试问此料场的土料是否适用于填筑？如果不适合，建议采取什么措施？

任务四
土的渗透性

土孔隙中的自由水在重力作用下渗透流动的性能，称为土的渗透性。在道路及桥梁工程中常需要了解土的渗透性。例如，桥梁墩（台）基坑在开挖排水时，需要了解土的渗透性以配置排水设备；在河滩上修筑渗水路堤时，需要考虑路堤填料的渗透性；在计算饱和黏土上建筑物的沉降和时间的关系时，需要掌握土的渗透性。

本任务主要研究土中孔隙水（主要是重力水）的运动规律，内容包括土中水渗透的基本规律（土的层流渗透定律）、影响土渗透性的因素（渗透系数）、动水力及渗透变形。

一、土的层流渗透定律

地下水按流线形态划分的流动状态有层流和紊流两种。若水流流动过程中每一个水质点都沿一个固定的途径流动，其流线互不相交，则称其为层流状态，简称层流。水流流动时，水质点的流动途径是不规则的，其流线在流动过程中相交，然后再相交，并在流动过程中产生漩涡，则称其为紊流状态，简称紊流。一般认为，绝大多数场合下土中水的流动为层流状态。如果土中的渗流为紊流，则常导致土体发生失稳破坏。

1856 年，法国水利学家达西通过试验发现，在层流条件下土中水的渗透速度与水力梯度成正比，称为达西定律。如图 1-15 所示，若土中孔隙水在压力梯度下发生渗流，对于土中 a、b 两点，已测得 a 点的水头为 H_1，b 点的水头为 H_2，水从高水头的 a 点流向低水头

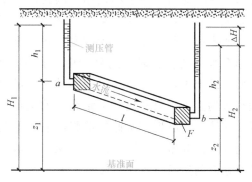

图 1-15　水在土中的渗流

的 b 点，水流流经长度为 l。由于土的孔隙细小，大多数情况下水在孔隙中的流速较小，可以认为是层流（即水流流线互相平行的流动），土中水的渗流规律符合达西定律，即

$$v = kI \qquad\qquad (1\text{-}20)$$

或

$$q = kIF \qquad\qquad (1\text{-}21)$$

式中　　v——渗透速度（m/s）；

I——水力梯度，是指沿着水流方向单位长度上的水头差，如图 1-15 中 a、b 两点的

水力梯度为 $I = \dfrac{\Delta H}{l} = \dfrac{H_1 - H_2}{l}$；

k——渗透系数（m/s），土的渗透系数参考数值见表 1-10；

q——渗透流量（$\mathrm{m^3/s}$），是指单位时间内流过土截面面积 F 的流量。

知识链接——论达西定律

达西定律是从试验资料归纳而来的，但它并不是简单地使用归纳法的线性拟合，一般所说的理论或者定律，应当经过演绎、抽象、提炼与纯化等步骤后揭露出事物的本质与机理。如同电学中的欧姆定律，电流正比于势（电压）差，反比于电阻。

表 1-10　土的渗透系数

土的类别	渗透系数/(m/s)	土的类别	渗透系数/(m/s)
黏土	$<5 \times 10^{-8}$	细砂	$1 \times 10^{-5} \sim 5 \times 10^{-5}$
粉质黏土	$5 \times 10^{-8} \sim 1 \times 10^{-6}$	中砂	$5 \times 10^{-5} \sim 2 \times 10^{-4}$
粉土	$1 \times 10^{-6} \sim 5 \times 10^{-6}$	粗砂	$2 \times 10^{-4} \sim 5 \times 10^{-4}$
黄土	$2.5 \times 10^{-6} \sim 5 \times 10^{-6}$	圆砾	$5 \times 10^{-4} \sim 1 \times 10^{-3}$
粉砂	$5 \times 10^{-6} \sim 1 \times 10^{-5}$	卵石	$1 \times 10^{-3} \sim 5 \times 10^{-3}$

在工程实际计算中，按式（1-20）计算渗透速度比较方便。由于达西定律只适用于层流情况，故一般只适用于中砂、细砂、粉砂等；对粗砂、砾石、卵石等粗颗粒土不适用，因为此时水的渗透速度较大，已不是层流而是紊流。黏土中的渗流规律应对达西定律进行修正，因为在黏土中，土颗粒周围存在结合水，结合水因受到分子引力作用呈现黏滞性。因此，黏土中自由水的渗流受到结合水的黏滞作用遇到很大的阻力，只有克服了结合水的抗剪强度后才能开始渗流。一般把克服此抗剪强度所需的水力梯度称为黏土的起始水力梯度，用 I_0 表示。在黏土中，应按修正后的达西定律计算渗透速度。

如图 1-16 所示的砂土与黏土的渗透规律，直线 a

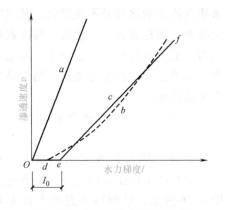

图 1-16　砂土与黏土的渗透规律

表示砂土的 v-I 关系，它是通过原点的一条直线；黏土的 v-I 关系是曲线 b（图中虚线所示），d 点是黏土的起始水力梯度 I_0，当土中的水力梯度超过起始水力梯度后水才开始渗流。一般用折线 c（图中 Oef 线）代替曲线 b，即认为 e 点是黏土的起始水力梯度 I_0，其渗流规律用式（1-22）表示：

$$v = k(I - I_0) \tag{1-22}$$

二、渗透系数

土的渗透系数 k 是一个代表土的渗透性强弱的定量指标，也是渗流计算时必须用到的一个基本参数。不同种类的土，k 值差别很大（表 1-10）。因此，准确地测定土的渗透系数是一项十分重要的工作。渗透系数 k 的测定方法分为实验室测定法和现场测定法两类，但在实际工程中，常根据经验数值查表 1-10 选用。

（一）实验室测定法

在实验室测定渗透系数分为常水头渗透试验和变水头渗透试验两种方式，前者适用于粗粒土（砂质土），后者适用于细粒土（黏质土和粉质土），具体内容参见实训任务五。

1. 常水头渗透试验

常水头渗透试验装置如图 1-17 所示，在圆柱形试验筒内放置土样，土样的截面面积为 F（即试验筒截面面积），在整个试验过程中土样上的压力水头维持不变。在土样中选择两点 a、b，两点的距离为 l，分别在两点设置测压管。试验开始时，水自上而下流经土样，待渗流稳定后，测得在时间 t 内流过土样的流量为 Q，同时读得 a、b 两点测压管的水头差为 ΔH，则：

$$Q = qt = kIFt = k\frac{\Delta H}{l}Ft$$

由此求得土样的渗透系数 k 为

$$k = \frac{Ql}{\Delta HFt} \tag{1-23}$$

2. 变水头渗透试验

变水头渗透试验装置如图 1-18 所示，在试验筒内放置土样，土样的截面面积为 F，高度为 l，试验筒上设置储水管，储水管截面面积为 a，在试验过程中储水管的水头不断减小。试验过程中，某时间 t 时作用于土样的水头为 h，经过时间 dt 后水头降低了 $-dh$，则从时间 t 到 $t+dt$ 时间内通过土样的流量为 $dQ = -adh$。其中，负号表示流量 Q 随水头 h 的降低而增加。试验过程中，开始时（$t = t_1$）的水头高度为 h_1，结束时（$t = t_2$）的水头高度为 h_2。

由式（1-21）知：

$$dQ = qdt = kIFdt = k\frac{h}{l}Fdt$$

故

$$-adh = k\frac{h}{l}Fdt$$

两边积分后得

$$-\int_{h_1}^{h_2}\frac{dh}{h} = \frac{kF}{al}\int_0^t dt$$

$$\ln\frac{h_1}{h_2} = \frac{kF}{al}t$$

由此可得渗透系数为

$$k = \frac{al}{Ft} \ln \frac{h_1}{h_2} \qquad (1-24)$$

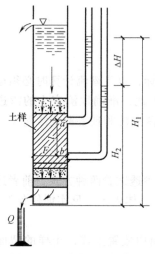

图 1-17　常水头渗透试验装置

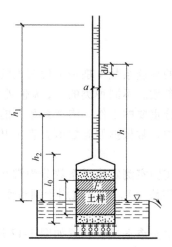

图 1-18　变水头渗透试验装置

（二）现场测定法

渗透系数也可以在现场进行抽水试验测定。对于粗颗粒土或成层土，室内试验时不易取得原状土样，或者土样不能反映天然土层的层次或土颗粒排列情况。这时，从现场试验得到的渗透系数比从室内试验得到的渗透系数更准确。在现场研究场地的渗透性，进行渗透系数 k 值的测定时，常用现场井孔抽水试验或井孔注水试验的方法。现场测定法的优点是可获得较为可靠的平均渗透系数，但费用较高，时间较长。

图 1-19 所示为现场井孔抽水试验示意图，在现场打一口试验井，贯穿要测定 k 值的砂土层，打到其下的不透水层（这样的井称为完整井），在距井中心不同距离处设置两个观测孔；然后自井中以恒定速率连续抽水，抽水造成井周围的地下水位逐渐下降，形成一个以井孔为轴心的降落漏斗状的地下水面；测定试验井和观测孔中的稳定水位，可见两个观测孔中的水位形成水头差，使水流向井内。假定水流是水平流向时，则流向试验井的渗流过水断面应是一系列的同心圆柱面。待出水量和井中的动水位稳定一段时间后，若测得在时间 t 内从试验井内抽出的水量为 Q，观测孔距井轴线的距离分别为 r_1、r_2，观测孔内的水头分别为 h_1、h_2，现围绕井中心取一个过水断面，设该断面距井中心的距离为 r，水面高度为 h，假定水力梯度为常数（即 $I = \mathrm{d}h/\mathrm{d}r$），则由式（1-21）得

$$q = \frac{Q}{t} = kIF = k\frac{\mathrm{d}h}{\mathrm{d}r}(2\pi rh)$$

$$\frac{\mathrm{d}r}{r} = \frac{2\pi k}{q}h\mathrm{d}h$$

积分后得

$$\ln \frac{r_2}{r_1} = \frac{\pi k}{q}(h_2^2 - h_1^2)$$

求得渗透系数为

$$k = \frac{q}{\pi} \cdot \frac{\ln(r_2/r_1)}{(h_2^2 - h_1^2)} \qquad (1-25)$$

【例1-6】 如图1-20所示，采用现场测定法测定砂土层的渗透系数。试验井穿过10m厚的砂土层进入不透水黏土层，在距试验井中心15m及60m处设置观测孔。已知抽水前土中静止地下水位在地面下2.35m处。抽水后待渗透稳定时，从试验井测得渗透流量$q = 5.47 \times 10^{-3} \text{m}^3/\text{s}$，同时从两个观测孔测得水位分别下降了1.93m和0.52m，求砂土层的渗透系数。

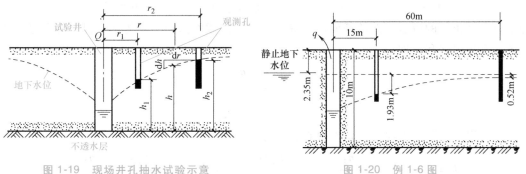

图1-19 现场井孔抽水试验示意　　　　图1-20 例1-6图

解：两个观测孔的水头分别为：

$r_1 = 15\text{m}$ 处，$h_1 = 10\text{m} - 2.35\text{m} - 1.93\text{m} = 5.72\text{m}$

$r_2 = 60\text{m}$ 处，$h_2 = 10\text{m} - 2.35\text{m} - 0.52\text{m} = 7.13\text{m}$

由式（1-25）求得渗透系数：

$$k = \frac{q}{\pi} \cdot \frac{\ln\dfrac{r_2}{r_1}}{(h_2^2 - h_1^2)} = \frac{5.47 \times 10^{-3}}{\pi} \times \frac{\ln\left(\dfrac{60}{15}\right)}{(7.13^2 - 5.72^2)} \text{m/s}$$

$$= 1.33 \times 10^{-4} \text{m/s}$$

（三）成层土的渗透系数

黏性土沉积有水平分层时，对于土层的渗透系数有很大的影响。如图1-21所示土层由两层组成，各层土的渗透系数分别为k_1、k_2，厚度分别为h_1、h_2。

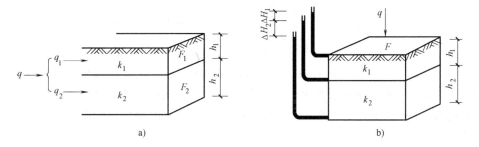

图1-21 成层土的渗透系数

a）水平方向渗流时　b）竖直方向渗流时

1）考虑水平方向渗流时（水流方向与土层平行），如图1-21a所示，因为各土层的水力梯度相同，总的渗透流量等于各土层渗透流量之和，总的截面面积等于各土层截面面积之和，即

$$I = I_1 = I_2$$

$$q = q_1 + q_2$$

$$F = F_1 + F_2$$

因此，土层水平方向的平均渗透系数 k_h 为

$$k_h = \frac{q}{FI} = \frac{q_1 + q_2}{FI} = \frac{k_1 F_1 I_1 + k_2 F_2 I_2}{FI} = \frac{k_1 h_1 + k_2 h_2}{h_1 + h_2} = \frac{\sum k_i h_i}{\sum h_i} \tag{1-26}$$

2）考虑竖直方向渗流时（水流方向与土层垂直），如图 1-21b 所示，则已知总的流量等于每一个土层的流量，总的截面面积等于各土层的截面面积，总的水头损失等于每一个土层的水头损失之和，即

$$q = q_1 = q_2$$

$$F = F_1 = F_2$$

$$\Delta H = \Delta H_1 + \Delta H_2$$

由此得土层竖直方向的平均渗透系数 k_v 为

$$k_v = \frac{q}{FI} = \frac{q}{F} \cdot \frac{(h_1 + h_2)}{\Delta H} = \frac{q}{F} \cdot \frac{(h_1 + h_2)}{\Delta H_1 + \Delta H_2} = \frac{q}{F} \cdot \frac{(h_1 + h_2)}{\left(\dfrac{q_1 h_1}{F_1 k_1}\right) + \left(\dfrac{q_2 h_2}{F_2 k_2}\right)} = \frac{h_1 + h_2}{\dfrac{h_1}{k_1} + \dfrac{h_2}{k_2}}$$

得

$$k_v = \frac{\sum h_i}{\sum \dfrac{h_i}{k_i}} \tag{1-27}$$

【例 1-7】　有一粉土地基，粉土厚 1.8m，其中有一厚度为 15cm 的水平薄砂夹层。已知砂土的渗透系数为 $k_1 = 6.5 \times 10^{-2}$ cm/s，粉土的渗透系数 $k_2 = 2.5 \times 10^{-4}$ cm/s。假设它们本身的渗透性都是各向同性的，求这一复合土层的水平和垂直方向的平均渗透系数。

解：先求水平方向的平均渗透系数，由式（1-26）可直接计算，得

$$k_h = \frac{k_1 h_1 + k_2 h_2}{h_1 + h_2} = \frac{15 \times 650 + (180 - 15) \times 2.5}{15 + (180 - 15)} \times 10^{-4} = 5.65 \times 10^{-3} \text{cm/s}$$

再计算垂直方向的平均渗透系数，由式（1-27）计算，得

$$k_v = \frac{h_1 + h_2}{\dfrac{h_1}{k_1} + \dfrac{h_2}{k_2}} = \frac{15 + (180 - 15)}{\dfrac{15}{650} + \dfrac{180 - 15}{2.5}} \times 10^{-4} = 2.73 \times 10^{-4} \text{cm/s}$$

由例 1-7 可知，薄砂夹层的存在对于垂直方向的平均渗透系数几乎没有影响，可以忽略，但厚度仅为 15cm 的砂夹层大大增加了土层的水平方向的平均渗透系数，增加到了没有砂夹层时的 22.6 倍。在基坑开挖时是否挖穿强透水夹层，由此导致的基坑中的涌水量相差极大，应十分注意。

（四）影响土渗透性的因素

1. 土的粒度成分及矿物成分

土的颗粒大小、形状及级配，会影响土中孔隙的大小及其形状，进而影响土的渗透性。土颗粒越粗、越浑圆、越均匀时，渗透性越大。当砂土中含有较多的粉土及黏土颗粒时，其渗透系数会降低。土的矿物成分对于卵石、砂土和粉土的渗透性影响不大，但对于黏性土的

渗透性影响较大。黏性土中含有亲水性较大的黏土矿物（如蒙脱石）或有机质时，由于它们具有很大的膨胀性，土的渗透性会变低。含有大量有机质的淤泥几乎不透水。

2. 结合水膜厚度

黏性土中，若土粒的结合水膜厚度较厚，会阻塞土的孔隙，降低土的渗透性。如钠黏土，由于钠离子的存在，黏土颗粒的扩散层厚度增加，所以渗透性很低；在黏土中加入高价离子的电解质（如铝离子、铁离子等），会使土粒扩散层的厚度减薄，黏土颗粒会凝聚成粒团，土的孔隙增大，土的渗透性增大。

3. 土的结构构造

天然土层通常不是各向同性的，其渗透性也是如此。如黄土具有竖直方向的大孔隙，所以竖直方向的渗透系数要比水平方向的大；层状黏土常夹有薄的粉砂层，在水平方向的渗透系数要比竖直方向的大。

4. 水的黏滞度

水在土中的渗透速度与水的重度及黏滞度有关，这两个数值又与温度有关。一般水的重度随温度变化很小，可略去不计，但水的动力黏滞系数可随温度变化而变化。进行室内渗透试验时，同一种土在不同温度下会得到不同的渗透系数。在天然土层中，除了靠近地表的土层外，其他部位的温度变化很小，可忽略温度的影响。但是室内实验室的温度变化较大，所以应考虑温度对渗透系数的影响。

5. 土中气体

当土孔隙中存在密闭气泡时，会阻塞水的渗流，从而降低土的渗透性。密闭气泡有时是由溶解于水中的气体分离出来形成的，故室内渗透试验有时规定要用不含溶解空气的蒸馏水。

此外，土中有机质和胶体颗粒的存在也会影响土的渗透系数。

三、动水力及渗透变形

（一）动水力

水在土中渗流时，受到土颗粒阻力 T 的作用，阻力作用方向与水流方向相反。根据作用力与反作用力相等原理，水流也必然有一个相等的力作用在土颗粒上，把水流作用在单位体积土体中土颗粒上的力称为动水力 G_D，又称为渗流力。动水力作用方向与水流方向一致。G_D 与 T 大小相等方向相反，都是用体积力表示的。

动水力的计算在工程实践中具有重要意义，例如研究土体在水渗流时的稳定性问题，就要考虑动水力的影响。动水力 G_D 的计算公式为

$$G_D = T = \gamma_w I \tag{1-28}$$

动水力 G_D 的作用方向与水流方向一致，其大小与水力梯度 I 成正比。

（二）渗透变形

渗流所引起的变形（稳定）问题一般可归结为两类：一类是土体的局部稳定问题，这是由于渗透水流将土体中的细颗粒冲出，带走或使局部土体产生移动，土体发生变形而引起的渗透变形；另一类是整体稳定问题，在渗流作用下整个土体发生滑动或坍塌。流砂与管涌是渗透变形的两种主要形式。

1. 流砂

由于动水力的作用方向与水流方向一致，因此当水的渗流自上而下时，如图 1-22a 所示或图 1-23 中河滩路堤基底土层中的 d 点，动水力作用方向与土体重力方向一致，这样将增加土颗粒间的压力；若水的渗流方向自下而上时，如图 1-22b 所示或图 1-23 中的 e 点，动水力的作用方向与土体重力方向相反，这样将减小土颗粒间的压力。

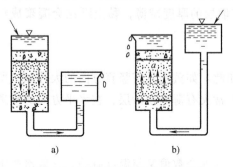

图 1-22 不同渗流方向对土的影响

a）向下渗流　b）向上渗流

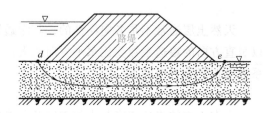

图 1-23 河滩路堤下的渗流

从图 1-22b 所示的 a 点或图 1-23 所示的 e 点取一单位体积土体进行分析，已知土在水下的有效重度为 γ'，当向上的动水力 G_D 与土的有效重度相等时，即

$$G_D = \gamma_w I = \gamma' = \gamma_{sat} - \gamma_w \tag{1-29}$$

这时，土颗粒间的压力就等于零，土颗粒将处于悬浮状态而失去稳定，这种现象称为流砂现象。这时的水力梯度称为临界水力梯度 I_{cr}，可由下式得到：

$$I_{cr} = \frac{\gamma'}{\gamma_w} = \frac{\gamma_{sat}}{\gamma_w} - 1$$

工程中将临界水力梯度 I_{cr} 除以安全系数 K 作为允许水力梯度 $[I]$，设计时渗流逸出处的水力梯度应满足下式要求：

$$I \leqslant [I] = \frac{I_{cr}}{K} \tag{1-30}$$

对流砂的安全性进行评价时，K 一般可取 $2.0 \sim 2.5$。

流砂是砂土在渗透水流作用下产生的流动现象。这种现象的发生通常是由在地下水位以下开挖基坑、埋设地下管道、打井等工程活动而引起的，所以流砂是一种不良的工程地质现象，易产生于细砂、粉砂、粉质黏土等土中。形成流砂的原因有：一是水力梯度较大，水的流速很大，冲击细颗粒使其发生悬浮，从而引发流砂；二是由于土粒周围附着有亲水胶体颗粒，饱水时胶体颗粒膨胀，在渗透水作用下悬浮流动，从而引发流砂。

流砂在工程施工中能造成大量的土体流动，致使地表塌陷或建筑物的地基发生破坏，给施工带来很大困难，直接影响工程建筑及附近建筑物的稳定性，因此必须对其进行防治。在可能发生流砂的地区，若土体上部覆有一定厚度的土层，应尽量利用上覆土层作为天然地基，或者用桩基础穿过易发生流砂的地层，并尽可能避免开挖。如果必须开挖，可以从以下几个方面进行处理：

1）减小或消除水头差，如采取基坑外的井点降水法来降低地下水位或采取水下挖掘。

2）增长渗流路径，如打板桩。

3）在向上渗流的出口处地表面用透水材料覆盖压重或设反滤层，以平衡渗流。

4）土层经加固处理，以减小土的渗透系数，如冻结法、注浆法等。

2. 管涌

水在砂性土中渗流时，土中的一些细小颗粒在动水力作用下，可能通过粗颗粒的孔隙而被水流带走，这种现象称为管涌。管涌可能发生于局部范围，但也可能逐步扩大，最后导致土体失稳破坏。管涌的形成主要取决于土本身的性质，对于某些土，即使在很大的水力坡降下也不会出现管涌；而对于另一些土（如缺乏中间粒径的砂砾土料），在不大的水力坡降下就可以发生管涌。

管涌破坏一般存在发育过程，是一种渐进性质的破坏，按其发展的过程可将土分为两类：一类土，一旦发生渗透变形就不能承受较大的水力坡降，这种土称为危险性管涌土；另一类土，当出现渗透变形后，仍能承受较大的水力坡降，最后在试样表面出现许多较大的泉眼，渗透流量不断增大（或者发生流砂），这种土称为非危险性管涌土。一般来说，黏性土只会发生流砂而不会发生管涌；无黏性土渗透变形的形式主要取决于颗粒级配曲线的形状，其次是土的密度。

对管涌的处理措施有：堵截地表水流入土层、阻止地下水在土层中流动；在路基下游的水下部分设置反滤层，防止路堤中的细小颗粒被渗透水流带走；或者改变土的性质、减小地下水的流速和降低水力梯度等。

应用链接——基坑排水中的渗流问题

基础施工过程中，如果基坑在地下水位以下，随着基坑的开挖，渗水将不断涌集于基坑，因此施工中必须不断地排水，以便基坑挖土和基础的砌筑与养护。而在基坑开挖排水时，若采用表面直接排水方式，坑底土将受到向上的动水力作用，可能发生流砂现象。这时，坑底土一边被挖一边会随水涌出，无法清除，站在坑底的人和放置的机具也会陷下去。由于坑底土随水涌入基坑，坑底土的结构发生破坏，强度降低，会使建筑物产生附加下沉。水下深基坑或沉井排水挖土时，流砂会严重影响施工安全，施工前应做好周密的勘测工作，当基坑底面的土层是容易引起流砂的土质时，应避免采用表面直接排水方式，可采用人工降低地下水位或采取其他有效措施。

📖 课后训练

1. 已知某土体的比重 $G_s = 2.7$，孔隙比 $e = 1$，求该土的临界水力梯度。

2. 某基坑在细砂层中开挖，经施工抽水，待水位稳定后，实测水位情况如图 1-24 所示。场地勘察报告指出：细砂层的饱和重度 $\gamma_{sat} = 18.7 \text{kN/}$ m^3，渗透系数 $k = 4.5 \times 10^{-2} \text{mm/s}$，试求渗透水流的渗透速度 v 和动水力 G_D，并判别是否会产生流砂现象。

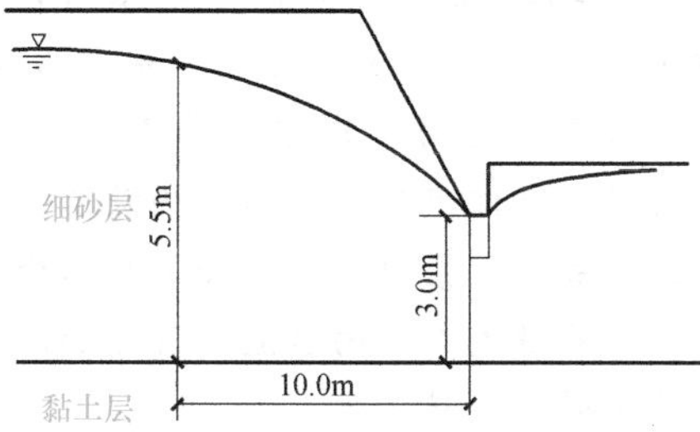

图 1-24 基坑开挖示意

📂 **案例小贴士**

人定胜天——渗透变形（管涌）

1998 年 8 月 7 日，对于九江人民来说，这是一个终生难忘的日子。长江在九江地区是一条地上悬河，江堤明显高于旁边的村庄和城镇。当时九江堤防险情不断，已有无数解放军或武警战士守卫在那里。从乌石矶到赛城湖，大堤全长 17.46km，平均每米有 2 名解放军或武警战士守卫。但意外还是发生了。8 月 7 日这天中午，某炮兵团反坦克连指导员胡维君带队在 4 号、5 号闸口之间进行例行检查，突然发现 4 号闸口以东 200m 处出现异常：那里有一个"泡泉"（管涌），冒出的水是浑的。经验丰富的战士们立刻反应过来，险情又出现了！

九江大堤坝基管涌示意图

情况危急，连长贺德华率领 13 名战士一头扎进 3m 深的水底去寻找源头，试图堵住漏洞。可水底满是淤泥，根本找不到缺口位置。于是全连战士把自己的棉被铺在水底，用沙包压着进行大面积覆盖，眼看着泡泉的水流渐渐变小，突然间，大堤腰部喷出一个直径 1m 的水柱！

管涌发生了！如果不把管涌堵住，大堤随时会坍塌。附近的 6 名战士没有犹豫，立刻跳进了管涌之中。可是在大自然面前，人力显得如此渺小。没撑几分钟，6 名战士被激流冲出，很快，堤坝开始整体塌陷，口子破开了 5m。危机之时，战士们把一辆卡车推向决口，但卡车在洪水中只是打了个滚就消失不见了。随即，十几米宽的水泥防浪墙轰然倒塌。长江大堤九江段决口了。

洪水像出笼的野兽一般，从决口处奔流而出，仅仅 3 个小时，洪水就冲进了九江市西城区。尖锐刺耳的警报一遍遍响起，成千上万的市民朝着城东跑去。但有一群人，他们穿着绿色迷彩服，逆着人流和洪水，朝着决堤的大坝毅然决然地冲了上去。15 时 40 分，战士们迎着洪水冲向决口。战士们把一辆辆装满石头的卡车推进决口，但卡车很快就消失在洪流中，随即出现在几百米开外的地方。洪水的力量，恐怖如斯。此时，九江市代市长刘积福做了一个艰难的决定——沉船。16 时 45 分，"甲 21075"号驳船沉船成功。紧接着，另外 7 艘船分别在"甲 21075"号的前方和后方沉船。大船挡住了洪魔，但空隙处射出的水流变得更加湍急。为了迅速修筑一道弧形围堰，解放军三个团的团长、政委带头冲进了洪水中。

整整七个日日夜夜，战士们就泡在洪水之中，用惊人的勇气和毅力修筑起了一道生命的围堰。8 月 13 日晚，长江大堤九江段决口封堵成功！九江保住了！

九江抗洪只是"九八抗洪"的一个缩影，在那一年，共有数十万名战士奋战在抗洪抢险的第一线。仅仅八一建军节那天，就有 19 位军人牺牲在了簿洲湾。更别提还有很多战士被洪水泡烂了脚、被太阳晒坏了皮肤……

"誓与大堤共存亡！"时隔数十年，当年那振聋发聩的呐喊声，如今听来依然令人泪目。"九八抗洪"精神具有鲜明的时代特征，它以共产主义精神为灵魂，以大局意识为核心，以社会主义大协作精神为纽带，以革命英雄主义精神为旗帜，以科技、法制和效率意识为动力，这种精神植根于社会主义和改革开放的新时代。

项目二 土 的 分 类

项目概述：

　　土是自然地质历史的产物，它的成分、结构和性质差别很大。在不同的自然环境中，由于各种营力的地质作用生成了不同类型成因的土，其形成和演化的过程就是土性质的变化过程，不同成因下各种特殊土的地基问题在工程建设中频频出现。为了便于对土的性状做定性评价，有必要对土进行科学分类。目前，我国关于土的分类有不同的分类系统，每一种分类系统反映了土某些方面的特征，在工程实践中需要适合于工程用途的分类系统，即按土的主要工程特性进行分类。本项目以《土工规程》和《桥涵地基规范》中介绍的土的工程分类方法为例，介绍公路工程用土的分类、定名、描述和鉴别，并通过软土、黄土、膨胀土、冻土来阐述特殊土的组成及其工程性质。

学习目标：

1. 掌握公路行业土的分类方法，能够运用规范对土进行分类。
2. 了解现场鉴别土的常用方法，能够客观地对土进行定名和描述。
3. 了解软土、黄土、膨胀土、冻土等特殊土的分布、组成和工程性质。
4. 科学检测、精益求精，树立工程规范意识，诚实守信，激发担当意识和爱国情怀。

任务一

土的工程分类标准

　　自然界中土的种类很多，工程性质各异。不同行业对土的工程性质的关注点不同。例如，水利行业，土的渗透性是重点，分类中更关注巨粒土的划分；公路、铁路路基工程则比较注重土粒料的压实性能、稳定性和变形特性；建筑地基注重地基承载力和沉降。土的分类标准一直在逐步统一，目的就是便于土木工程行业间及国际上的交流，在不同土类之间可作有价值的比较、评价，并方便累积和交流经验。

土的分类体系首先应当是简明的，而且应尽可能直接与土的工程性质相联系。从分类体系来讲，目前存在两种主要的分类体系，它们的共同之处在于对粗粒土按粒度成分来分类，对细粒土按土的液限、塑限来分类。它们的主要区别是：一种是用作材料方面的土分类标准，如《土工规程》中的分类方法；而另一种是地基基础方面对结构物地基土的分类标准，如《桥涵地基规范》。

一、《土工规程》分类标准

我国公路用土根据下列特征作为土的分类依据：

1）土的颗粒组成特征。

2）土的塑性指标：液限、塑限、塑性指数。

3）土中有机质存在的情况。

《土工规程》将土分为巨粒土、粗粒土和细粒土，分类总体系如图 2-1 所示。对于特殊成因和特殊年代的土类还应结合其成因和年代特征定名，如图 2-2 所示。土的颗粒组成特征用不同粒径的粒组在土中的百分数（含量）表示。土的成分代号见表 2-1。

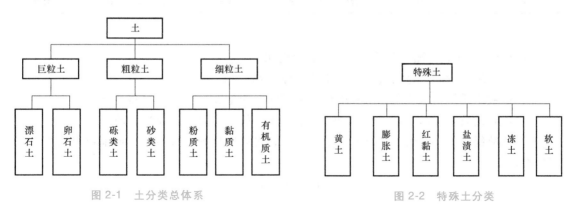

图 2-1　土分类总体系　　　　　　图 2-2　特殊土分类

表 2-1　土的成分代号

漂石——B	砾——G	砂——S	粉土——M	细粒土——F
块石——B$_a$	角砾——G$_a$	—	黏土——C	（混和）土（粗粒土、细粒土合称）——Sl
卵石——Cb	—	—	—	有机质土——O
小块石——Cb$_a$	—	—	—	

注：1. 土的级配代号：级配良好——W；级配不良——P。

　2. 土液限高低代号：高液限——H；低液限——L。

　3. 特殊土代号：黄土——Y；膨胀土——E；红黏土——R；盐渍土——St；冻土——Ft；软土——Sf。

土类名称可用一个基本代号表示：

1）当由两个基本代号构成时，第一个代号表示土的主成分，第二个代号表示副成分（土的液限或土的级配）。例如 GM 表示粉土质砾、GP 表示级配不良砾、ML 表示低液限粉土。

2）当由三个基本代号构成时，第一个代号表示土的主成分，第二个代号表示液限的高低（或级配的好坏），第三个代号表示土中所含次要成分。例如 CHG 表示含砾高液限黏土、MLG 表示含砾低液限粉土。土类名称和代号见表 2-2。

表 2-2　土类名称和代号

名　　称	代号	名　　称	代号	名　　称	代号
漂石	B	粉土质砾	GM	含砂低液限粉土	MLS
块石	B_a	黏土质砾	GC	高液限黏土	CH
卵石	Cb	级配良好砂	SW	低液限黏土	CL
小块石	Cb_a	级配不良砂	SP	含砾高液限黏土	CHG
漂石夹土	BSl	粉土质砂	SM	含砾低液限黏土	CLG
卵石夹土	CbSl	黏土质砂	SC	含砂高液限黏土	CHS
漂石质土	SlB	高液限粉土	MH	含砂低液限黏土	CLS
卵石质土	SlCb	低液限粉土	ML	有机质高液限黏土	CHO
级配良好砾	GW	含砾高液限粉土	MHG	有机质低液限黏土	CLO
级配不良砾	GP	含砾低液限粉土	MLG	有机质高液限黏土	MHO
含细粒土砾	GF	含砂高液限粉土	MHS	有机质低液限黏土	MLO

（一）巨粒土分类

巨粒土分类体系如图 2-3 所示，其定名规则如下：

1）巨粒组质量多于总质量 75% 的土称为漂（卵）石。

2）巨粒组质量为总质量 50%～75%（含 75%）的土称为漂（卵）石夹土。

3）巨粒组质量为总质量 15%～50%（含 50%）的土称为漂（卵）石质土。

4）巨粒组质量少于或等于总质量 15% 的土，可扣除巨粒，按粗粒土或细粒土的相应规定分类定名。

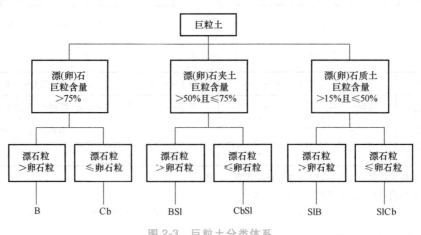

图 2-3　巨粒土分类体系

注：1. 巨粒土分类体系中的漂石换成块石，B 换成 B_a，即构成相应的块石分类体系。

　　2. 巨粒土分类体系中的卵石换成小块石，Cb 换成 Cb_a，即构成相应的小块石分类体系。

1. 漂（卵）石的定名

1）漂石粒组质量大于卵石粒组质量的土称为漂石，记为 B。

2）漂石粒组质量小于或等于卵石粒组质量的土称为卵石，记为 Cb。

2. 漂（卵）石夹土的定名

1）漂石粒组质量大于卵石粒组质量的土称为漂石夹土，记为 BSl。

2）漂石粒组质量小于或等于卵石粒组质量的土称为卵石夹土，记为 CbSl。

3. 漂（卵）石质土的定名

1）漂石粒组质量大于卵石粒组质量的土称为漂石质土，记为 SlB。

2）漂石粒组质量小于或等于卵石粒组质量的土称为卵石质土，记为 SlCb。

3）如有必要，可按漂（卵）石质土中的砾、砂、细粒土含量定名。

（二）粗粒土分类

试样中巨粒组的土粒质量小于或等于总质量的 15%，且巨粒组土粒与粗粒组土粒的质量之和大于总土质量 50% 的土称为粗粒土。

1. 砾类土

粗粒土中砾粒组质量大于砂粒组质量的土称为砾类土。砾类土应根据其中细粒的含量和类别以及粗粒组的级配进行分类，分类体系如图 2-4 所示。

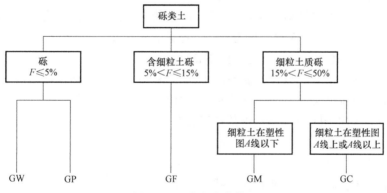

图 2-4 砾类土分类体系

注：砾类土分类体系中的砾石换成角砾，G 换成 G_a，即构成相应的角砾土分类体系。

1）砾类土中细粒组质量 F 小于或等于总质量 5% 的土称为砾，按下列级配指标定名：

① 当不均匀系数 $C_u \geqslant 5$，且曲率系数 $C_c = 1 \sim 3$ 时，称为级配良好砾，记为 GW。

② 不同时满足上述条件时，称为级配不良砾，记为 GP。

2）砾类土中细粒组质量为总质量 5%~15%（含 15%）的土称为含细粒土砾，记为 GF。

3）砾类土中细粒组质量大于总质量的 15% 且小于或等于总质量的 50% 的土称为细粒土质砾，按细粒土在塑性图（图 2-6）中的位置定名：

① 当细粒土位于塑性图 A 线以下时，称为粉土质砾，记为 GM。

② 当细粒土位于塑性图 A 线上或 A 线以上时，称为黏土质砾，记为 GC。

2. 砂类土

粗粒土中砾粒组质量小于或等于砂粒组质量的土称为砂类土。砂类土应根据其中细粒的含量和类别以及粗粒组的级配进行分类，分类体系如图 2-5 所示。

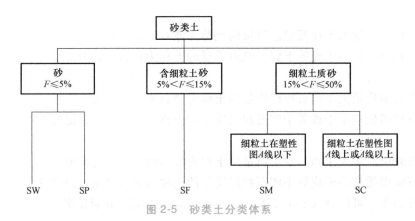

图 2-5　砂类土分类体系

注：需要时，砂可进一步细分为粗砂、中砂和细砂，定名时应根据颗粒级配由大到小以最先符合的
　　确定。

① 粗砂：粒径大于 0.5mm 的颗粒多于总质量的 50%。

② 中砂：粒径大于 0.25mm 的颗粒多于总质量的 50%。

③ 细砂：粒径大于 0.075mm 的颗粒多于总质量的 50%。

砂类土根据粒径分组由大到小，以首先符合的命名：

1）砂类土中细粒组质量小于或等于总质量 5% 的土称为砂，按下列级配指标定名：

① 当 $C_u \geqslant 5$，且 $C_c = 1 \sim 3$ 时，称为级配良好砂，记为 SW。

② 不同时满足上述条件时，称为级配不良砂，记为 SP。

2）砂类土中细粒组质量为总质量 5% ~ 15%（含 15%）的土称为含细粒土砂，记为 SF。

3）砂类土中细粒组质量大于总质量的 15% 且小于或等于总质量的 50% 的土称为细粒土质砂，按细粒土在塑性图（图 2-6）中的位置定名：

① 当细粒土位于塑性图 A 线以下时，称为粉土质砂，记为 SM。

② 当细粒土位于塑性图 A 线上或 A 线以上时，称为黏土质砂，记为 SC。

（三）细粒土分类

试样中细粒组土粒质量大于或等于总质量 50% 的土称为细粒土，分类体系如图 2-7 所示。细粒土应按下列规定划分：

1）细粒土中粗粒组质量小于或等于总质量 25% 的土称为粉质土或黏质土。

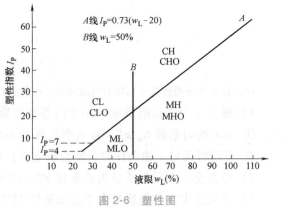

图 2-6　塑性图

2）细粒土中粗粒组质量为总质量 25% ~ 50%（含 50%）的土称为含粗粒的粉质土或含粗粒的黏质土。

3）试样中有机质含量大于或等于总质量 5% 的土称为有机质土；试样中有机质含量大于或等于总质量 10% 的土称为有机土。

细粒土应按塑性图（图 2-6）分类，图中采用下列液限分区：低液限 $w_L < 50\%$、高液限 $w_L \geqslant 50\%$。细粒土应按其在图 2-7 中的位置确定土的名称：

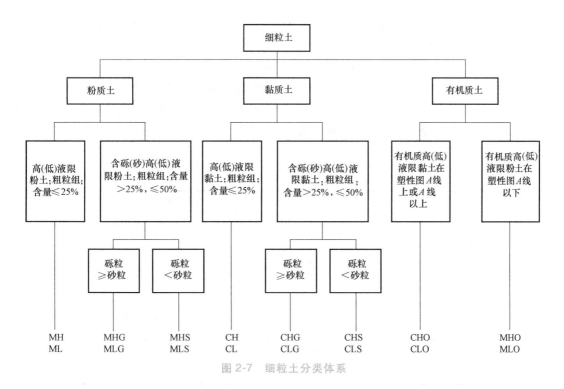

图 2-7 细粒土分类体系

1）当细粒土位于塑性图 A 线或 A 线以上时：在 B 线或 B 线以右时，称为高液限黏土，记为 CH；在 B 线以左，$I_P = 7$ 线以上时，称为低液限黏土，记为 CL。

2）当细粒土位于塑性图 A 线以下时：在 B 线或 B 线以右时，称为高液限粉土，记为 MH；在 B 线以左，$I_P = 4$ 线以下时，称为低液限粉土，记为 ML。

3）位于黏土~粉土过渡区（CL~ML）的土可以按相邻土层的类别考虑定名。

含粗粒的细粒土应先按塑性图确定细粒土部分的名称，再按以下规定最终定名：

1）当粗粒组中砾粒组质量大于砂粒组质量时，称为含砾细粒土，应在细粒土代号后加上代号 "G"。

2）当粗粒组中砂粒组质量大于或等于砾粒组质量时，称为含砂细粒土，应在细粒土代号后加上代号 "S"。

土中有机质包括未完全分解的动植物残骸和完全分解的无定形物质。后者多呈黑色、青黑色或暗色；有臭味；有弹性和海绵感，可通过目测、手摸及嗅感判别。当不能判定时，可采用下列方法辅助判定：将试样在 105~110℃ 的烘箱中烘烤，若烘烤 24h 后试样的液限小于烘烤前的四分之三，则该试样为有机质土。有机质土应根据图 2-6 按下列规定命名：

1）位于塑性图 A 线或 A 线以上时：在 B 线或 B 线以右时，称为有机质高液限黏土，记为 CHO；在 B 线以左，$I_P = 7$ 线以上时，称为有机质低液限黏土，记为 CLO。

2）位于塑性图 A 线以下时：在 B 线或 B 线以右时，称为有机质高液限粉土，记为 MHO；在 B 线以左，$I_P = 4$ 线以下时，称为有机质低液限粉土，记为 MLO。

3）位于黏土~粉土过渡区（CL~ML）的土可以按相邻土层的类别考虑定名。

（四）特殊土分类

我国特殊土种类较多，典型的有黄土、红黏土、膨胀土、盐渍土、冻土、软土等，各类特殊土应根据其工程特性进行分类。这些特殊土的工程分类中，目前较成熟的是盐渍土的工程分类；其他特殊土的工程分类方法不统一，如膨胀土的分类指标有自由膨胀率、膨胀性矿物含量、胀缩总率、标准吸湿含水率等。有些分类根据单项指标，有些分类根据多项指标，如黄土的分类可根据湿陷性、成因、地质年代等；冻土的分类指标有冻结持续时间、空间状态、含冰量等。因此，《土工规程》只列出了盐渍土的工程分类，盐渍土根据含盐性质和盐渍化程度按表 2-3 和表 2-4 进行分类，对于其他特殊土可根据具体工程与用途进行分类。

表 2-3　盐渍土按含盐性质分类

盐渍土名称	离子含量比值	
	Cl^-/SO_4^{2-}	$(CO_3^{2-}+HCO_3^-)/(Cl^-+SO_4^{2-})$
氯盐渍土	>2.0	—
亚氯盐渍土	1.0~2.0	—
亚硫酸盐渍土	0.3~1.0	—
硫酸盐渍土	<0.3	—
碳酸盐渍土	—	>0.3

注：离子含量以 1kg 土中离子的毫摩尔数计（mmol/kg）。

表 2-4　盐渍土按盐渍化程度分类

盐渍土类型	细粒土的平均含盐量（以质量百分数计）		粗粒土通过 1mm 筛孔土的平均含盐量（以质量百分数计）	
	氯盐渍土及亚氯盐渍土	硫酸盐渍土及亚硫酸盐渍土	氯盐渍土及亚氯盐渍土	硫酸盐渍土及亚硫酸盐渍土
弱盐渍土	0.3~1.0	0.3~0.5	2.0~5.0	0.5~1.5
中盐渍土	1.0~5.0	0.5~2.0	5.0~8.0	1.5~3.0
强盐渍土	5.2~8.0	2.0~5.0	8.0~10.0	3.0~6.0
过盐渍土	>8.0	>5.0	>10.0	>6.0

注：离子含量以 100g 干土内的含盐总量计。

二、《桥涵地基规范》分类标准

作为公路桥涵地基的岩土，可分为岩石、碎石土、砂土、粉土、黏性土和特殊性土。

（一）岩石

岩石是指颗粒间具有牢固连接、呈整体或具有节理裂隙的地质体。岩石根据其坚硬程度进行分类，见表 2-5。

表 2-5　岩石坚硬程度分级

坚硬程度类别	坚硬岩	较硬岩	较软岩	软岩	极软岩
饱和单轴抗压强度标准值 f_{rk}/MPa	$f_{rk}>60$	$60 \geqslant f_{rk}>30$	$30 \geqslant f_{rk}>15$	$15 \geqslant f_{rk}>5$	$f_{rk} \leqslant 5$

岩石按风化程度可划分为未风化、微风化、中风化、强风化、全风化 5 个等级。岩石按软化系数可分为软化岩石和不软化岩石，当软化系数小于或等于 0.75 时，应定为软化岩石；

当软化系数大于 0.75 时，应定为不软化岩石。岩石按完整程度分类见表 2-6。岩石节理发育程度应按表 2-7 分类。

表 2-6 岩石完整程度分类

完整程度类别	完整	较完整	较破碎	破碎	极破碎
完整性指数	>0.75	(0.55,0.75]	(0.35,0.55]	(0.15,0.35]	≤0.15

注：完整性指数为岩石纵波波速与岩块纵波波速之比的平方。

表 2-7 岩石节理发育程度分类

发育程度	节理不发育	节理发育	节理很发育
节理间距/mm	>400	(200,400]	≤200

当岩石具有特殊成分、结构或性质时，应定为特殊性岩石，如易溶性岩石、膨胀性岩石、崩解性岩石和盐渍化岩石等。

（二）碎石土

碎石土是指粒径大于 2mm 的颗粒含量超过总质量 50% 的土。碎石土可按表 2-8 的规定进行分类。

表 2-8 碎石土的分类

土的名称	颗粒形状	粒组含量
漂石	圆形及亚圆形为主	粒径大于 200mm 的颗粒含量超过总质量的 50%
块石	棱角形为主	
卵石	圆形及亚圆形为主	粒径大于 20mm 的颗粒含量超过总质量的 50%
碎石	棱角形为主	
圆砾	圆形及亚圆形为主	粒径大于 2mm 的颗粒含量超过总质量的 50%
角砾	棱角形为主	

注：碎石土分类时根据粒组含量从大到小以最先符合的确定。

碎石土的密实度可根据重型动力触探锤击数 $N_{63.5}$ 按表 2-9 的规定进行分级。

表 2-9 碎石土的密实度

锤击数 $N_{63.5}$	密实度	锤击数 $N_{63.5}$	密实度
$N_{63.5} \leq 5$	松散	$10 < N_{63.5} \leq 20$	中密
$5 < N_{63.5} \leq 10$	稍密	$N_{63.5} > 20$	密实

注：1. 本表适用于平均粒径小于或等于 50mm 且最大粒径不超过 100mm 的卵石、碎石、圆砾、角砾。
　　2. 表中的 $N_{63.5}$ 是经修正后锤击数的平均值。

（三）砂土

砂土是指粒径大于 2mm 的颗粒含量不超过总质量的 50% 且粒径大于 0.075mm 的颗粒含量超过总质量 50% 的土。砂土可按表 2-10 的规定进行分类。砂土的密实度可根据标准贯入锤击数按表 2-11 的规定进行分级。

表 2-10　砂土分类

土 的 名 称	粒 组 含 量
砾砂	粒径大于 2mm 的颗粒含量占总质量的 25% ~ 50%
粗砂	粒径大于 0.5mm 的颗粒含量超过总质量的 50%
中砂	粒径大于 0.25mm 的颗粒含量超过总质量的 50%
细砂	粒径大于 0.075mm 的颗粒含量超过总质量的 85%
粉砂	粒径大于 0.075mm 的颗粒含量超过总质量的 50%

注：砂土分类时根据粒组含量从大到小以最先符合的确定。

表 2-11　砂土的密实度

标准贯入锤击数 N	密 实 度	标准贯入锤击数 N	密 实 度
$N \leqslant 10$	松散	$15 < N \leqslant 30$	中密
$10 < N \leqslant 15$	稍密	$N > 30$	密实

（四）粉土

粉土是指塑性指数 $I_P \leqslant 10$ 且粒径大于 0.075mm 的颗粒含量不超过总质量 50% 的土。粉土的密实度和湿度应分别按表 1-5 和表 2-12 的规定进行分类。粉土的性质介于砂土和黏性土之间，单列为一大类。密实的粉土为良好地基；饱和的、稍密的粉土，地震时易产生液化，为不良地基。

（五）黏性土

黏性土是指塑性指数 $I_P > 10$ 且粒径大于 0.075mm 的颗粒含量不超过总质量 50% 的土。黏性土根据塑性指数按表 2-13 的规定进行分类。

表 2-12　粉土的湿度分类

天然含水率 w(%)	湿度
$w < 20$	稍湿
$20 \leqslant w \leqslant 30$	湿
$w > 30$	很湿

表 2-13　黏性土的分类

塑性指数 I_P	土的名称
$I_P > 17$	黏土
$10 < I_P \leqslant 17$	粉质黏土

注：液限和塑限分别按76g锥试验确定。

黏性土可根据沉积年代按表 2-14 的规定进行分类。

表 2-14　黏性土按沉积年代分类

沉 积 年 代	土 的 分 类
第四纪晚更新世（Q_3）及以前	老黏性土
第四纪全新世（Q_4）	一般黏性土
第四纪全新世（Q_4）以后	新近沉积黏性土

（六）特殊土

具有一些特殊成分、结构和性质的区域性地基土应定为特殊土，如软土、膨胀土、湿陷性土、红黏土、冻土、盐渍土和填土等。

【例 2-1】　设取烘干后的 5kg 土样筛析，其结果列于表 2-15 中，试确定此土样的名称。

表 2-15　筛析结果

筛孔直径/mm	2	0.5	0.25	0.075	<0.075 底盘	总计
留在每层筛上土粒的质量/kg	0.30	0.85	1.50	1.55	0.80	5.00
留在筛上土粒质量占全部土质量的百分数(%)	6	17	30	31	16	100
大于某粒径土粒质量占全部土质量的百分数(%)	6	23	53	84	100	—

　　解：根据筛析结果，粒径大于 2mm 的土粒质量占全部土质量的 6%，且粒径大于 0.075mm 的颗粒含量超过总质量的 50%，所以该土样是砂土。查表 2-10，按表从上至下核对，该土样不能定为砾砂和粗砂，而其粒径大于 0.25mm 的土粒质量占全部土质量的 53%，大于表 2-10 中规定的 50%，且最先符合条件，所以该土样应定名为中砂。

课后训练

　　1. 简述土的工程分类的原则。

　　2. 某土样已测得其液限为 35%，塑限为 20%，请利用塑性图查知该土的符号，并给该土定名。

　　3. 有一砂土试样，经筛分后各颗粒粒组含量见表 2-16，试给该砂土进行定名。

表 2-16　筛析各颗粒粒组含量

粒组/mm	<0.075	0.075~0.1	0.1~0.25	0.25~0.5	0.5~1.0	>1.0
含量(%)	8.0	15.0	42.0	24.0	9.0	2.0

任务二

土的现场鉴别与描述

　　在公路路线勘测过程中，除了在沿线按需要采集一些土样带回实验室测定有关指标数据外，还要在现场用眼观、手触的方法，并借助简易工具和试剂及时、直观地对土的性质和状态做出初步鉴定，这么做的目的是为选线、定位设计和编制工程预算提供第一手资料。土的现场鉴别包括土样的采集与记录、简易鉴别；土的描述可供室内试验时参考。

一、土的现场鉴别

(一) 土样的采集与记录

　　土样的采集是鉴别和描述土的首要环节，尤其是对特殊土的采集应特别注意。如对原状冻土，在采集中应保持原土样温度和土样的结构以及含水率不变等。如果送到实验室的土样不符合要求，没有代表性，那么后续操作将毫无意义。采取原状土或扰动土要根据工程对象确定，凡属桥梁、涵洞、隧道、挡土墙、房屋建筑物的天然地基以及挖方边坡、渠道等，应采取原状土样；填土路基、堤坝、取土坑(场)或只进行土的分类试验时，可采取扰动土样。冻土采取原状土样时，应保持原土样的温度，并保持土样的结构和含水率不变。

　　土样可在试坑、平洞、竖井、天然地面及钻孔中采取。取原状土样时，必须保持土样的原状结构及天然含水率，并使土样不受扰动。用钻机取土时，土样直径不得小于10cm，并使用专门的薄壁取土器。在试坑中或天然地面下挖取原状土时，可使用有上下盖的铁壁取土筒，施工时打开下盖，扣在待取的土层上，边挖筒周围的土边下压取土筒至筒内装满土样；然后挖断筒底土层（或左右摆动即可折断），取出取土筒，翻转并削平筒内土样。若筒周围有空隙，可用原土填满，盖好下盖，密封取土筒。采取扰动土时，应先清除表层土，然后分层用四分法取样。

土样数量按相应试验项目的规定采取。

制作取土记录和编号时无论采用什么方法取样，均应用"取样记录簿"记录，并撕下记录簿的一半作为标签，贴在取土筒上（原状土）或折叠后放入取土袋内。"取样记录簿"宜用韧质纸，并用铅笔填写各项记录。"取样记录簿"记录的内容应包含工程名称、路线里程（或地点）、记录开始日期、记录完毕日期、取样单位、采取土样的特征、试坑号、取样深度、土样号、取土袋号、土样名、土的用途、要求的试验项目或取样说明，以及取样人员、取样日期等。对取样方法、取的是扰动土样还是原状土样、取样方向以及取土过程中出现的各种现象等，均应记入取样说明栏内。

（二）简易鉴别

简易鉴别主要用于在现场或实验室初步判别土的类别。土的简易鉴别方法是指用目测法确定土粒组成及其特征，用干强度试验、手捻试验、搓条试验、韧性试验和摇振反应试验等定性方法代替用液限仪测定细粒土塑性的方法。

1. 巨粒土和粗粒土的简易鉴别

巨粒土和粗粒土采用目测法确定土粒组含量，操作时将研散的风干试样摊成一个薄层，凭目测估计土中巨粒组、粗粒组、细粒组所占的比例；然后再按土的工程分类方法确定其是巨粒土、粗粒土或是细粒土。

2. 细粒土的简易鉴别

细粒土通常按照下列试验方法进行简易鉴别：

（1）干强度试验　将一小块土捏成土团，风干后用手指捏碎、掰断及捻碎，根据用力大小区分为：

1）很难或用力才能捏碎或掰断的为干强度高。

2）稍用力即可捏碎或掰断的为干强度中等。

3）易于捏碎和捻成粉末的为干强度低。

（2）手捻试验　将稍湿或硬塑的小土块在手中揉捏，然后用拇指和食指将土捻成片状，根据手感和土片光滑度可分为：

1）手感滑腻，无砂，捻面光滑的为塑性高。

2）稍有滑腻感，有砂粒，捻面稍有光泽的为塑性中等。

3）稍有黏性，砂感强，捻面粗糙的为塑性低。

（3）搓条试验　将含水率略大于塑限的湿土块在手中揉捏均匀，再在手掌上搓成土条，根据土条不断裂而能达到的最小直径可区分为：

1）能搓成小于1mm土条的为塑性高。

2）能搓成1~3mm土条而不断的为塑性中等。

3）能搓成直径大于3mm的土条即断裂的为塑性低。

（4）韧性试验　将含水率略大于塑限的土块在手中揉捏均匀，然后在手掌中搓成直径为 3mm 的土条，再揉成土团，根据再次搓条的可能性可区分为：

1）能揉成土团，再成条，捏而不碎的为韧性高。

2）可再成团，捏而不易碎的为韧性中等。

3）勉强或不能揉成团，稍捏或不捏即碎的为韧性低。

（5）摇振反应试验　将处于软塑至流动状态的小土块捏成土球，放在手掌上反复摇晃，并以另一只手掌击之，土中自由水渗出，球面呈现光泽；用两手指捏土球，放松后水又被吸入，光泽消失。根据上述渗水和吸水反应的速度可区分为：

1）立即渗水和吸水的为反应快。

2）渗水和吸水中等的为反应中等。

3）渗水、吸水慢及不渗不吸的为无反应。

根据上述的干强度试验、手捻试验、搓条试验、韧性试验和摇振反应试验的试验结果，细粒土按表 2-17 的规定进行分类定名。

表 2-17　细粒土简易鉴别

半固态时的干强度	硬塑-可塑态时的手捻感和光滑度	土在可塑态时		软塑-流塑态时的摇振反应	土类代号
		可搓成最小直径/mm	韧性		
低-中	灰黑色,粉粒为主,稍黏,捻面粗糙	3	低	快-中	MLO
中	砂粒稍多,有黏性,捻面较粗糙,无光泽	2~3	低-中	快-中	ML
中-高	有砂粒,稍有滑腻感,捻面稍有光泽;灰黑色的为 CLO	1~2	中	无-很慢	CL CLO
中	粉粒较多,有滑腻感,捻面较光滑	1~2	中	无-慢	MH
中-高	灰黑色,无砂,滑腻感强,捻面光滑	<1	中-高	无-慢	MHO
高-很高	无砂感,滑腻感强,捻面有光泽;灰黑色的为 CHO	<1	高	无	CH CHO

二、土的描述

土的描述主要反映土的组成、结构、构造和状态的主要特征。因此，对于各种不同的土，描述的侧重点有所不同。

（一）碎石类土的描述

碎石类土应描述碎屑物的成分：指出碎屑物是由哪类岩石组成的；描述碎屑物的大小、一般直径和最大直径，并估计其含量百分数；描述碎屑物的形状，其形状可分为圆形、亚圆形或棱角形；描述碎屑物的坚固程度。

当碎石类土有充填物时，应描述充填物的成分，并确定充填物的土类并估计其含量的百分数；如果没有充填物，应研究其孔隙的大小及颗粒间的接触是否稳定等。

碎石类土还应描述密实度，密实度反映土颗粒排列的紧密程度，越是紧密的土，其强度越大，结构越稳定，压缩性越小。一般碎石土的密实度分为密实、中密、松散三种，碎石类土的描述见表2-18。

表2-18 碎石类土的描述

密实程度	骨架和充填物	天然坡和开挖情况	钻探情况
密实	骨架颗粒交错紧贴,孔隙填满,充填物密实	天然陡坡较稳定,坎下堆积物较少;镐挖掘困难,用撬棍方能松动;坑壁稳定,从坑壁取出大颗粒后能保持凹面形状	钻进困难;冲击钻探时,钻杆、吊锤跳动剧烈,孔壁较稳定
中密	骨架颗粒疏密不均,部分不连续,孔隙填满,充填物中密	天然坡不易陡立,坎下堆积物较多;镐可挖掘;坑壁有掉块现象,从坑壁取出大颗粒后,砂类土不易保持凹面形状	钻进较难;冲击钻探时,钻杆、吊锤跳动不剧烈,孔壁有坍塌现象
松散	多数骨架颗粒不接触,而被充填物包裹,充填物松散	不能形成陡坎,天然坡接近粗颗粒的休止角;锹可以挖掘;坑壁易坍塌,从坑壁取出大颗粒后,砂类土即塌落	钻进较容易;冲击钻探时,钻杆稍有跳动,孔壁易坍塌

(二) 砂土的描述

砂土按颗粒的粗细和干湿程度可分为砾砂、粗砂、中砂、细砂和粉砂,其描述见表2-19。

表2-19 砂土的描述

鉴别方法	砂土分类				
	砾砂	粗砂	中砂	细砂	粉砂
	鉴别特征				
颗粒粗细	有1/4以上的颗粒比养麦粒或高粱粒大	有一半以上的颗粒比米粒大	有一半以上的颗粒与砂糖、菜籽体积相近	大部分颗粒与玉米粉体积相近	大部分颗粒近似面粉
干燥时状态	颗粒完全分散	颗粒仅有个别有胶结	颗粒基本分散,部分胶结,一碰即散	颗粒少量胶结,稍加碰击即散	颗粒大部分胶结,稍压即散
湿润时用手拍的状态	表面无变化	表面无变化	表面偶有水印	表面有水印(翻浆)	表面有显著翻浆现象
黏着程度	无黏着感	无黏着感	无黏着感	偶有轻微黏着感	有轻微黏着感

(三) 黏性土的描述

黏性土的现场鉴别项目有:用手搓捻时的感觉、用放大镜及肉眼观察搓碎的状况、干燥时土的状况、潮湿时将土搓捻的情况、潮湿时用小刀削切的情况等,并据此将黏性土分为黏土、粉质黏土、粉质砂土和粉土,黏性土的描述见表2-20。

表2-20 黏性土的描述

土类	用手搓捻时的感觉	用放大镜及肉眼观察搓碎的状况	干燥时土的状况	潮湿时将土搓捻的情况	潮湿时用小刀削切的情况	潮湿土的情况	其他特征
黏土	极细的均匀土块很难用手搓碎	均质细粉末,看不见砂粒	坚硬,用锤能打碎,碎块不会散落	很容易搓成细于0.5mm的长条,易滚成小球	光滑表面,土面上看不见砂粒	黏塑的、滑腻的、黏连的	干燥时有光泽
粉质黏土	没有均质的感觉,感到有砂粒,土块容易压碎	从它的细粉末可以清楚地看到砂粒	用锤击和手压土块容易碎开	能搓成比黏土较粗的短土条,能滚成小球	可以感觉到有砂粒存在	塑性的弱黏结性	干燥时光泽暗沉,条纹较黏土粗而宽

（续）

土类	用手搓捻时的感觉	用放大镜及肉眼观察搓碎的状况	干燥时土的状况	潮湿时将土搓捻的情况	潮湿时用小刀削切的情况	潮湿土的情况	其他特征
粉质砂土	土质不均匀,能清楚地感觉到有砂粒的存在,稍用力土块即被压碎	砂粒很少,可以看见很多细粉末	用锤击和手压土块容易碎开	表面粗糙	塑性的弱黏结性	干燥时光泽暗淡,条纹粗而宽	—
粉土	—	砂粒少,粉粒多	土块极易散落	很容易搓成细于 0.5mm 的长条,易滚成小球	—	呈流体状	—

黏性土应描述其颜色、状态、湿度和包含物。描述颜色时，应注意其副色，记录时一般应将副色写在前面，主色写在后面，例如"黄褐色"，表示以褐色为主，以黄色为副。黏性土的状态是指其在含有一定量的水分时所表现出来的黏稠、稀薄的物理状态，说明了土的软硬程度，反映了土的天然结构受破坏后，土粒之间的联结强度以及抵抗外力所引起的土粒移动的能力。

（四）人工填土及淤泥质土的描述

人工填土应描述其成分、颜色、堆积方式、堆积时间、有机物含量、均匀性及密实度；淤泥质土应描述其气味等特性。人工填土及淤泥质土的描述见表 2-21。

表 2-21　人工填土及淤泥质土的描述

鉴别方法	人 工 填 土	淤 泥 质 土
颜色	没有固定颜色,颜色主要取决于夹杂物	灰黑色,有臭味
夹杂物	一般含砖瓦、砾块、垃圾、炉灰等	池沼中有半腐朽的细小动植物遗体,如草根、小螺壳等
构造	夹杂物显露于外,构造无规律	构造常为层状,但有时不明显
浸入水中的现象	浸水后大部分物质变为稀软的淤泥,其余部分则为砖瓦、炉灰渣,在水中单独出现	浸水后外观无明显变化,水面有时出现气泡
湿土搓条情况	一般情况下能搓成直径为 3mm 的土条,但易折断,遇有灰砖杂质甚多时不能搓条	能搓成直径为 3mm 的土条,但易折断
干燥后的强度	干燥后部分杂质脱落,故无固定形态,稍微施加压力即破碎	干燥时体积缩小,强度不大,锤击时成粉末,用手指能搓散

🕮 **课后训练**

1. 实训任务：根据土的简易识别步骤进行常见土的鉴别，确定具体的试验检测方法，运用颗粒分析试验和界限含水率试验进行土的分类定名，并提供土的级配或稠度状态指标（详见实训任务三、四）。

2. 简述在野外怎样鉴别砂土中的砾砂、粗砂、中砂、细砂和粉砂。

任务三

特殊土

由于公路是线形结构物，绵延数公里或数千公里不等，而地形、地质情况千变万化，因此在公路建设中，不可避免地会遇到特殊土，它们往往具有天然孔隙比大、压缩性高、抗剪强度低等不利的工程性质，导致地基承载力不能满足工程设计的要求，因此需要对特殊土地基进行加固处理。特殊土地基加固处理的方法多种多样，如果处理不当，会使路基失稳或过量沉降，出现路基纵、横向断裂等病害。因此，在选择合适的加固方法之前，首先要做的事就是对特殊土的工程特性进行全面了解。

一、软土

（一）软土的分类

软土是第四纪全新世形成的近代沉积物，一般是指在静水或缓慢流水环境中沉积而成的，具有天然含水率高、压缩性高、承载力低、透水性差等特点的一种软塑-流塑状态的饱和黏性土层，常见于内陆湖塘盆地、江河海洋沿岸和山间洼地沉积的各种淤泥和淤泥质土。我国工程界把冲填土、杂填土等也并入软土范畴。

1. 淤泥、淤泥质土

淤泥、淤泥质土具有固结时间长、灵敏度高、扰动大、透水性差等特点。当天然孔隙比大于1.5时，为淤泥；天然孔隙比大于1.0而小于1.5时，为淤泥质土。

2. 冲填土

冲填土是指将水利建设中清除出的江河泥砂充填至淤地后形成的沉积土，有的以砂粒为主，有的以黏粒或粉粒为主，其工程性质主要取决于颗粒成分、均匀程度和排水固结条件。若含黏粒较多，含水率高且排水困难，属于软弱地基；反之若以砂或其他粗粒土为主要成分，则不属于软土范畴。与自然沉积的同类土相比，冲填土强度低、压缩性高，常产生触变现象。

3. 杂填土

杂填土是指因人类活动而形成的无规则的堆积物，含有建筑垃圾、工业废料、生活垃圾等杂物。其成分复杂，性质不均匀，对以生活垃圾和腐蚀性工业废料为主的杂填土，不宜作为建筑物地基；对以建筑垃圾和工业废料为主要成分的杂填土，经处理后可以作为一般建筑的地基。杂填土承载力不高，压缩性较大，且填料性质不均匀。当杂填土加载到某级荷载时浸水，变形会剧增，有湿陷性。

（二）软土的特征

软土主要是在静水或缓慢流水环境中沉积的以细颗粒为主的第四纪沉积物，通常在软土形成过程中有一定的生物化学作用的参与。这是因为在软土沉积环境中往往生长一些喜湿的植物，这些植物死亡后遗体埋在沉积物中，在缺氧条件下分解，参与了软土的形成。我国各地区软土一般有下列特征：

1）软土的颜色多为灰绿色、灰黑色，手摸有滑腻感，能染指，有机质含量高时有腥臭味。

2）软土的粒度成分主要为黏粒及粉粒，黏粒含量可高达70%。

3）软土的矿物成分除粉粒中的石英、长石、云母外，黏粒中的黏土矿物主要是伊利石，高岭石次之。此外，软土中常有一定量的有机质，含量可高达9%。

4）软土具有典型的海绵状或蜂窝状结构，这是造成软土孔隙比大、含水率高、透水性小、压缩性大、强度低的主要原因之一。

5) 软土常具有层理构造，软土和薄层的粉砂、泥炭层等相互交替沉积，或呈透镜体相间沉积，形成性质复杂的土体。

（三）软土的成因及分布

我国软土分布广泛，沿海、平原地带的软土多位于大河下游的入海三角洲或冲积平原处，如长江、珠江的三角洲地带，塘沽、温州、闽江口平原等地区；内陆湖盆、洼地的软土则以洞庭湖、洪泽湖、太湖、滇池等地为代表性的软土发育地区；山间盆地及河流中下游两岸的漫滩、阶地以及废弃河道等处也常有软土分布；沼泽地带则分布着富含有机质的软土和泥炭。

我国软土的成因主要有下列几种：

1. 沿海沉积型

我国东南沿海自连云港至广州湾几乎都有软土分布，为沿海沉积型软土，其厚度大体自北向南逐渐变薄，由 40m 厚变化至 5m 厚。沿海沉积型软土可按沉积部位分为以下四种：

（1）滨海相软土

滨海相软土的表层为 3~5m 厚的褐黄色粉质黏土，以下便为厚度达数十米的淤泥类土，常夹有由黏土和粉砂交错形成的呈细微带状构造的粉砂薄层或透镜体。如天津、连云港地区的软土。

（2）潟湖相软土

潟湖相软土具有颗粒微细、孔隙比大、强度低、地层单一、厚度大、分布范围广的特点，常形成海滨平原。如温州、宁波地区的软土。

（3）溺谷相软土

溺谷相软土的表层为耕土或人工填土以及较薄的致密黏土或粉质黏土，以下便为 5~15m 厚的淤泥类土，呈窄带状分布，范围小于潟湖相软土，具有结构疏松、孔隙比大、强度低的特点。如闽江口地区的软土。

（4）三角洲相软土

在河流与海潮复杂交替作用下，三角洲相软土层常与薄层的中砂、细砂交错沉积，如上海地区的软土和珠江三角洲地区的软土。

2. 内陆湖盆沉积型

内陆湖盆沉积型软土多为灰蓝色至绿蓝色，颜色较深，厚度一般在 10m 左右，常含粉砂层、黏土层及透镜体状泥炭层。

3. 河滩沉积型

河滩沉积型软土一般呈带状分布于河流中下游的漫滩及阶地上，这些地带常是漫滩宽阔、河岔较多、河曲发育、牛轭湖分布的地段，这些地区的软土沉积交错复杂，透镜体较多，但厚度不大，一般小于 10m。

4. 沼泽沉积型

沼泽沉积型软土颜色较深，多为黄褐色、褐色至黑色，主要成分为泥炭，并含有一定数量的机械沉积物和化学沉积物。

（四）软土的工程性质

1. 软土的孔隙比和含水率

软土颗粒分散性高、黏结弱、孔隙比大、含水率高；孔隙比一般大于 1，最高可达 5.8。如云南滇池的淤泥，含水率大于液限，可达 70%，最大可达 300%。沉积年代越久，埋深越大的软土，孔隙比和含水率越低。

2. 软土的透水性和压缩性

软土孔隙比大、孔隙细小、黏粒亲水性强、有机质含量多，有机质分解产生的气体封闭在孔隙中，使土的透水性很差，渗透系数 $k<10^{-6}$ cm/s。软土在荷载作用下排水不畅、固结慢。软土的压缩性较高，压缩系数 $\alpha=0.7\sim20$ MPa^{-1}，压缩模量为 $1\sim6$ MPa。软土在建筑物荷载作用下容易发生不均匀下沉和明显的沉降，而且是缓慢下沉，完成下沉的时间很长。

3. 软土的强度

软土强度低，无侧限抗压强度为 $10\sim40$ kPa。软土不排水直剪试验的内摩擦角 $\varphi=2°\sim5°$，黏聚力 $c=10\sim15$ kPa；排水条件下内摩擦角 $\varphi=10°\sim15°$，黏聚力 $c=20$ kPa。所以，在确定软土的抗剪强度时，应根据建筑物的加载情况选择不同的试验方法。

4. 软土的触变

软土受到振动作用时，颗粒连结发生破坏，土体强度降低，呈流动状态，称为触变，也称为振动液化。触变可以使地基土大面积失效，导致建筑物发生破坏。触变的机理是吸附在土颗粒周围的水分子的定向排列被破坏，土粒悬浮在水中，呈流动状态；当振动停止，土粒与水分子相互作用的定向排列得到恢复，土的强度可缓慢恢复。

5. 软土的流变性

软土在长期荷载作用下，变形可延续很长时间，最终引起破坏，这种性质称为流变性。发生此种破坏时，土的强度要低于常规试验测得的标准强度，软土的长期强度只有正常强度的 $40\%\sim80\%$。

（五）软土的变形破坏

软土地基发生变形破坏的主要原因是承载力低、地基变形大或发生挤出。软土变形破坏的主要形式是不均匀沉降，使建筑物产生裂缝，影响正常使用。修建在软土地基上的公路、铁路的路堤高度受软土强度的控制，路堤过高，将发生土的挤出破坏，产生坍塌。

应用链接——软土地基处理

软土地基的主要问题就是变形。由于软土具有高压缩性、低强度、低渗透性等特性，其上的建筑物和构筑物表现出沉降量大且不均匀、沉降速率大以及沉降稳定历时较长等特点。在其上施工时，应对建筑的体形、荷载的大小与分布、结构类型和地质条件等进行综合分析，确定应采取的建筑措施、结构措施和地基处理方法，以有效控制软土地基上建筑物和构筑物的沉降（不均匀沉降）。软土地基处理常采用以下措施：

1）利用表土层。软土较厚的地区，由于表层经受长期气候的影响，含水率减小，土体固结收缩，表面形成较硬的地壳。这一处于地下水水位以上的非饱和的地壳，常用来作为浅基础的持力层。

2）减小建筑物或构筑物作用于地基的附加压力，可减小地基的沉降量或减缓不均匀沉降，如采用轻型结构，或采用刚度大的上部结构和基础。

3）施工控制。控制施工速度，通过加载试验观察沉降，以此控制加载速率；用反压法或在建筑物的四周打板状围墙来防止地基土的塑性挤出。

二、黄土

（一）黄土的特征

各地黄土的性质并不完全相同，标准的或典型的黄土有如下特征：

1）颜色为灰黄、褐黄、棕黄等色。

2）具多孔性，其孔隙肉眼可见，孔隙率一般为40%~50%。

3）含大量碳酸钙（10%~30%）或钙质结核（俗称"砂姜石"）。

4）质地均一，成分以粉粒为主（60%~70%），几乎不含直径大于0.25mm的颗粒。

5）无层理，厚度一般在40~300mm。

6）具有显著的垂直柱状节理且具直立性构造，在天然情况下能保持垂直边坡。

7）天然含水率很小，干燥时很坚固，遇水易剥落和遭受侵蚀。

8）遇水有显著的湿陷性。黄土湿陷性是引起黄土地区工程建筑发生破坏的重要原因，但并非所有的黄土都具有湿陷性。具有湿陷性的黄土称为湿陷性黄土。

只具有上述八个特征中的部分特征的土称为黄土状土或黄土类土。

（二）黄土的成因、分布及形成年代

1. 黄土的成因

黄土的成因历来受到中外地质学者的重视，20世纪初，调查人员根据黄土在高原顶部、沟谷中都呈均匀分布，厚度大，无层理，多分布在戈壁外围等特点，认为我国的黄土是风搬运沉积的。但是也有一些学者发现在山前洪积区、河流阶地上也有一定范围的黄土分布，提出坡积、残积、洪积和冲积等多种成因。目前，较为普遍的看法是坡积、残积形成的黄土，主要是由风积黄土经过再搬运、再沉积形成的，所以有些学者把风积黄土称为原生黄土，而其他各种成因的黄土称为次生黄土。只经过数十年沉积的新黄土，工程性质很差，在这类黄土分布地区修建工程建筑，常因为对其工程性质认识不清而导致事故。

2. 黄土的分布

黄土在全世界均有分布，主要分布在亚洲、欧洲和北美洲，总面积达1300万km^2。我国是世界上黄土分布面积最大的国家，在我国的西北、华北、山东、内蒙古及东北等地区均有分布。其中，黄河中上游的陕西、甘肃、宁夏及山西、河南一带的黄土，面积广、厚度大，地理上有黄土高原之称。

陕西、甘肃、宁夏地区的黄土，厚度可达200m，某些地区可达300m；渭北高原的黄土厚度一般为50~100m，山西高原的黄土厚度一般为30~50m，陇西高原的黄土厚度一般为30~100m，其他地区的黄土厚度很少超过30m。

3. 黄土的形成年代

我国的黄土从第四纪初开始沉积，一直延续至现在，贯穿了整个第四纪，表2-22列出了按地质年代划分的黄土地层层序及其特征，其中的午城黄土（Q_1）和离石黄土（Q_2）因沉积年代早，大孔隙已退化，土质紧密，不具湿陷性；马兰黄土（Q_3）沉积年代较新，有强烈的湿陷性；而新近堆积的黄土（Q_4）结构疏松，压缩性强，工程性质最差。一般把离石黄土、午城黄土称为老黄土，而将马兰黄土等称为新黄土。

表 2-22　按地质年代划分的黄土地层层序及其特征

地质年代	地层		颜色	土层特征及包含物	占土壤层	开挖情况	边坡稳定性
全新世	Q_4^2	新近堆积黄土	浅褐色至深褐色或黄色至黄褐色	多大孔,孔的最大直径为 0.5~2.0cm,孔壁分布较多虫孔,有植物根孔,部分含有矿粒姜石等。有人类活动遗迹,结构松软,似蜂窝状	无	锹挖极为容易,开挖速度很快	结构松散,不能维持陡边坡
	Q_4^1		褐色至黄褐色	具有大孔,有虫孔及植物根孔,含少量小姜石及砾石。部分含有人类活动遗迹,土质较均匀,稍密至中密	有埋藏土,呈浅灰色,或没有	锹挖极为容易,但开挖速度稍慢	
上更新世 Q_3 (马兰黄土)		新黄土	浅黄色至灰黄色及黄褐色	土质均匀,大孔发育,具垂直节理,有虫孔及植物根孔,易产生"天生桥"及陷穴,有少量小姜石呈零星分布,稍密至中密	浅部有埋藏土,一般为浅灰色	锹、镐挖不困难	
中更新世 Q_2 (离石黄土)		老黄土	深黄色、棕黄色及微红色	有少量大孔或无大孔,土质紧密,具柱状节理,抗侵蚀力强,土质较均匀,不见层理。上部姜石少而小,古土壤层下的姜石粒径为 5~20cm,且成层分布,或组成钙质胶结层;下部有砂砾及小石子分布	有数层至十余层古土壤,上部间距 2~4m,下部间距 1~2m,每层厚约 1m	锹、镐开挖困难	结构紧密,能维持陡边坡
下更新世 Q_1 (午城黄土)			微红色及棕红色等	不具大孔,土质紧密至坚硬,颗粒均匀,粒状节理发育,不见层理。姜石含量比离石黄土要少,成层分布或零星分布于土层内,粒径为 1~3cm。有时含砂及砾石等粗颗粒土层	古土壤层不多,呈棕红色及褐色	锹、镐开挖很困难	

(三) 黄土的工程性质

1. 粒度成分

黄土的粒度成分以粉粒为主,占 60%~70%;其次是砂粒和黏粒,各占 1%~29% 和 8%~26%。在黄土分布地区,黄土的粒度成分有明显的变化规律,陇西和陕北地区黄土的砂粒含量大于黏粒,而豫西地区的黏粒含量大于砂粒,即由西北向东南,砂粒减少、黏粒增多,这种情况与黄土湿陷性西北强、东南弱的递减趋势大体相关。一般认为黏粒含量大于 20% 的黄土,湿陷性较小或无湿陷性。但是也有例外的情况,如兰州西部黄河北岸的次生黄土的黏粒含量超过 20%,湿陷性仍十分强烈。这与黏粒在土中的分布状态有关,均匀分布在土骨架中的黏粒,起胶结作用,黄土湿陷性小;呈团粒状分布的黏粒,在骨架中不起胶结作用,黄土就有湿陷性。

2. 比重和密度

黄土的比重一般为 2.54~2.84,与黄土的矿物成分及其含量有关,砂粒含量高的黄土比重小,在 2.69 以下;黏粒含量高的黄土比重大,一般在 2.72 以上。黄土结构疏松,具有大孔隙,密度较低 (1.5~1.8g/cm³),干密度为 1.3~1.6g/cm³。干密度反映土的密实程度,一般认为干密度小于 $1.5 \mathrm{g/cm^3}$ 的黄土具有湿陷性。

3. 含水率

黄土的含水率与当地的年降雨量及地下水埋深有关，位于干旱、半干旱地区的黄土，含水率一般较低；当地下水埋深较浅时，含水率就高一些。含水率与湿陷性有一定关系，含水率降低，湿陷性增强；含水率增加，湿陷性减弱。一般情况下，黄土含水率超过 25% 时就不再具有湿陷性了。

4. 黄土的压缩性

压缩性是反映地基在外荷载作用下产生压缩变形的大小。对湿陷性地基来说，压缩变形是指地基在天然含水率条件下受外荷载作用所产生的变形，不包括地基受水浸湿后的湿陷变形。一般黄土多为中压缩性土，新黄土为高压缩性土，老黄土压缩性较低。

5. 黄土的抗剪强度

黄土的抗剪强度除与土的颗粒组成、矿物成分、黏粒和可溶盐含量等有关外，还与土的含水率和密实程度有关。含水率越低，密实度越高，则黄土的抗剪强度越大。一般黄土的内摩擦角 $\varphi = 15° \sim 25°$，黏聚力 $c = 30 \sim 40 \mathrm{kPa}$，抗剪强度为中等。

从上述黄土的一般工程性质可知，干燥状态下黄土的工程力学性质并不是很差，但遇水软化甚至发生湿陷后，常引起破坏性后果，所以湿陷性是黄土的最不良性质。

6. 黄土的湿陷性和黄土陷穴

天然黄土在一定的压力作用下受水浸湿后结构迅速破坏，从而发生显著附加下沉的现象，称为湿陷；具有这种特性的黄土称为湿陷性黄土。湿陷性黄土浸水饱和后开始出现湿陷时的压力称为湿陷起始压力，当土体受到的压力小于起始压力时，不产生湿陷。在上覆土层自重压力下受水浸湿，产生显著附加变形的湿陷性黄土称为自重湿陷性黄土；在上覆土层自重压力下受水浸湿，不产生显著附加变形的湿陷性黄土称为非自重湿陷性黄土。自重湿陷性黄土的湿陷起始压力小于自重压力，非自重湿陷性黄土的湿陷起始压力大于自重压力。黄土的非自重湿陷性比较普遍，其工程意义较大。

黄土湿陷性的评价目前常采用浸水压缩试验方法，试验时将黄土原状土样放入固结仪内，在无侧限膨胀条件下进行压缩试验，测出天然湿度下变形稳定后的试样高度 h_2 及浸水饱和条件下变形稳定后的试样高度 h_2'；然后按式（2-1）计算黄土的相对湿陷系数 δ_{sh}，并判断黄土的湿陷性。

$$\delta_{\mathrm{sh}} = \frac{h_2 - h_2'}{h_2} \tag{2-1}$$

当 $\delta_{\mathrm{sh}} < 0.015$ 时，为非湿陷性黄土；当 $\delta_{\mathrm{sh}} \geqslant 0.015$ 时，为湿陷性黄土。其中，$0.015 \leqslant \delta_{\mathrm{sh}} \leqslant 0.03$，为轻微湿陷性黄土；$0.03 < \delta_{\mathrm{sh}} \leqslant 0.07$，为中等湿陷性黄土；$\delta_{\mathrm{sh}} > 0.07$，为强烈湿陷性黄土。

黄土产生湿陷的原因还不是很清楚，但是黄土内部疏松的结构、水的侵入和一定的附加压力是引起湿陷的内在、外部条件，应当针对这些条件采取相应的防治措施。首先是防水措施，即防止地表水下渗和地下水位的升高；其次是对地基进行处理，降低黄土的孔隙率，加强内部颗粒之间的联结和土的整体性，提高土体密实度。

除了湿陷性引起建筑物的破坏外，黄土地区的地下常有天然的或人工的洞穴，这些洞穴的存在和发展容易造成上覆土层和建筑物突然陷落，称为黄土陷穴。天然洞穴主要由黄土自重湿陷和地下水潜蚀形成。在黄土地区的地表略凹处，雨水积聚下渗，黄土被浸湿发生湿陷变形下沉，这就是黄土自重湿陷；地下水在黄土的孔隙、裂隙中流动时，既能溶解黄土中的易溶盐，又能在流速达到一定值时把土中的细小颗粒冲蚀带走，从而形成空洞，这就是地下水潜蚀。随着地下水潜蚀作用的不断进行，土中空洞由少变多，由小变大，最终导致地表塌陷或建筑物发生破坏。地下水潜蚀多发生在黄土中易溶盐含量高、大孔隙多、地下水流速及流量较大的部位。从地表地形、地貌看，地表坡度变化较大的河谷阶地边缘、冲沟两岸、陡坡地带等，有利于地表水下渗或地下水加速，是潜蚀洞穴分布较多的地方。人工洞穴包括古老的采矿坑道、掏砂坑道和墓穴等，这些洞穴分布无规律、不易发现，容易造成隐患。所以，在黄土地区必须注意对黄土陷穴的位置、形状及大小进行勘察调研，然后有针对性地采取整治措施。

应用链接——湿陷性黄土处理

对湿陷性黄土地基进行处理的目的主要是改善土的性质和结构，减小地基因浸水而引起的湿陷性变形。同时，湿陷性黄土地基经过处理后，承载力也有所提高。

1. 防水措施

1）整平地面，保持排水畅通。

2）在建筑物周围修筑散水坡。

3）将地基表层黄土扒松后再夯实，以增加防渗性能。

在湿陷性黄土场地，既要着眼于整个建筑物场地的排水、防水措施，又要考虑单体建筑物的防水措施；不但要保证在建筑物长期使用过程中地基不被浸湿，还要做好施工阶段的临时性排水、防水工作。

2. 加固地基的方法

1）灰土或素土换填法。

2）重锤夯实及强夯法。

3）石灰土或二灰（石灰与粉煤灰）挤密桩法。

4）预浸水处理法。

3. 结构措施

结构物的结构形式应尽量采用简支梁等对不均匀沉降不敏感的结构；加大基础刚度，使其受力均匀；长度较大、形体复杂的结构物可采用沉降缝等将其分为若干独立单元等。

三、膨胀土

膨胀土是指土中黏粒成分主要由亲水性矿物组成，同时具有显著的吸水膨胀和失水收缩两种变形特性的黏性土。

膨胀土是一种黏性土，具有明显的膨胀、收缩特性。它的粒度成分以黏粒为主，黏粒的主要矿物是蒙脱石、伊利石，这两类矿物有强烈的亲水性，吸收水分后强烈膨胀，失水后收缩，多次膨胀、收缩，土的强度很快衰减，导致修建在膨胀土上的建筑物开裂、下沉、失稳。以前对这种土的性质认识不清，由于它裂隙多，就称为裂隙黏土；也有以地区命名的，如成都黏土。

（一）膨胀土的特征及其分布

1. 膨胀土的特征

1）膨胀土颜色多为灰白色、棕黄色、棕红色、褐色等。

2）粒度成分以黏粒为主，含量在 35% 以上，其次是粉粒，砂粒最少。

3）黏粒的黏土矿物以蒙脱石、伊利石为主，高岭石含量很少。

4）具有强烈的膨胀、收缩特性，吸水时膨胀，产生膨胀压力；失水收缩时产生收缩裂隙，多次反复胀缩会导致强度降低。干燥时的膨胀土，强度较高。

5）膨胀土中各种成因的裂隙发育明显。

6）早期（第四纪以前或第四纪早期）生成的膨胀土具有超固结性。

2. 膨胀土的分布

膨胀土分布范围广泛，世界各地均有分布，我国是世界上膨胀土分布最广、面积最大的国家，各地均有膨胀土报告。我国的膨胀土主要分布在云贵高原到华北平原之间的平原、盆地、河谷阶地以及河间地块和丘陵等地区。

（二）膨胀土的成因和时代

我国各地的膨胀土成因不同，大致有洪积、冲积、湖积、残积、坡积等因素，形成的地质时代自晚第三纪末期的上新世 N_2 开始到更新世晚期的 Q_3，各地不一。

（三）膨胀土的工程性质

膨胀土因其组成中含有大量的强亲水性黏土矿物而具有吸水率大、高塑性、快速崩解性、很强的胀缩性、多裂隙性和强度衰减性等性质。同时，又因膨胀土沉积时代较早，历史上的膨胀土承受过较现在更大的上覆压力，因此其压缩性不大，并多具有超固结性。这些性质构成了膨胀土区别于其他土类的独有的工程性质。

1）膨胀土含有的黏土颗粒比表面积大，有较强的表面能，在水溶液中可吸引极性水分子和水中的离子，呈现强亲水性。

2）天然状态下，膨胀土结构紧密、孔隙比小，干密度一般为 $1.6 \sim 1.8 g/cm^3$，塑性指数为 $18 \sim 23$，天然含水率接近塑限（一般为 18%~26%），土体处于坚硬或硬塑状态，有时被误认为是良好地基。

3）膨胀土中的裂隙发育是不同于其他土的典型特征，膨胀土裂隙可分为原生裂隙和次生裂隙两类。原生裂隙多闭合，裂面光滑，常有蜡状光泽；次生裂隙以风化裂隙为主，在水的淋滤作用下，裂面附近的蒙脱石含量增高，呈白色，构成膨胀土中的软弱面。膨胀土边坡失稳滑动常沿灰白色软弱面发生。

4）天然状态下，膨胀土的抗剪强度和弹性模量比较高，但遇水后强度显著降低，黏聚力一般小于 0.05MPa，有的接近于零，φ 值从几度到十几度不等。

5）膨胀土具有超固结性。超固结性是指膨胀土在历史上曾受到过比现在的上覆压力更大的压力，因而孔隙比小、压缩性不大。但一旦开挖外露，膨胀土会迅速卸荷回弹，产生裂隙，遇水后极易膨胀，强度降低，造成破坏。

6）膨胀土具有强烈的胀缩性，膨胀土对水十分敏感，表现为遇水急剧膨胀，失水明显收缩。在天然状态下，膨胀土吸水膨胀量在 23% 以上；在干燥状态下，膨胀土的吸水膨胀量在 40% 以上；膨胀土的失水收缩率在 50% 以上。

（四）膨胀土的胀缩性指标

为了正确评价膨胀土与非膨胀土，必须测定其胀缩性指标，表示膨胀土胀缩性指标的有下列几种：

1. 自由膨胀率

自由膨胀率 F_s 是指人工制备的烘干土，在水中吸水后的体积增量 $V_w - V_0$ 与原体积 V_0 之比（V_w 为试样吸水后体积），即

$$F_s = \frac{V_w - V_0}{V_0} \times 100\% \tag{2-2}$$

$F_s > 40\%$ 为膨胀土。

2. 膨胀率

膨胀率 C_{sw} 是指人工制备的烘干土，在一定的压力下，侧向受限遇水膨胀稳定后，试样增加的高度（$h_w - h_0$）与原高度 h_0 之比（h_w 为试样遇水膨胀后高度），即

$$C_{sw} = \frac{h_w - h_0}{h_0} \times 100\% \tag{2-3}$$

$C_{sw} \geqslant 40\%$ 为膨胀土。

3. 线缩率

线缩率 e_{sl} 是指土样收缩后高度减小量（$l_0 - l$）与原高度 l_0 之比（l 为试样收缩后高度），即

$$e_{sl} = \frac{l_0 - l}{l_0} \times 100\% \tag{2-4}$$

$e_{sl} \leqslant 5\%$ 为膨胀土。

（五）膨胀土对公路工程的危害

如果膨胀土用作路基填料的话，由于膨胀土具有很高的黏聚性，当含水率较大时，一经施工机械搅动，将黏结成塑性很高的巨大团块，很难晾干。随着水分的逐渐散失，团块的可塑性降低。由于黏聚性继续作用，团块的力学强度逐步增大，从而使团块更坚硬，难以击碎、压实。如果含水率高的膨胀土直接被用作路基填料，将会增加施工难度，延长工期，并且质量难以保证。

膨胀土路基遇雨水浸泡后，土体膨胀，轻的在表面出现厚10cm左右的蓬松层，重的在50~80cm深度范围内形成"橡皮泥"。在干燥季节，随着水分的散失，土体将严重干缩龟裂，其裂缝宽度为1~2cm，缝深可达30~50cm，雨水可通过此裂缝直接灌入土体深处，使土体深度膨胀湿软，从而丧失承载能力。由于膨胀土具有极强的亲水性，土体越干燥密实，其亲水性越强，膨胀量越大。当膨胀受到约束时，土体中会产生膨胀力。当这种膨胀力超过上部荷载或临界荷载时，路基出现严重的崩解，从而造成路基的局部坍塌、隆起或开裂。

如果膨胀土用作稳定土基层材料的话，随着时间的推移，稳定土将会严重干缩、龟裂，最后变成周长为20~25cm的碎块。经过车辆荷载的重复作用，这些碎块逐渐松动，并进一步将基层裂缝反射到面层，使面层产生相应的龟裂。若遇阴雨或积雪，路面积水通过这些裂缝灌入土基，土基表面将迅速膨胀、崩解，形成松软层，丧失承载能力，再经过行车碾压，路面就会出现翻浆沉陷，最终导致路面崩溃。

还有一种情况是，由于膨胀土的高黏聚性决定了膨胀土在通常情况下以坚硬的块状存在，现有的稳定土搅拌设备几乎无法将其彻底粉碎。在稳定土基层施工过程中，需要人为掺入石灰等改性材料，如果不采取有效措施，改性材料就无法进入土块内部发生充分反应，达不到改性效果。之后碾压成型后，这些膨胀土小碎块遇水后会迅速膨胀崩解，从而使基层表面出现大量的泥浆小坑窝，经过车轮荷载的反复作用，路面将出现车辙、网裂或龟裂，最终导致路面破坏。

四、冻土

冻土是指温度低于或等于0℃，并含有冰的土。在高纬度和海拔高度较高的高原、高山地区，一年中有相当长一段时间气温低于0℃，这时土中的水分冻结成固态的冰，冰与土冻结成整体，形成一种特殊的土——冻土。

土冻结时发生冻胀，强度增高；融化时发生沉陷，强度降低，甚至出现软塑或流塑状态。修建在冻土地区的工程建筑物，常由于反复冻融，土体发生冻胀、融沉，导致建筑物发生破坏。

冻土从冻结时间看，有季节冻土和多年冻土两种。季节冻土是指冬季冻结、夏季融化的土。在年平均气温低于0℃的地区，冬季较长，夏季很短，冬季冻结的土层在夏季结束前还未全部融化，又随着气温的降低开始冻结了，这就使地面以下一定深度的土层常年处于冻结状态，形成多年冻土。通常将持续三年以上处于冻结状态而不融化的土称为多年冻土。

（一）季节冻土及其冻胀

季节冻土主要分布在我国华北、西北及东北地区。自长江流域以北向东北、西北方向，随着纬度及海拔高度的增加，冬季气温越来越低，冬季时间延续越来越长，因此季节冻土的分布自南向北越来越大。例如石家庄以南地区的季节冻土厚度小于0.5m，北京地区的季节冻土厚度为1m左右，而辽源、海拉尔一带的季节冻土厚度则达到2~3m。

季节冻土对建筑物的危害主要是由土的冻胀、融沉造成的。冻结时，土中水分向冻结部位转移、集中，体积膨胀；融化时，局部土中含水率增大，土呈软塑或流塑状态，出现融沉。季节冻土的冻胀与融沉与土的粒度成分和含水率有关，土颗粒粗，冻胀不严重或没有冻胀，如砾石层、卵石层、碎石层；砂土稍有冻胀；土中粉土颗粒含量越多，冻胀越严重。就含水率而言，含水率越大，冻胀越严重。土中水结冰时，体积增大1/11左右，以1m厚冻土层为例，当含水率为30%时，冻胀量为100cm×30%×1/11＝2.7cm。一般情况下，季节冻土在冬季的冻胀可使公路路基隆起3~4cm；春季融化时，路基沉陷发生翻浆冒泥。如果季节冻土层与地下水发生水力联系，这种冻胀、融沉的危害更为严重。在地下水埋藏较浅时，季节冻结区不断得到水的补充，地面明显冻胀隆起，形成冻胀土丘，又称为冰丘。

（二）多年冻土的分布及其构造特征

1. 多年冻土的分布

我国的多年冻土按地区分布不同可分为高原冻土和高纬度冻土。高原冻土主要分布在青藏高原和西部高山（如天山、阿尔泰山及祁连山等）地区；高纬度冻土主要分布在大、小兴安岭，自满洲里—牙克石—黑河一线以北地区。多年冻土存在于地表以下一定深度内，地表面至多年冻土层之间常有季节冻土层存在。受纬度控制，多年冻土的厚度由北向南逐渐变薄，从连续多年冻土区到岛状多年冻土区，最后尖灭到非多年冻土（季节冻土）区。

2. 多年冻土的构造特征

多年冻土的构造是指多年冻土与其上的季节冻土层之间的接触关系，包括衔接型构造和非衔接型构造。

1）衔接型构造是指季节冻土的最大冻结深度可达到或超过多年冻土深度的上限，季节冻土与多年冻土相接触的构造。稳定的或发展的多年冻土区具有这种构造。

2）非衔接型构造是指季节冻土的最大冻结深度与多年冻土深度的上限之间被一层不冻土或融冻层隔开而不直接接触。这种构造属退化的多年冻土区。

我国的多年冻土层厚度变化较大，薄的多年冻土层厚度仅有数米，厚的可达 200m。

（三）多年冻土的工程性质

多年冻土的工程性质包括：

1. 物理及水理性质

由多年冻土的组成可知，土中水分既包括冰，也包括未冻水。因此，在评价多年冻土的工程性质时，必须测定天然冻土结构下的重度、比重、总含水率（冰及未冻水）和相对含冰量（土中冰重与总含水率之比）四项指标。其中，未冻水含量的获取是关键，多采用下式计算

$$w_c = K w_P \tag{2-5}$$

式中　w_c——未冻水含量（%）；

　　　w_P——土的塑限含水率（%）；

　　　K——温度修正系数，按表 2-23 选用。

表 2-23　温度修正系数 K 值

土 的 名 称	塑性指数 I_p	地温/℃							
		−0.3	−0.5	−1.0	−2.0	−4.0	−6.0	−8.0	−10.0
砂类土、粉土	$I_p \leqslant 2$	0	0	0	0	0	0	0	0
粉土	$2 < I_p \leqslant 7$	0.60	0.50	0.40	0.35	0.30	0.28	0.26	0.25
粉质黏土	$7 < I_p \leqslant 13$	0.70	0.65	0.60	0.50	0.45	0.43	0.41	0.40
	$13 < I_p \leqslant 17$	*	0.75	0.65	0.55	0.50	0.48	0.46	0.45
黏土	$I_p > 17$	*	0.95	0.90	0.65	0.60	0.58	0.56	0.55

注：* 表示在该温度下孔隙中的水均为未冻水。

总含水率 w_n 和相对含冰量 w_i 按下式计算：

$$w_n = w_b + w_c$$

$$w_i = \frac{w_b}{w_n}$$

式中　w_b——在一定温度下，冻土中的含冰量（%）；

　　　w_c——在一定温度下，冻土中的未冻水含量（%）。

2. 力学性质

多年冻土的强度和变形仍可用抗压强度、抗剪强度和压缩系数表示。多年冻土中冰的存在，使多年冻土的力学性质随温度和加载时间发生变化的敏感性显著增加。在长期荷载作用

下，多年冻土强度明显衰减，变形明显增大；温度降低时，多年冻土中的未冻土减少，含冰量增大，此时的多年冻土类似岩石，短期荷载下强度大增，变形可忽略不计。

（四）多年冻土分类

多年冻土的冻胀、融沉是其重要的工程性质，一般按多年冻土的冻胀率和融沉情况对其进行分类。冻胀率 n_d 为土在冻结过程中土体积的相对膨胀量，以百分数表示。多年冻土根据冻胀率的分类见表 2-24。

表 2-24 多年冻土根据冻胀率的分类

多年冻土分类	冻胀率 n_d	多年冻土分类	冻胀率 n_d
强冻胀土	$n_d > 6\%$	弱冻胀土	$3.5\% \geqslant n_d > 2\%$
冻胀土	$6\% \geqslant n_d > 3.5\%$	不冻胀土	$n_d \leqslant 2\%$

多年冻土融化下沉由两部分组成，一是外力作用下的压缩变形，二是温度升高引起的自身融化下沉。多年冻土按融沉情况分级见表 2-25。

表 2-25 多年冻土按融沉情况分级

多年冻土名称	土的类别	总含水率 w_n（%）	融化后的潮湿程度	融沉分级
少冰冻土	粉黏粒质量≤15%的粗颗粒土（其中包括碎石类土、砾砂、粗砂、中砂，以下同）	$w_n \leqslant 10$	潮湿	（Ⅰ级）不融沉
	粉黏粒质量>15%的粗颗粒土、细砂、粉砂	$w_n \leqslant 12$	稍湿	
	黏性土、粉土	$w_P \leqslant w_n$	坚硬（粉土为稍湿）	
多冰冻土	粉黏粒质量≤15%的粗颗粒土	$10 < w_n \leqslant 16$	饱和	（Ⅱ级）弱融沉
	粉黏粒质量>15%的粗颗粒土、细砂、粉砂	$12 < w_n \leqslant 18$	潮湿	
	黏性土、粉土	$w_P < w_n \leqslant w_P + 7$	硬塑（粉土为潮湿）	
富冰冻土	粉黏粒质量≤15%的粗颗粒土	$16 < w_n \leqslant 25$	饱和出水（出水量<10%）	（Ⅲ级）融沉
	粉黏粒质量>15%的粗颗粒土、细砂、粉砂	$18 < w_n \leqslant 25$	饱和	
	黏性土、粉土	$w_P + 7 < w_n \leqslant w_P + 15$	软塑（粉土为潮湿）	
饱冰冻土	粉黏粒质量≤15%的粗颗粒土	$25 < w_n \leqslant 44$	饱和出水（出水量10%~20%）	（Ⅳ级）强融沉
	粉黏粒质量>15%的粗颗粒土、细砂、粉砂		饱和出水（出水量<10%）	
	黏性土、粉土	$w_P + 15 < w_n \leqslant w_P + 35$	流塑（粉土为饱和）	

（五）冻土地区公路的主要病害

1. 融沉

融沉是岛状多年冻土地区路基的主要病害之一，一般多发生在含冰量大的黏性土地段。当路基基底的多年冻土上部或路堑边坡上分布有较厚的地下冰层时，由于地下冰层较浅，在施工及运营过程中各种人为因素的影响下，多年冻土局部融化，上覆土层在土体自重和外力作用下产生沉陷，造成路基的严重变形，这种变形表现为路基下沉，路堤向阳侧路肩及边坡开裂、下滑，路堑边坡溜坍等。

2. 冻胀

冻胀的发生需要两个必要条件：一是有充足的水分补给源，二是有水分补给的通道。冻胀本身不仅引起道路破坏，还可引起桥梁、涵洞基础的冻害。这种病害在冻土地区早期修建的桥梁、涵洞工程中尤为突出，主要表现为基础上抬、倾斜造成桥梁拱起、涵洞断裂等破坏。

3. 翻浆

春融时，多年冻土地区的解冻十分缓慢，解冻时间长，而且在解冻期内气温冷暖异常，导致在某一解冻深度处停滞的时间可达几天，加之积雪融化后大量雪水下渗，这样就可能在解冻层和未解冻层之间形成类似于冻结层的自由水；此时，地基与地表土的含水率会迅速增大而接近甚至超过液限含水率，使其失去承载能力，从而导致路基发生严重的翻浆。

4. 冰丘

冰丘的形成是由于冬季土壤冻结时，地下水受到超压及阻碍作用，随着冻结厚度的增加，当压力超过上覆冻土层的强度时，地下水就会突破地表，或以固态冰的状态隆起或以地下水的状态挤出地面漫流再经冻结后形成的积冰现象。也有可能在开挖路堑时由于人为的因素，地下水发生露头，涌水后经冻结形成冰丘。

5. 路面损坏

在寒冷地区，路面损坏是常见的道路破坏形式之一。它可以分为四类：裂缝类、变形类、松散类、其他损坏类（包括泛油、磨光和各类修补等）。路面的损坏可以直接导致其他道路病害的发生，而其他道路病害的发生又加剧了路面的损坏。

6. 冰锥

冰锥的形成机理与冰丘基本相同，它们的形成和发展往往具有突发性的隆起和回落，具有危害时间长、范围大、不易处理等特点。

应用链接——冻土对基础埋深的影响

基础埋置深度的确定是基础设计与计算的主要内容之一，在确定基底埋深时，必须保证地基强度要求，同时又不会产生过大的沉降变形。在寒冷地区，应该考虑由于季节性的冰冻和融化对地基土造成的冻胀影响。对于冻胀性土，如土温在较长时间内保持在冻结温度以下，水分能从未冻结土层不断地向冻结区迁移，引起地基的冻胀和隆起，这些都可能使基础遭受损坏。为了保证结构物不受地基土季节性冻胀的影响，除选择非冻胀性土外，基础底面应埋置在天然最大冻结线以下一定深度，如桥梁基础，基底和承台板底部均应置于天然最大冻结线以下至少 0.25m。

课后训练

1. 什么是软土？它有哪些工程特性？
2. 简述黄土的湿陷性及其评价方法。

案例小贴士

土的"个性"

事物都是有其个性和共性的，能够抽象出来成为理论的是其共性。一般是先有个性，后有共性，个性是绝对的，共性是相对的。岩土太复杂了，复杂性表现在多方面，其中之一就是多样性。土力学理论抽象出来的共性，其实只是岩土"个性"中的一小部分，而且还不是对所有的岩土而言的，传统土力学研究的主要是水中的沉积土。天然的岩土在自然营力和人为作用下不断被"改造"，有的被风化，有的富含有机质，有的被杂质污染，还有各种各样的具有"个性"的特殊土。因此，只知道岩土的共性是不够的，还要认识岩土的"个性"，进行针对性勘察。

以特殊土中的膨胀土为例，全球各地均有分布。膨胀土的特性，无论是膨胀力还是膨胀率，对建筑工程的影响很大，是世界性难题。膨胀土产生膨胀的内在机制是膨胀土中蒙脱石的亲水性，但我国有些地方的膨胀土的蒙脱石含量并不很高，可膨胀率却不低；膨胀土产生膨胀的外在因素主要是水分的迁移，这与气候、微地貌等密切相关，迁移机制相当复杂。膨胀土主要危害轻型建筑工程、公路工程、铁路工程、机场工程、市政工程以及边坡工程。应用土力学理论解决工程问题十分困难的土就是膨胀土，当大家意识到膨胀土问题后，学者们用非饱和土力学理论来研究膨胀土的渗透、固结和强度问题，但离实用甚远，一时间，膨胀土问题被视为工程界的"顽疾"。长期的工程实践证明各地膨胀土的"个性"非常突出，我国云南、广西、安徽、河南等地的膨胀土各有特点。国外的膨胀土的"个性"就更不一样了，比如肯尼亚首都内罗毕附近的黑棉土是世界上最具有代表性的膨胀土，与我国的膨胀土相比有许多不同：肯尼亚首都内罗毕附近的黑棉土，各种性质指标远高于我国的膨胀土，其黏土矿物几乎全为蒙脱石（纳蒙脱石），黏粒含量、自由膨胀率、比表面积都很高，20世纪60~70年代，膨胀土给当地带来了很大的麻烦，主要问题是建筑物严重开裂。

数十年来，一代代学者们结合他们丰富的经验和研究提出了许多重要成果，为膨胀土问题的攻克做出了积极的贡献。现如今，随着我国"西部大开发""南水北调"的不断推进和"一带一路"倡议的实施，不可避免地要面对像膨胀土这样的特殊岩土地基的工程问题，建设者们经过不懈的努力攻克了一个个难题，保障了一个又一个工程的顺利建设和安全运营，更见证着我国工程事业的腾飞。

项目三　土中应力

项目概述:

　　在修建建筑物以前，土体中一般存在初始应力场，初始应力场与土体自重、土的地质历史以及地下水位有关。在修建建筑物以后，建筑物重力等外荷载将在土体中产生附加应力，土中应力增量将引起土的变形，从而使建筑物发生下沉、倾斜及水平位移等。土中应力过大时，也会导致土的强度被破坏，甚至使土体发生滑动而失稳。因此，必须重视土体的应力计算。土体的应力-应变关系十分复杂，常呈弹性、黏性、塑性，并且呈非线性、各向异性，还受孔隙水的影响。

　　掌握土中应力的计算是学习土体变形、土体强度和地基基础设计的前提，本项目重点介绍土中自重应力、基底压力和附加应力的计算方法。

学习目标:

　　1. 了解土中应力的分类和计算目的，掌握自重应力的计算方法。

　　2. 了解基底压力的分布及计算方法，能够进行各种荷载条件下的地基中附加应力的计算。

　　3. 了解有效应力原理的概念，会辨识有效应力和孔隙水压力

　　4. 养成科学的思维方式，习惯用科学的方法解决问题，树立严谨踏实、积极探索的专业精神。

任务一

土中自重应力

　　土中应力是指土体在自重和附加荷载作用下，地基土体中产生的应力。按产生原因和作

用效果的不同，土中应力可分为自重应力和附加应力。自重应力是指在未修建建筑物之前，由土体本身有效重量引起的应力。一般而言，土体在自重作用下，经过漫长的地质历史已压缩稳定，不再引起土的变形（新近沉积或人工填土除外）。而附加应力则是由各种静荷载或动荷载在地基中引起的应力增量，它是使地基失去稳定和产生变形的主要原因。当地基变形过大时，会影响建筑物的正常使用，同时也会导致土的强度发生破坏，甚至使土体发生滑动失去稳定。因此，在研究土的变形、强度及稳定性问题时，必须掌握土中的应力状态及应力计算方法。

一、土中应力计算假设

土中应力产生的条件不同，分布规律和计算方法也不同。主要采用弹性理论公式计算土中应力，即把地基土视为均匀的、各向同性的半无限弹性体。采用弹性理论虽然同土体的实际情况有差别，但其计算结果基本能满足实际工程的要求，其主要理由如下：

1. 土的分散性影响

土是三相组成的分散体，而不是连续介质，土中应力是通过土颗粒间的接触来传递的。但是，建筑物的基础面积远大于土颗粒的尺寸，同时研究的也只是计算平面上的平均应力，而不是土颗粒间的接触集中应力，因此可以忽略土的分散性的影响，从而近似地将土体作为连续体考虑，由此应用弹性理论。

2. 土的非均质性和非理想弹性体的影响

土在形成过程中具有各种结构与构造，使土呈现非均质性。同时，土体也不是一种理想的弹性体，而是一种具有弹塑性或黏滞性的介质。但是，在实际工程中土中的应力水平较低，土的应力-应变关系接近于线性关系，可以应用弹性理论方法进行分析。因此，当土层间的性质差异不大时，采用弹性理论来计算土中应力在实用上是允许的。

3. 地基土可视为半无限体

半无限体是指无限空间体的一半，即该物体在水平方向 x 轴及 y 轴的正负方向是无限延伸的；而竖直方向仅只在向下的正方向是无限延伸的，向上的负方向等于零。地基土在水平方向及深度方向相对于建筑物基础的尺寸而言可以认为是无限延伸的。因此，可以认为地基土符合半无限体假定。

土体在自重和外部荷载作用下，其中的每一点都承受着一定的应力，可以用一个正六面单元体上的（法向）正应力 σ 和剪应力 τ 来表示。土力学中，正应力以压应力为正，拉应力为负；剪应力的正负号规定是：当剪应力作用面上的法向应力方向与坐标轴的正方向一致时，则剪应力的方向与坐标轴的正方向一致时为正，反之为负。

二、均质地基土的自重应力

在计算土中自重应力时，假设天然地面是一个无限大的水平面，因而在任意竖直面和水平面上均无剪应力存在。如图 3-1 所示，设地基土为均质体，其天然重度为 γ，故地基中任意深度 z 处的

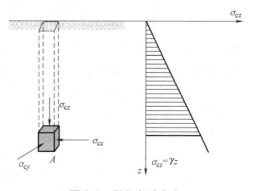

图 3-1　竖向自重应力

竖向自重应力 σ_{cz} 就等于单位面积 A 上的土柱重量 G，即

$$\sigma_{cz} = \frac{G}{A} = \frac{\gamma z A}{A} = \gamma z \tag{3-1}$$

σ_{cz} 沿水平面均匀分布，且与 z 成正比，即随深度按直线规律分布。

地基中除有作用于水平面上的竖向自重应力外，在竖直面上还作用有水平方向的侧向自重应力。由于 σ_{cz} 沿任一水平面上均匀地无限分布，所以地基土在自重作用下只能产生竖向变形，而不能有侧向变形和剪切变形。从这个条件出发，根据弹性力学知识，侧向自重应力 σ_{cx} 和 σ_{cy} 应与 σ_{cz} 成正比，而剪应力均为零，即

$$\sigma_{cx} = \sigma_{cy} = \xi \sigma_{cz} \tag{3-2}$$

式（3-2）中的 ξ 为土的侧压力系数或静止土压力系数，由实测或按经验公式确定，它与土的强度或变形指标间存在着理论或经验关系（详见项目六）。

研究土中的应力、应变问题，竖直方向要比水平方向更为普遍，所以不特别说明的话通常把竖向自重应力 σ_{cz} 简称为自重应力。

三、成层土自重应力的计算

地基土往往是成层的，因而各层土具有不同的重度。如地下水位位于同一土层中，计算自重应力时，地下水位的水位面也应作为分层的界面。天然地面下深度 z 范围内各层土的厚度自上而下分别为 h_1，h_2，$\cdots$，h_i，$\cdots$，h_n，算出高度为 z 的土柱体中各层土重的总和后（图 3-2），可得到成层土自重应力计算公式：

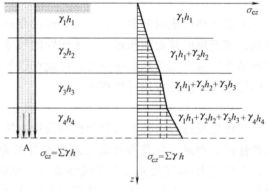

图 3-2　成层土自重应力的计算

$$\sigma_{cz} = \gamma_1 h_1 + \gamma_2 h_2 + \gamma_3 h_3 + \cdots = \sum_{i=1}^{n} \gamma_i h_i \tag{3-3}$$

式中　σ_{cz}——天然地面下任意深度 z 处的竖向有效自重应力（kPa）；

　　　n——深度 z 范围内的土层总数；

　　　h_i——第 i 层土的厚度（m）；

　　　γ_i——第 i 层土的天然重度（kN/m³），对地下水位以下的土层取浮重度 γ_i'。

成层土中的自重应力随深度的加大呈折线增大。

注意，计算自重应力时，地下水位以上土层采用天然重度；地下水位以下土层，对于透水层（如砂、碎石类土及液性指数大于或等于 1 的黏性土等），因为孔隙中充满自由水，土颗粒将受到水的浮力作用，故应采用浮重度。若在地下水位以下有不透水层（如液性指数小于 1 的黏土、液性指数小于 0.5 的亚黏土、亚砂土及致密的岩石等）时可以不考虑水的浮力作用，采用土的天然重度（饱和重度）。

由上述可知：在透水层与不透水层的界面处，由于不透水层隔水，故该界面处及界面以下的自重应力应按上覆土层的水、土总重计算；这样，紧靠上覆层与不透水层界面的自重应力有突变，使界面处具有两个自重应力值。

【例 3-1】　已知如图 3-3 所示地层剖面，试计算自重应力并绘制自重应力分布图。

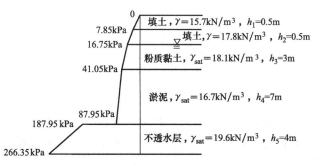

图 3-3 例 3-1 图

解：一层顶面：$\sigma_{cz0}=0$

一层底面：$\sigma_{cz1}=\gamma_1 h_1=15.7\times0.5\text{kPa}=7.85\text{kPa}$

二层底面：$\sigma_{cz2}=\gamma_1 h_1+\gamma_2 h_2=7.85\text{kPa}+17.8\times0.5\text{kPa}=16.75\text{kPa}$

三层底面：$\sigma_{cz3}=\gamma_1 h_1+\gamma_2 h_2+\gamma'_3 h_3=16.75\text{kPa}+(18.1-10)\times3\text{kPa}=41.05\text{kPa}$

四层底面：$\sigma_{cz4}=\gamma_1 h_1+\gamma_2 h_2+\gamma'_3 h_3+\gamma'_4 h_4=41.05\text{kPa}+(16.7-10)\times7\text{kPa}=87.95\text{kPa}$

五层顶面：$\sigma'_{cz4}=\gamma_1 h_1+\gamma_2 h_2+\gamma'_3 h_3+\gamma'_4 h_4+\gamma_w h_w=87.95\text{kPa}+(3+7)\times10\text{kPa}=187.95\text{kPa}$

五层底面：$\sigma_{cz5}=\gamma_1 h_1+\gamma_2 h_2+\gamma'_3 h_3+\gamma'_4 h_4+\gamma_w h_w+\gamma_{sat5} h_5=187.95\text{kPa}+19.6\times4\text{kPa}=266.35\text{kPa}$

自重应力分布如图 3-3 所示。

知识链接——地下水位变化的影响

　　地下水位上升与下降对自重应力有着直接的影响：在深基坑开挖中，需大量抽取地下水，以致地下水位大幅度下降，引起土的重度发生改变，从而造成地表大面积下沉的严重后果；若地下水位长期上升，会引起地基承载力减少、湿陷性土的塌陷等现象。都说"绿水青山就是金山银山"，人类在从事工程建设的同时，首先要了解环境现状，思考环境与发展的关系，尊重自然、顺应自然、保护自然，才能自觉践行绿色生活，共同建设美丽中国。

课后训练

1. 计算如图 3-4 所示土层的自重应力并绘制自重应力分布图。

2. 某土层及其物理指标如图 3-5 所示，计算土中自重应力并绘制自重应力分布图。

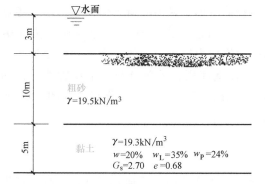

图 3-4　某土层及其物理指标（一）

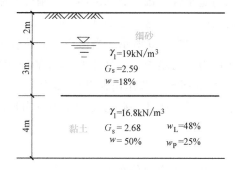

图 3-5　某土层及其物理指标（二）

任务二

基底压力

建筑物的荷载是通过基础传给地基的。基底压力是指基础在传递上部荷载时，基础底面与地基土层接触面上存在的单位面积的压力，单位为kPa。因此，基底压力的大小和分布状况对地基内部的附加应力有着十分重要的影响，而基底压力的大小和分布状况又与荷载的大小和分布、基础的刚度、基础的埋置深度以及土的性质等多种因素有关。

一、基底压力的分布特点

1. 柔性基础

若一个基础作用有均布荷载，假设基础是由许多小块组成的，如图 3-6a 所示，各小块之间光滑无摩擦力，则这种基础相当于绝对柔性基础（即基础的抗弯刚度 $EI\to0$），基础上的荷载通过小块直接传递到土上，基础底面的压力分布图形将与基础上作用的荷载分布图形相同。这时，基础底面的沉降各处不同，中央大而边缘小。因此，柔性基础的底面压力分布与作用的荷载分布形状相同。如由土筑成的路堤，可近似认为路堤本身不传递剪力，那么它就相当于一种柔性基础，路堤自重引起的基底压力分布与路堤断面形状相同，为梯形分布，如图 3-6b 所示。

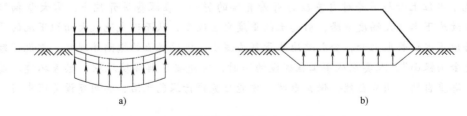

图 3-6　柔性基础下的基底压力分布

a）绝对柔性基础　b）路堤下基底反力分布

2. 刚性基础

桥梁墩（台）基础有时采用大块混凝土实体结构，如图 3-7 所示，它的刚度很大，可以认为是刚性基础（即 $EI\to\infty$）。刚性基础不会发生挠曲变形，在中心荷载作用下，基底各点的沉降相同，这时基底压力的分布呈马鞍形，中央小而边缘大（理论上边缘应力为无穷大），如图 3-7a 所示。当作用的荷载较大时，基础边缘应力很大，会使土产生塑性变形，边缘应力不再增加，而使中央部分的应力继续增大，使基底压力重新分布，呈抛物线形，如图 3-7b 所示。若作用荷载继续增大，则基底压力会继续发展，呈钟形分布，如图 3-7c 所示。所以，刚性基础底面的压力分布形状与荷载的大小有关。

二、基底压力简化计算

基底压力的分布形式十分复杂，但由于基底压力都是作用在地表面附近的，根据弹性理论相关原理可知，其具体分布形式对地基中应力计算的影响将随深度的增加而减少；到一定

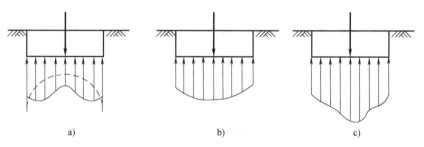

图 3-7 刚性基础下的基底压力分布

a）马鞍形分布 b）抛物线形分布 c）钟形分布

深度后，地基中的应力分布几乎与基底压力的分布形状无关，而只决定于荷载合力的大小和位置。因此，目前在地基计算中，常采用材料力学的简化方法来计算基底压力，假定基底压力按直线分布。

1. 中心受压基础

对于矩形基础受中心荷载的情况，如图 3-8a 所示，设基础底面面积为 A，按照材料力学正应力的计算公式，基底压力 P 为

$$P = \frac{N}{A} = \frac{F+G}{A} \tag{3-4}$$

式中　P——基底压力（kPa）；

N——作用在基础底面中心的竖向荷载（kPa）；

A——基础底面面积（m²），对于条形基础，只须取一米长度进行计算，此时 $A = b$；

F——作用在基础顶面中心的竖向荷载设计值（kN）；

G——基础自重及其上回填土重量标准值的总重（kN）；$G = \gamma_G \cdot Ah$，$\gamma_G = 20\text{kN/m}^3$，地下水位以下取 10kN/m^3。

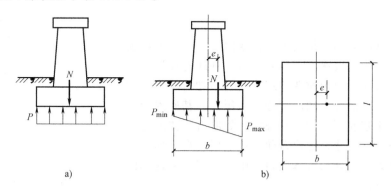

图 3-8 基底压力分布的简化计算

a）受中心荷载时 b）受偏心荷载时

2. 偏心受压基础

基础边缘的基底压力按材料力学中的偏心受压公式计算，即

$$P_{\min}^{\max} = \frac{N}{A} \pm \frac{M}{W} = \frac{N}{A}\left(1 + \frac{6e}{b}\right) \tag{3-5}$$

式中　P_{min}^{max}——基础底面边缘的最大和最小压力（kPa）；

N——作用在基础底面中心的竖向荷载的合力（kN），$N = F + G$；

M——作用在基础底面中心的弯矩（kN·m），$M = Ne$；

e——荷载偏心距（m）；

W——基础底面的抵抗矩，对矩形基础 $W = \dfrac{lb^2}{6}$；

b——有偏心方向的基础底面边长，一般指基底宽度（m）。

从式（3-5）可以看出，按荷载偏心距 e 的大小，基底压力的分布有以下三种情况：

1）当 $e < \dfrac{b}{6}$ 时，$P_{min} > 0$ 为正值，基底压力呈梯形分布，如图 3-9a 所示。

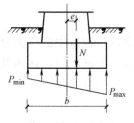

2）当 $e = \dfrac{b}{6}$ 时，$P_{min} = 0$，基底压力呈三角形分布，如图 3-9b 所示。

3）当 $e > \dfrac{b}{6}$ 时，$P_{min} < 0$，表示基底一侧出现拉应力，如图 3-9c 所示。但是，基底与土之间不能承受拉应力，这时产生拉应力部分的基底将与土脱开，而不能传递荷载，基底压力将沿着基础宽度方向，自基底最大边缘压力 K 范围内重新分布，如图 3-9d 所示。重新分布后的基底最大压应力 P'_{max} 可以根据平衡条件求得，即

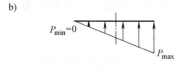

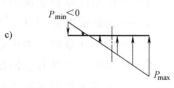

$$P'_{max} = \frac{2N}{3\left(\dfrac{b}{2} - 2\right) \cdot l} \tag{3-6}$$

三、基底附加压力的计算

建筑物的基础底面总是要埋置在地面以下一定的深度处，这个深度称为基底深度，用 h 表示。基底附加压力是指作用于地基表面，由于建造建筑物而新增加的压力，即导致地基中产生附加应力的那部分基底压力。基底附加压力在数值上等于基底压力扣除基底标高处原有土体的自重应力。一般情况下，建筑物建造前天然土层在自重作用下的变形早已结束，因此只有基底附加压力才能引起地基的附加应力和变形。

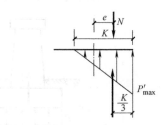

图 3-9　偏心荷载时基底压力分布的几种情况

a）$e < \dfrac{b}{6}$　b）$e = \dfrac{b}{6}$

c）$e > \dfrac{b}{6}$　d）$e > \dfrac{b}{6}$

基底附加压力计算式为

$$P_0 = P - \gamma_0 h \tag{3-7}$$

式中　P_0——基底附加压力（kPa）；

P——基底压力（kPa）；

γ_0——深度 h 范围内各土层的换算重度（kN/m³）；地下水位以下取有效重度；

h——基底的埋置深度（m），当基础受水流冲刷时，由一般冲刷线算起；当不受水流冲刷时，由天然地面算起；如位于挖方内，则由开挖底面算起。

【例 3-2】 有一矩形桥墩基础 $a = 6.0\text{m}$、$b = 4.0\text{m}$，基础埋深 $h = 3.0\text{m}$，$\gamma_0 = 18.5\text{kN/m}^3$。受到沿 b 方向的单向偏心荷载 $P = 8000\text{kN}$ 的作用，偏心距 $e = 0.40\text{m}$，如图 3-10a 所示。试计算基底压力和基底附加压力，并绘出各自的分布图。

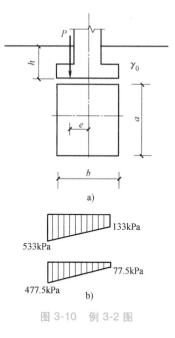

解：基底面积 $A = ab = 6 \times 4\text{m}^2 = 24\text{m}^2$。

基础埋深内土层自重应力：

$$\gamma_0 h = 18.5 \times 3\text{kPa} = 55.5\text{kPa}$$

基底压力：

$$P_{\min}^{\max} = \frac{P}{A}\left(1 \pm \frac{6e}{b}\right) = \frac{8000}{24}\left(1 \pm \frac{6 \times 0.4}{4}\right) = \frac{533}{133}\text{kPa}$$

基底压力呈梯形分布。

基底附加压力：

$$P_0 = P - \gamma_0 h = \frac{533}{133}\text{kPa} - 55.5\text{kPa} = \frac{477.5}{77.5}\text{kPa}$$

基底附加压力呈梯形分布，如图 3-10b 所示。

图 3-10 例 3-2 图

课后训练

1. 如图 3-11 所示桥墩基础，已知基础底面尺寸 $b = 4\text{m}$、$a = 10\text{m}$，作用在基础底面中心的荷载 $N = 4000\text{kN}$，$M = 2800\text{kN} \cdot \text{m}$，计算基础底面的压力。

2. 一矩形基础，宽为 3m，长为 4m，在长边方向作用一偏心荷载 $N = 1200\text{kN}$。偏心距为多少时，基底不会出现拉应力？试问当 $P_{\min} = 0$ 时，最大基底压力为多少？

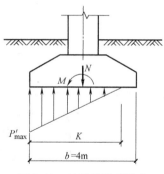

图 3-11 某桥墩基础受力

任务三

附加应力的计算

对一般天然土层，由自重应力引起的压缩变形已经趋于稳定，不会再引起地基的沉降。附加应力主要由土层上部的建筑物引起，它是使地基发生变形、沉降的主要原因。如果作用于地基表面上的荷载是均匀满布的，例如大面积的水平方向填土，则地基附加应力的分布不随深度变化而变化，即各个深度处的 σ_z 相等，其值等于满布荷载的强度。但是，建筑物的基础总是有限的，并且基底的形状各异，受力情况不同，因此作用于地基表面上的荷载（即基底压力）必然是具有不同形状和不同分布形式的局部荷载，这种荷载引起的地基附加应力要比由均匀满布荷载引起的情况复杂得多。下面介绍地基表面上作用不同类型荷载时，地基附加应力的分布与计算。

一、竖向集中荷载下的附加应力

在均匀的、各向同性的半无限弹性体表面作用一竖向集中力 P 时，弹性体内部任意点 $M(x, y, z)$ 的六个应力分量 σ_x，σ_y，σ_z，$\tau_{xy} = \tau_{yx}$，$\tau_{yz} = \tau_{zy}$，$\tau_{xz} = \tau_{zx}$ 如图 3-12 所示，由弹性理论求出的表达式为

$$
\begin{cases}
\sigma_z = \dfrac{3P}{2\pi} \cdot \dfrac{z^3}{R^5} \\[2mm]
\sigma_y = \dfrac{3P}{2\pi} \cdot \left\{ \dfrac{y^2 z}{R^5} + \dfrac{1-2\nu}{3} \left[\dfrac{1}{R(R+z)} - \dfrac{(2R+z)y^2}{(R+z)^2 R^3} - \dfrac{z}{R^3} \right] \right\} \\[2mm]
\sigma_x = \dfrac{3P}{2\pi} \cdot \left\{ \dfrac{x^2 z}{R^5} + \dfrac{1-2\nu}{3} \left[\dfrac{1}{R(R+z)} - \dfrac{(2R+z)x^2}{(R+z)^2 R^3} - \dfrac{z}{R^3} \right] \right\} \\[2mm]
\tau_{xy} = \dfrac{3P}{2\pi} \cdot \left[\dfrac{xyz}{R^5} + \dfrac{1-2\nu}{3} \cdot \dfrac{(2R+z)xy}{(R+z)^2 R^3} \right] \\[2mm]
\tau_{zy} = \dfrac{3P}{2\pi} \cdot \dfrac{yz^2}{R^5} \\[2mm]
\tau_{zx} = \dfrac{3P}{2\pi} \cdot \dfrac{xz^2}{R^5}
\end{cases}
\tag{3-8}
$$

式中 σ_x，σ_y，σ_z——x，y，z 方向的法向应力；

$\quad\quad$ τ_{xy}，τ_{zx}，τ_{zy}——剪应力；

$\quad\quad\quad\quad$ ν——土的泊松比；

$\quad\quad\quad\quad$ R——M 点至坐标原点 O 的距离；

$\quad\quad$ x，y，z——M 点在 x，y，z 方向上的坐标值。

式（3-8）为布辛尼斯克解答，它是求解地基中附加应力的基本公式。对于地基来说，设计时主要关注其竖直方向的应力与应变，因此只要把 σ_z 求出即可。

$$
\sigma_z = \frac{3Pz^3}{2\pi R^5} = \frac{3P}{2\pi z^2} \cdot \frac{1}{\left[1 + \left(\dfrac{r}{z} \right)^2 \right]^{5/2}} = \alpha_1 \frac{P}{z^2}
$$

$$\tag{3-9}$$

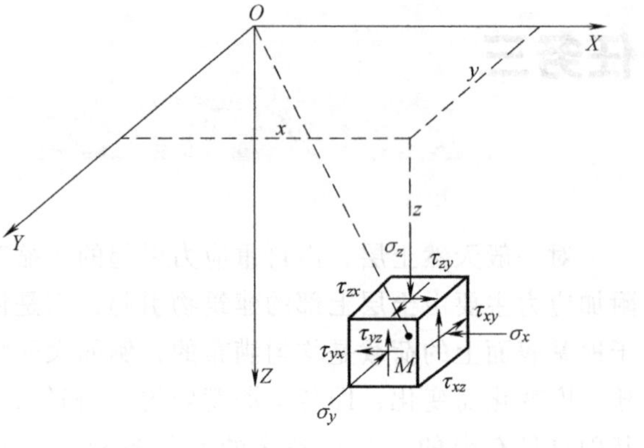

图 3-12 竖向集中荷载下土中应力

式中 r——M 点到集中力 P 作用线的水平距离。

式（3-9）中的 α_1 称为集中荷载作用下的附加应力系数，是 r/z 的函数，可由表 3-1 查得。

表 3-1　集中荷载作用下的附加应力系数

r/z	α_1	r/z	α_1	r/z	α_1	r/z	α_1
0.00	0.4775	0.65	0.1978	1.30	0.0402	1.95	0.0095
0.05	0.4745	0.70	0.1762	1.35	0.0357	2.00	0.0085
0.10	0.4657	0.75	0.1565	1.40	0.0317	2.20	0.0058
0.15	0.4516	0.80	0.1386	1.45	0.0282	2.40	0.0040
0.20	0.4329	0.85	0.1226	1.50	0.0251	2.60	0.0029
0.25	0.4103	0.90	0.1083	1.55	0.0224	2.80	0.0021
0.30	0.3849	0.95	0.0956	1.60	0.0200	3.00	0.0015
0.35	0.3577	1.00	0.0844	1.65	0.0179	3.50	0.0007
0.40	0.3294	1.05	0.0741	1.70	0.0160	4.00	0.0004
0.45	0.3011	1.10	0.0658	1.75	0.0144	4.50	0.0002
0.50	0.2733	1.15	0.0581	1.80	0.0129	5.00	0.0001
0.55	0.2466	1.20	0.0513	1.85	0.0116		
0.60	0.2214	1.25	0.0454	1.90	0.0105		

　　受到实际工程中普遍存在的分布荷载作用时的土中应力计算，可采用如下方法处理：当基础底面的形状或基底下的荷载分布不规则时，可以把分布荷载分割成许多个集中力，然后用布辛尼斯克解答和叠加原理计算土中应力；当基础底面的形状及分布荷载都有规律时，则可以通过积分求解得到相应的土中应力。土中集中力作用下附加应力的分布特点如下：

　　1）地面下同一深度处的水平面上的附加应力不同，沿力的作用线上的附加应力最大，向两边则逐渐减小。

　　2）地面往下越深，应力分布范围越大。在同一铅直线上的附加应力不同，越往下的附加应力越小。

　　3）在集中力作用线上，当 $z=0$ 时，$\sigma_z \to \infty$［不符合实际，故式（3-9）不适用于 $R=0$ 的点］。随着深度的增加，σ_z 逐渐减小。

二、矩形面积荷载下的附加应力

（一）矩形面积受均布荷载作用下的土中竖向附加应力

1. 中心点下的附加应力

　　在矩形地面上作用着均布荷载 p 时，如图 3-13 所示，承载面积中心点下深度 z 处的 M 点上的竖向附加应力为

$$\sigma_z = \alpha_0 p \qquad (3\text{-}10)$$

　　式（3-10）中的 α_0 称为矩形面积均布荷载中心点下的竖向附加应力系数，是 a/b、z/b 的函数，可由表 3-2 查得。

　　图 3-13 中，a 为基础长边，b 为基础短边，z 是从基础底面算起的深度，p 是均布荷载。

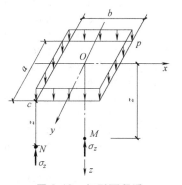

图 3-13　矩形面积受均布荷载作用

表 3-2　矩形面积均布荷载中心点下的竖向附加应力系数

z/b	矩形的长宽比 a/b											$a/b \geqslant 10$ 条型基础
	1	1.2	1.4	1.6	1.8	2	2.4	2.8	3.2	4	5	
0.0	1	1	1	1	1	1	1	1	1	1	1	1
0.1	0.980	0.984	0.986	0.987	0.987	0.988	0.988	0.988	0.989	0.989	0.989	0.989
0.2	0.960	0.968	0.972	0.974	0.975	0.976	0.976	0.977	0.977	0.977	0.977	0.977

（续）

z/b	矩形的长宽比 a/b											a/b≥10 条型基础
	1	1.2	1.4	1.6	1.8	2	2.4	2.8	3.2	4	5	
0.3	0.880	0.899	0.910	0.917	0.920	0.923	0.925	0.926	0.928	0.929	0.929	0.929
0.4	0.800	0.830	0.848	0.859	0.866	0.870	0.875	0.878	0.879	0.880	0.881	0.881
0.5	0.703	0.741	0.765	0.781	0.791	0.799	0.809	0.812	0.814	0.817	0.818	0.819
0.6	0.606	0.651	0.682	0.703	0.717	0.727	0.740	0.746	0.749	0.753	0.754	0.755
0.7	0.527	0.574	0.607	0.630	0.646	0.660	0.674	0.685	0.690	0.694	0.697	0.698
0.8	0.449	0.496	0.532	0.558	0.579	0.593	0.612	0.623	0.630	0.636	0.639	0.642
0.9	0.932	0.437	0.473	0.499	0.518	0.536	0.559	0.572	0.579	0.588	0.592	0.596
1.0	0.334	0.373	0.414	0.441	0.463	0.481	0.505	0.520	0.529	0.540	0.545	0.550
1.1	0.295	0.335	0.369	0.396	0.418	0.436	0.462	0.478	0.488	0.501	0.508	0.513
1.2	0.257	0.294	0.325	0.352	0.374	0.392	0.491	0.437	0.447	0.462	0.470	0.477
1.3	0.229	0.263	0.292	0.318	0.339	0.357	0.384	0.403	0.426	0.431	0.440	0.448
1.4	0.201	0.232	0.260	0.284	0.304	0.321	0.350	0.369	0.383	0.400	0.410	0.420
1.5	0.180	0.209	0.235	0.258	0.277	0.294	0.332	0.341	0.356	0.374	0.385	0.397
1.6	0.160	0.187	0.210	0.232	0.251	0.267	0.294	0.314	0.329	0.348	0.360	0.374
1.7	0.145	0.170	0.191	0.212	0.230	0.245	0.272	0.292	0.307	0.326	0.340	0.355
1.8	0.130	0.153	0.173	0.192	0.209	0.224	0.250	0.270	0.285	0.305	0.320	0.337
1.9	0.119	0.140	0.159	0.177	0.192	0.207	0.233	0.251	0.263	0.288	0.303	0.320
2.0	0.108	0.127	0.145	0.161	0.176	0.189	0.214	0.233	0.241	0.270	0.285	0.304
2.1	0.099	0.116	0.133	0.148	0.163	0.176	0.199	0.220	0.230	0.255	0.270	0.292
2.2	0.090	0.107	0.122	0.137	0.150	0.163	0.185	0.208	0.218	0.239	0.256	0.280
2.3	0.033	0.099	0.113	0.127	0.137	0.151	0.173	0.193	0.205	0.226	0.243	0.269
2.4	0.077	0.092	0.105	0.118	0.130	0.141	0.161	0.178	0.192	0.213	0.230	0.258
2.5	0.072	0.085	0.097	0.109	0.121	0.131	0.151	0.167	0.181	0.202	0.219	0.249
2.6	0.066	0.079	0.091	0.102	0.112	0.123	0.141	0.157	0.170	0.191	0.208	0.239
2.7	0.062	0.073	0.084	0.095	0.105	0.115	0.132	0.148	0.161	0.182	0.199	0.234
2.8	0.058	0.069	0.079	0.089	0.099	0.108	0.124	0.139	0.152	0.172	0.189	0.228
2.9	0.054	0.064	0.074	0.083	0.093	0.101	0.117	0.132	0.144	0.163	0.180	0.218
3.0	0.051	0.060	0.070	0.078	0.087	0.095	0.110	0.124	0.136	0.155	0.172	0.208
3.2	0.045	0.053	0.062	0.070	0.077	0.085	0.098	0.111	0.122	0.141	0.158	0.190
3.4	0.040	0.048	0.055	0.062	0.069	0.076	0.088	0.100	0.110	0.128	0.144	0.184
3.6	0.036	0.042	0.049	0.056	0.062	0.068	0.090	0.090	0.100	0.117	0.133	0.175
3.8	0.032	0.033	0.044	0.050	0.056	0.062	0.070	0.080	0.091	0.107	0.123	0.166
4.0	0.029	0.035	0.040	0.046	0.051	0.056	0.066	0.075	0.084	0.095	0.113	0.158
4.2	0.026	0.031	0.037	0.042	0.048	0.051	0.060	0.069	0.077	0.091	0.105	0.150
4.4	0.024	0.029	0.034	0.038	0.042	0.047	0.055	0.063	0.070	0.084	0.098	0.144
4.6	0.022	0.026	0.031	0.035	0.039	0.043	0.051	0.058	0.065	0.078	0.091	0.137
4.8	0.020	0.024	0.028	0.032	0.038	0.040	0.047	0.054	0.060	0.070	0.085	0.132
5.0	0.019	0.022	0.026	0.030	0.033	0.037	0.044	0.050	0.056	0.067	0.079	0.126

2. 角点下的附加应力

依据布辛尼斯克解答，将公式沿长度 a 和宽度 b 两个方向二重积分，求得角点下任一深度 z 处 N 点的附加应力为

$$\sigma_z = \alpha_d p \tag{3-11}$$

式中 α_d——矩形面积均布荷载角点下的竖向附加应力系数，无量纲，是 a/b、z/b 的函数，可由表3-3查得。

表 3-3　矩形面积均布荷载角点下的竖向附加应力系数

z/b \ a/b	1.0	1.2	1.4	1.6	1.8	2.0	3.0	4.0	5.0	6.0	10.0
0.0	0.2500	0.2500	0.2500	0.2500	0.2500	0.2500	0.2500	0.2500	0.2500	0.2500	0.2500
0.2	0.2486	0.2489	0.2490	0.2491	0.2491	0.2491	0.2492	0.2492	0.2492	0.2492	0.2492
0.4	0.2401	0.2420	0.2429	0.2434	0.2437	0.2439	0.2442	0.2443	0.2443	0.2443	0.2443
0.6	0.2229	0.2275	0.2300	0.2351	0.2324	0.2329	0.2339	0.2341	0.2342	0.2342	0.2342
0.8	0.1999	0.2075	0.2120	0.2147	0.2165	0.2176	0.2196	0.2200	0.2202	0.2202	0.2202
1.0	0.1752	0.1851	0.1911	0.1955	0.1981	0.1999	0.2034	0.2042	0.2044	0.2045	0.2046
1.2	0.1516	0.1626	0.1705	0.1758	0.1793	0.1818	0.1870	0.1882	0.1885	0.1887	0.1888
1.4	0.1308	0.1423	0.1508	0.1569	0.1613	0.1644	0.1712	0.1730	0.1735	0.1738	0.1740
1.6	0.1123	0.1241	0.1329	0.1436	0.1445	0.1482	0.1567	0.1590	0.1598	0.1601	0.1604
1.8	0.0969	0.1083	0.1172	0.1241	0.1294	0.1334	0.1434	0.1463	0.1474	0.1478	0.1482
2.0	0.0840	0.0947	0.1034	0.1103	0.1158	0.1202	0.1314	0.1350	0.1363	0.1368	0.1374
2.2	0.0732	0.0832	0.0917	0.0984	0.1039	0.1084	0.1205	0.1248	0.1264	0.1271	0.1277
2.4	0.0642	0.0734	0.0812	0.0879	0.0934	0.0979	0.1108	0.1156	0.1175	0.1184	0.1192
2.6	0.0566	0.0651	0.0725	0.0788	0.0842	0.0887	0.1020	0.1073	0.1095	0.1106	0.1116
2.8	0.0502	0.0580	0.0649	0.0709	0.0761	0.0805	0.0942	0.0999	0.1024	0.1036	0.1048
3.0	0.0447	0.0519	0.0583	0.0640	0.0690	0.0732	0.0870	0.0931	0.0959	0.0973	0.0987
3.2	0.0401	0.0467	0.0526	0.0580	0.0627	0.0668	0.0806	0.0870	0.0900	0.0916	0.0933
3.4	0.0361	0.0421	0.0477	0.0527	0.0571	0.0611	0.0747	0.0814	0.0847	0.0864	0.0882
3.6	0.0326	0.0382	0.0433	0.0480	0.0523	0.0561	0.0694	0.0763	0.0799	0.0816	0.0837
3.8	0.0296	0.0348	0.0395	0.0439	0.0479	0.0516	0.0645	0.0717	0.0753	0.0773	0.0796
4.0	0.0270	0.0318	0.0362	0.0403	0.0441	0.0474	0.0603	0.0674	0.0712	0.0733	0.0758
4.2	0.0247	0.0291	0.0333	0.0371	0.0407	0.0439	0.0563	0.0634	0.0674	0.0696	0.0724
4.4	0.0227	0.0268	0.0306	0.0343	0.0376	0.0407	0.0527	0.0597	0.0639	0.0662	0.0696
4.6	0.0209	0.0247	0.0283	0.0317	0.0348	0.0378	0.0493	0.0564	0.0606	0.0630	0.0663
4.8	0.0193	0.0229	0.0262	0.0294	0.0324	0.0352	0.0463	0.0533	0.0576	0.0601	0.0635
5.0	0.0179	0.0212	0.0243	0.0274	0.0302	0.0328	0.0435	0.0504	0.0547	0.0573	0.0610
6.0	0.0127	0.0151	0.0174	0.0196	0.0218	0.0233	0.0325	0.0388	0.0431	0.0460	0.0506
7.0	0.0094	0.0112	0.0130	0.0147	0.0164	0.0180	0.0251	0.0306	0.0346	0.0376	0.0428
8.0	0.0073	0.0087	0.0101	0.0114	0.0127	0.0140	0.0198	0.0246	0.0283	0.0311	0.0367
9.0	0.0058	0.0069	0.0080	0.0091	0.0102	0.0112	0.0161	0.0202	0.0235	0.0262	0.0319
10.0	0.0047	0.0056	0.0065	0.0074	0.0083	0.0092	0.0132	0.0167	0.0198	0.0222	0.0280

3. 任意点下的附加应力（角点法）

利用角点下的应力计算公式和应力叠加原理，可推求地基中任意点下的附加应力，这一方法称为角点法。利用角点法求矩形范围以内或以外任意点 O 下的竖向附加应力时，如图 3-14 所示，通过 O 点做平行于矩形两边的辅助线，使 O 点成为几个小矩形的共角点，利用应力叠加原理，即可求得 O 点的附加应力。

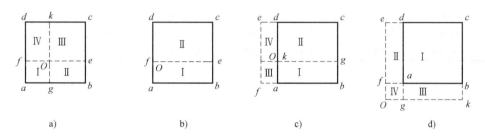

图 3-14　角点法示意

1）求解点在荷载面内时（图 3-14a）：$\sigma_z = (\alpha_{d1} + \alpha_{d2} + \alpha_{d3} + \alpha_{d4})p$。

2）求解点在荷载面边缘时（图3-14b）：$\sigma_z = (\alpha_{d1} + \alpha_{d2})p$。

3）求解点在荷载面边缘外时（图 3-14c）：$\sigma_z = (\alpha_{d1} + \alpha_{d2} - \alpha_{d3} - \alpha_{d4})p$。

4）求解点在荷载面角点外侧时（图 3-14d）：$\sigma_z = (\alpha_{d1} - \alpha_{d2} - \alpha_{d3} + \alpha_{d4})p$。

上述式中的 α_{d1}、α_{d2}、α_{d3}、α_{d4} 分别是以 O 点作为共同角点的矩形 Ⅰ、Ⅱ、Ⅲ、Ⅳ 所对应的角点下附加应力系数。

（二）　矩形面积受三角形分布荷载作用下的土中竖向附加应力（图 3-15）

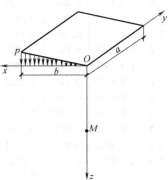

荷载强度为零的角点下的应力为：

$$\sigma_z = \alpha_{T1} p \qquad (3-12)$$

式中　α_{T1}——矩形面积受三角形分布荷载作用时角点下的竖向附加应力系数，无量纲，是 a/b、z/b 的函数，可由表 3-4 查得。

图 3-15 中，b 为沿荷载变化方向的矩形基底边长，a 为矩形基底另一边的边长。当 M 点位于矩形面积内任一点下的深度 z 处时，可利用叠加原理计算 σ_z。

图 3-15　矩形面积受
三角形分布荷载作用

表 3-4　矩形面积受三角形分布荷载作用时角点下的竖向附加应力系数

z/b ＼ a/b	0.2	0.4	0.6	0.8	1.0	1.2	1.4	1.6
0.0	0.0000	0.0000	0.0000	0.0000	0.0000	0.0000	0.0000	0.0000
0.2	0.0223	0.0280	0.0296	0.0301	0.0304	0.0305	0.0305	0.0306
0.4	0.0269	0.0420	0.0487	0.0517	0.0531	0.0539	0.0543	0.0545
0.6	0.0259	0.0448	0.0560	0.0621	0.0654	0.0673	0.0684	0.0690
0.8	0.0232	0.0421	0.0553	0.0637	0.0688	0.0720	0.0739	0.0751
1.0	0.0201	0.0375	0.0508	0.0602	0.0666	0.0708	0.0735	0.0753
1.2	0.0171	0.0324	0.0460	0.0546	0.0615	0.0664	0.0698	0.0721
1.4	0.0145	0.0278	0.0392	0.0483	0.0554	0.0606	0.0644	0.0672
1.6	0.0123	0.0238	0.0339	0.0424	0.0492	0.0545	0.0586	0.0616
1.8	0.0105	0.0204	0.0294	0.0371	0.0435	0.0487	0.0528	0.0560
2.0	0.0090	0.0176	0.0255	0.0324	0.0384	0.0434	0.0474	0.0507
2.5	0.0063	0.0125	0.0183	0.0236	0.0284	0.0326	0.0362	0.0393
3.0	0.0046	0.0092	0.0135	0.0176	0.0214	0.0249	0.0280	0.0307
5.0	0.0018	0.0036	0.0054	0.0071	0.0088	0.0104	0.0120	0.0135
7.0	0.0009	0.0019	0.0028	0.0038	0.0047	0.0056	0.0064	0.0073
10.0	0.0005	0.0009	0.0014	0.0019	0.0023	0.0028	0.0033	0.0037

三、条形面积荷载下的附加应力

条形面积荷载指的是无限长条形的分布荷载，荷载在宽度方向上任意分布，但在长度方向上的分布规律是相同的，在计算土中任一点 M 的附加应力时，只与该点的平面坐标（x，z）有关，而与荷载长度方向的 y 轴坐标无关，这种情况属于平面应变问题。虽然在工程实践中不存在无限长条形的分布荷载，但一般常把路堤、堤坝以及长宽比$\frac{l}{b}>10$的条形基础等视为平面应变问题，在此基础上计算附加应力。

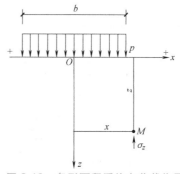

1. 条形面积受均布荷载作用下的土中竖向附加应力

在土体表面作用均布条形荷载p，其分布宽度为b，长度无限，如图3-16所示，土中任意点$M(x,z)$的竖向附加应力为

图3-16　条形面积受均布荷载作用

$$\sigma_z = \alpha_2 p \tag{3-13}$$

α_2——条形面积受均布荷载作用下任意点的竖向附加应力系数，是x/b、z/b的函数，可由表3-5查得。

图3-16中，坐标原点的位置在荷载对称轴上。

表3-5　条形面积受均布荷载作用下任意点的竖向附加应力系数

z/b \ x/b	0.00	0.10	0.25	0.50	0.75	1.00	1.50	2.00	3.00	4.00	5.00
0.00	1.000	1.000	1.000	0.500	0.000	0.000	0.000	0.000	0.000	0.000	0.000
0.10	0.997	0.996	0.499	0.010	0.005	0.000	0.000	0.000	0.000	0.000	0.000
0.25	0.960	0.954	0.905	0.496	0.088	0.019	0.002	0.001	0.000	0.000	0.000
0.50	0.820	0.812	0.735	0.481	0.218	0.082	0.017	0.005	0.001	0.000	0.000
0.75	0.668	0.66	0.61	0.45	0.26	0.15	0.04	0.02	0.01	0.00	0.00
1.00	0.552	0.54	0.51	0.41	0.29	0.19	0.07	0.03	0.01	0.00	0.00
1.50	0.396	0.40	0.38	0.33	0.27	0.21	0.11	0.06	0.02	0.01	0.00
2.00	0.306	0.30	0.29	0.28	0.24	0.21	0.13	0.08	0.03	0.01	0.01
2.50	0.245	0.24	0.24	0.23	0.22	0.19	0.14	0.10	0.03	0.02	0.01
3.00	0.21	0.21	0.21	0.20	0.19	0.17	0.14	0.10	0.05	0.03	0.02
4.00	0.16	0.16	0.16	0.15	0.15	0.14	0.12	0.10	0.07	0.04	0.03
5.00	0.13	0.13	0.13	0.12	0.12	0.12	0.11	0.10	0.07	0.05	0.03

2. 条形面积受三角形分布荷载作用下的土中竖向附加应力

地面上的一个三角形分布荷载，作用在宽度为b、长度为无限长的条形面积上时，如图3-17所示，土中任意点$M(x,z)$的竖向附加应力为

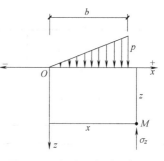

$$\sigma_z = \alpha_3 p \tag{3-14}$$

α_3——条形面积受三角形分布荷载作用下任意点的竖向附加应力系数，是x/b、z/b的函数，可由表3-6查得。

图3-17中，坐标原点在荷载为零处，向荷载增大的方向为正方向x值为正，坐标异侧为负。

图3-17　条形面积受三角形分布荷载作用

表 3-6　条形面积受三角形分布荷载作用下任意点的竖向附加应力系数

z/b　＼　x/b	-1.5	-1.0	0.5	0	0.25	0.50	0.75	1.0	1.5	2.0	2.5
0.00	0.000	0.000	0.000	0.000	0.250	0.500	0.750	0.500	0.000	0.000	0.000
0.25	0.000	0.000	0.001	0.075	0.256	0.480	0.643	0.424	0.015	0.003	0.000
0.50	0.002	0.003	0.023	0.120	0.263	0.410	0.477	0.353	0.056	0.017	0.003
0.75	0.006	0.016	0.042	0.153	0.248	0.355	0.361	0.293	0.108	0.024	0.009
1.0	0.014	0.025	0.061	0.159	0.223	0.275	0.279	0.241	0.129	0.045	0.013
1.5	0.020	0.048	0.096	0.145	0.178	0.200	0.202	0.185	0.124	0.062	0.041
2.0	0.033	0.061	0.092	0.127	0.146	0.155	0.163	0.153	0.108	0.069	0.050
3.0	0.050	0.064	0.080	0.096	0.103	0.104	0.108	0.104	0.090	0.071	0.050
4.0	0.051	0.060	0.067	0.075	0.078	0.085	0.082	0.075	0.073	0.060	0.049
5.0	0.047	0.052	0.057	0.059	0.062	0.063	0.063	0.065	0.061	0.051	0.047
6.0	0.041	0.041	0.050	0.051	0.052	0.053	0.053	0.053	0.050	0.050	0.040

【例 3-3】　设有一矩形基础，承受中心荷载 $N=$ 6000kN 作用，基底截面尺寸为 4m×6m（$b×a$），基础埋深为 3m，地质资料如图 3-18 所示，试计算基底中心点下 $z＝2m$、4m、6m、8m 处的附加应力，以及 8m 处的总应力。

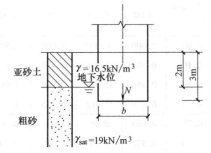

图 3-18　例 3-3 图

解：1）先计算基底压力。矩形基础受中心荷载，基底压力为

$$P=\frac{N}{A}=\frac{6000}{4×6}\text{kPa}=250\text{kPa}$$

2）计算基底附加压力

$$P_0=P-\gamma_0 h$$
$$=250\text{kPa}-16.5×2\text{kPa}-(19-10)×1\text{kPa}$$
$$=208\text{kPa}$$

3）计算不同深度处基底中心点下的附加应力，见表 3-7。

表 3-7　不同深度处基底中心点下的附加应力

z	a	b	a/b	z/b	α_0	$\sigma_z=\alpha_0 P$
0	6	4	1.5	0	1.0000	208
2	6	4	1.5	0.5	0.7730	160.8
4	6	4	1.5	1	0.4275	88.9
6	6	4	1.5	1.5	0.2465	51.3
8	6	4	1.5	2	0.1530	31.8

4）8m 处总应力为附加应力和自重应力之和，即

$$\sigma_{总}=\sigma_{cz}+\sigma_z=16.5×2\text{kPa}+(19-10)×9\text{kPa}+31.8\text{kPa}=145.8\text{kPa}$$

在工程实践中常遇到桥台后填土较高引起桥台向后倾倒，并发生不均匀下沉，影响桥梁正常使用的情况。其原因是桥台后的填土荷载引起桥台基底后缘的附加应力大幅增大。因此，在设计时应考虑桥台后填土荷载对基底附加应力的影响，特别是高填土路堤更应引起重视。

桥台后填土荷载引起桥台基底的附加应力，可以用角点法叠加计算。在《桥涵地基规范》中，为了简化这个计算，给出了专门的计算公式及相应的应力系数值。该规范在确定应力系数时，预先规定了路面宽度以及路堤边坡和锥坡的坡度，然后应用叠加原理按不同的路堤填土高度 H、基础埋置深度 D 和基础底面长度 b 计算基底附加应力（详见《桥涵地基规范》附录F）。

课后训练

1. 如图 3-19 所示矩形面积（$ABCD$）上作用均布荷载 $p=150\text{kPa}$，试用角点法计算 G 点下深度 6m 处 M 点的竖向应力 σ_z 值。

2. 如图 3-20 所示条形分布荷载 $p=150\text{kPa}$，计算 G 点下 3m 处的竖向压力值。

3. 已知矩形面积上作用均布荷载 $p=500\text{kPa}$，矩形尺寸 $a=8\text{m}$、$b=6\text{m}$，求矩形面积均布荷载中心点下深度 $z=6\text{m}$ 处土中的竖向附加应力。

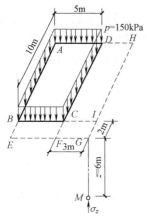

图 3-19 矩形面积上作用均布荷载

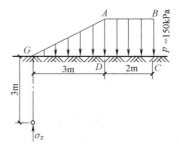

图 3-20 条形面积上作用分布荷载

任务四

有效应力

有甲乙两个完全相同的量筒，如图 3-21 所示，在这两个量筒的底部分别放置一层性质完全相同的松散砂土。在甲量筒中的松散砂土顶面加若干钢球，使松散砂土表面承受

压力 P，此时可见松散砂土顶面下降，表明松散砂土发生了压缩，即松散砂土的孔隙比 e 减小。乙量筒中的松散砂土顶面不加钢球，而是缓慢地注水，水面在砂面以上高 h 处时恰好使砂层表面也增加压力 P，结果发现砂层顶面并不下降，这是土中两种应力共同作用的结果。

以饱和土体为例，在土中某点截取一水平截面，其面积为 F，截面上作用应力 σ，如图 3-22a 所示，它是由上面的土体重力、静水压力及外荷载 P 共同产生的应力，称为总应力。该应力一部分是由土颗粒间的接触面 F_s 承担，称为有效应力；另一部分是由土体孔隙内的水来承担，称为孔隙水压力。

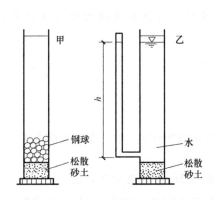

图 3-21 土中两种应力试验

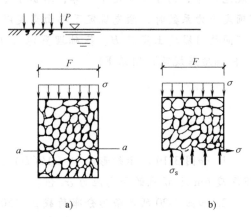

图 3-22 有效应力

考虑如图 3-22b 所示的土体平衡条件，沿图 3-22a 中的 $a\text{-}a$ 截面取脱离体，$a\text{-}a$ 截面是沿着土颗粒间接触面截取的曲线状截面，在此截面上，土颗粒接触面之间作用的法向应力为 σ_s，各土颗粒间的接触面积之和为 F_s，孔隙内的水压力为 u，其相应的面积为 F_w，由此可建立平衡条件：

$$\sigma F = \sigma_s F_s + u F_w = \sigma_s F_s + u(F - F_s)$$

或
$$\sigma = \frac{\sigma_s F_s}{F} + u\left(1 - \frac{F_s}{F}\right) \tag{3-15}$$

由于颗粒间的接触面积 F_s 很小，经试验认为 F_s/F 一般小于 0.03，有可能小于 0.01。因此，式（3-15）中的 F_s/F 可略去不计，此时式（3-15）可写为

$$\sigma = \frac{\sigma_s F_s}{F} + u \tag{3-16}$$

式中 $\dfrac{\sigma_s F_s}{F}$——土颗粒间的接触应力在截面面积 F 上的平均应力，称为土的有效应力，通常用 σ' 表示。

式（3-16）可写成：

$$\sigma = \sigma' + u \tag{3-17}$$

式（3-17）称为有效应力原理。

土中任意点的孔隙水压力 u 对各个方向的作用是相等的，因此它只能使土颗粒产生压缩（由于土颗粒本身的压缩量是很微小的，在土力学中均不考虑），而不能使土颗粒产生位移。土颗粒间的有效应力作用则会引起土颗粒的位移，使孔隙体积发生改变，土体发生压缩变形。同时，有效应力的大小会影响土的抗剪强度。由此可得到土力学中很重要的有效应力原理，它包含两个基本要点：

1）土的有效应力 σ' 等于总应力 σ 与孔隙水压力 u 之差。

2）土的有效应力控制了土的变形及强度性能。

知识链接——土的骨架

土的骨架这一概念源于饱和土体的有效应力原理：土体上的总应力由作用于土的骨架上的有效应力和作用于孔隙水上的孔隙水压力承担，其中的有效应力决定了土的变形与强度，可表述为式（3-17）的形式。土是由碎散的颗粒组成的多孔介质，合则成体、散则无形，由颗粒构成的骨架是土的最基本的组成条件。土的骨架是由相互接触与联结的颗粒构成的一种构架体，它有承担应力（有效应力）的能力，它具有土体的全部体（面）积，但不包括孔隙中的水与气体。

【例3-4】　如图3-23所示，某一透水土层中有地下水存在，土的物理性质指标见图中标注，计算地层中 A 点处的有效应力。

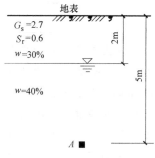

图3-23　例3-4图

解：由 $S_r = wG_s/e$ 得

$$e = \frac{wG_s}{S_r} = \frac{0.3 \times 2.7}{0.6} = 1.35$$

则地下水位以上土的重度为

$$\gamma = \frac{G_s + S_r e}{1+e}\gamma_w = \frac{2.7 + 0.6 \times 1.35}{1+1.35} \times 9.8\text{kN/m}^3 = 14.6\text{kN/m}^3$$

因为地下水位以下土的饱和度 $S_r = 1.0$，相应孔隙比 $e = wG_s = 0.4 \times 2.7 = 1.08$，则

$$\gamma_{sat} = \frac{G_s + S_r e}{1+e}\gamma_w = \frac{2.7 + 1.08}{1+1.08} \times 9.8\text{kN/m}^3 = 17.8\text{kN/m}^3$$

A 点的总应力为：$\sigma = 2\gamma + 3\gamma_{sat} = 2 \times 14.6\text{kPa} + 3 \times 17.8\text{kPa} = 82.6\text{kPa}$

A 点的孔隙水压力为：$u = 3\gamma_w = 3 \times 9.8\text{kPa} = 29.4\text{kPa}$

A 点的有效应力为：$\sigma' = \sigma - u = 82.6\text{kPa} - 29.4\text{kPa} = 53.2\text{kPa}$

A 点的有效应力也可以直接计算，即

$$\sigma' = 2\gamma + 3(\gamma_{sat} - \gamma_w) = 2\gamma + 3\gamma' = 2 \times 14.6\text{kPa} + 3 \times (17.8 - 9.8)\text{kPa} = 53.2\text{kPa}$$

课后训练

在砂土地基上施加一无穷均布的填土，填土厚2m，填土重度为 16kN/m^3；砂土的重度为 18kN/m^3，地下水位在地表处，则5m深度处作用在土骨架上的竖向应力是多少？

案例小贴士

"楼脆脆"的启示

2009年6月27日清晨，上海闵行区莲花南路，在建的"莲花河畔景苑"楼盘中，一栋在建的13层居民楼从根部断开，直挺挺地整体倾覆在地，楼身却几近完好。楼房底部原本应深入地下的数十根预应力高强度混凝土管桩被"整齐"地折断裸露在外。这栋大楼倒塌得非常蹊跷，甚至连楼房的门窗玻璃都没有破损，此次恶性工程事故遭网友抨击为"楼脆脆"事件。调查此事的专家们认为，造成这一事故的原因，都是一些简单的常识性错误。

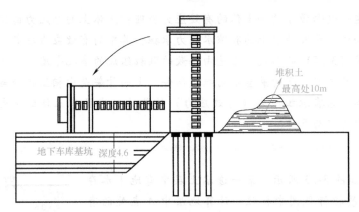

既然上部结构几近完好，那么问题就出在基础上——应了那句老话"基础不牢，地动山摇"。先来看一下此次事故的概况：楼房建筑高度43.9m，共13层；桩基础为直径400mm的管桩，采用墙下条形布桩方式，共100根。当施工进行到室内装修、安装与收尾阶段时，在经过数日的大暴雨后，于27日早晨发生整体倒塌。事发前，大楼南侧的地下车库基坑已经开挖，开挖深度4.6m，基坑开挖出来的土方堆积在大楼的北侧，土堆高度约为9m，土堆北侧为防汛墙及河道。

主要原因：紧贴倒塌楼房的北侧，在短期内堆土过高，紧邻大楼南侧的地下车库基坑正在开挖。据粗略计算，9m高的土方，将对地面产生每平方米16t左右的荷载。而位于冲积平原、地质较软的上海地区素有"老八吨"的说法，即上海的地表一般每平方米最高承受8t的荷载，而该堆土的荷载已经超过标准1倍以上。由于深挖的地下车库在挖掘过程中并没有打"护坡桩"，大楼南面地基松动；北面9m高的近17t重的土堆本已对地面造成过大的压力，在下雨后吸收了水分，导致荷载进一步增加；加之连日暴雨，淀浦河河道水位上涨，也可能对河岸土体造成压力。过大的水平自重应力和增大的水压力，以及大楼两侧的压力差导致土体发生破坏，位移不受控制，进而发生楼房倒塌。

警示：百年大计、质量第一，房子的轰然倒塌再次给我们敲响了警钟。工程师在设计时要全面考虑各种影响因素，在施工中也要将理论知识加以运用，要尊重科学，要在尊重专业知识的基础上加强责任心，要具有安全意识和责任意识，这样才能高质量地完成施工作业。

项目四　地基沉降变形评价

项目概述：

　　地基土在上部结构荷载作用下产生应力和变形，从而引起建筑物基础发生沉降。土体产生沉降的原因之一是由于土体具有可压缩性，另一个原因是土体受到上部结构荷载作用。因此，要计算地基土体的沉降，就必须已知土体中任一点所受的应力以及土体的压缩性能，并结合压缩试验评价土的压缩性。采用一维压缩理论并运用分层总和法或规范法计算基础的最大沉降量，通过饱和土体的固结理论计算沉降与时间的关系。

学习目标：

1. 了解土体压缩变形的实质，掌握室内压缩试验、压缩曲线、压缩性指标的概念。
2. 掌握沉降计算的各种方法：弹性理论法、分层总和法、规范法。
3. 了解单向渗透固结理论，掌握固结度的概念与计算方法。
4. 养成严谨扎实、孜孜以求的科学精神。

任务一
评价土的压缩性

一、土的压缩性

　　土体受力后引起的变形可分为体积变形和形状变形，地基土的变形通常表现为土体积的缩小。在外力作用下，土体积缩小的特性称为土的压缩性。为进行地基变形（或沉降量）的计算，要求解地基土的沉降与时间的关系问题，必须首先得到土的压缩系数、压缩模量及变形模量等压缩性指标。土的压缩性指标需要通过室内试验或原位测试来测定，为了使计算

085

值能接近于实测值，应力求使试验条件与土的天然应力状态及其在外荷载作用下的实际应力条件相适应。

土的压缩变形有以下三个特征：

1）土体的压缩变形较大，并且主要是由于孔隙的减少引起的。土是三相体，土体受外力作用产生的压缩包括三个部分：①固体土颗粒被压缩；②土中水及封闭气体被压缩；③水和气体从孔隙中被挤出。试验研究表明，在一般压力（100～600kPa）作用下，固体颗粒和水的压缩量与土体的总压缩量相比非常小，完全可以忽略不计。因此，土的压缩性可只看作是土中水和气体从孔隙中被挤出；与此同时，土颗粒相应地发生移动、重新排列、靠拢挤紧，从而使土的孔隙体积减小，即土的压缩是指土中孔隙体积的缩小。

2）饱和土的压缩需要一定的时间才能完成。由于饱和土体中的孔隙都充满着水，要使孔隙减少，就必须使孔隙中的水被排出，即土的压缩过程是孔隙水的排出过程，而土中孔隙水的排出需要一定的时间。在荷载作用下，透水性大的饱和无黏性土，其压缩过程较短，建筑物施工完毕时，可认为其压缩变形已基本完成；而透水性小的饱和黏性土，其压缩过程所需时间较长，十几年甚至几十年后压缩变形才稳定下来。土中水在超静孔隙水压力作用下排出，超静孔隙水压力逐渐消散，有效应力随之增加，土体发生压缩变形，最后达到变形稳定的过程，称为土的固结。对于饱和黏性土来说，土的固结问题非常重要。

3）土具有蠕变性，在基础荷载作用下其变形随时间的增加而持续缓慢地增长。对于一般黏性土，这部分变形不大，但如果是塑性指数较大、正常固结的黏性土，特别是有机土，这部分变形有可能较大，应予以考虑。

为简化地基变形的计算，通常假定地基土压缩不允许有侧向变形。当自然界中广阔的土层上作用着大面积的均布荷载时，地基土的变形条件可近似为侧限条件。侧限条件是指侧向受限制不能变形，只有竖向单向压缩的条件。

在不均匀或软弱地基上修建建筑物时，必须考虑土的压缩性和地基变形问题。在工程设计和施工中，如能预估并考虑地基变形而加以控制，就可以防止地基变形带来的不利影响。例如，某高楼地基的上层部分是可压缩土层，下层部分为倾斜岩层，在基础底面范围内，土层厚度不均，在修建时有意使高楼向土层薄的一侧倾斜，建成后由于土层较厚的一侧产生较大的变形，结果高楼恰好恢复了竖向位置，保证了使用安全，节约了投资。

二、室内压缩试验

室内压缩试验一般采用的试验装置主要为杠杆式压缩仪（图4-1）。在这种仪器中进行试验，由于试样不可能产生侧向变形，只有竖向压缩，故把这种条件下的压缩试验称为单向压缩试验或侧限压缩试验，具体内容可参见实训任务六。

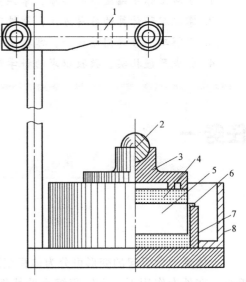

图 4-1　室内压缩试验装置示意

1—量表架　2—钢珠　3—加压上盖　4—透水石
5—试样　6—环刀　7—护环　8—水槽

试验时，用金属环刀切取保持天然结构的原状土样，然后将切有土样的环刀置于圆筒形压缩容器的刚性护环中，土样上下表面各垫有一块透水石，土样受压后，土中水可以自由排出。受金属环刀及刚性护环的限制，土样在竖向压力作用下只能发生竖向变形，而无侧向变形。

在压缩过程中，竖向压力通过刚性板施加给土样，土样在天然状态下或经人工饱和后，进行逐级加压固结。在各级压力 P 作用下，土样压缩稳定后的压缩量可通过百分表量测得到，根据土的三相指标关系可以导出试验过程中孔隙比 e 与压缩量 ΔH 的关系，即计算出各级荷载 P 下对应的孔隙比 e 的变化，从而可绘制出土样压缩试验的 e-P 曲线及 e-$\lg P$ 曲线等。

常规压缩试验通过逐级加载进行试验，常用的分级加载量 P 为 50kPa、100kPa、200kPa、400kPa。

（一）压缩曲线

压缩试验时通过加载装置和加压板将压力均匀地施加到土样上。每加一级荷载，要等土样的压缩相对稳定后才能施加下一级荷载。土样的压缩量可通过位移传感器测量，并根据每一级压力下的稳定变形量计算出与各级压力对应的压缩稳定后的孔隙比。

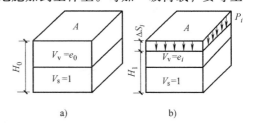

图 4-2　侧限压缩土样孔隙比的变化

a）加荷载前　b）加荷载后

设原状土样受压前的初始高度为 H_0，土粒体积 $V_s = 1$，孔隙体积 $V_v = e_0$（图 4-2a）；受某级压力 P_i 后的土样高度为 $H_i = H_0 - \Delta S_i$，土粒体积不变，$V_s = 1$，孔隙体积 $V_v = e_i$（图 4-2b），由于试验过程中土粒体积 V_s 不变，且在侧限条件下试验使得土样的横截面面积 A 也不变，则有

受压前土样体积为

$$1 + e_0 = H_0 A$$

受压后土样体积为

$$1 + e_i = H_i A$$

由于上述两式中土样的横截面面积 A 相等，即

$$\frac{1 + e_0}{H_0} = \frac{1 + e_i}{H_i} \tag{4-1}$$

则有

$$e_i = e_0 - \frac{\Delta S_i}{H_0}(1 + e_0) \tag{4-2}$$

$$e_0 = \frac{G_s \rho_w (1 + w_0)}{\rho_0} - 1$$

式中　e_0——土样初始孔隙比；

　　　e_i——第 i 级荷载压缩稳定后的孔隙比；

　　　G_s——土粒比重；

　　　ρ_w——水的密度（g/cm³）；

　　　ρ_0——土样的初始密度（g/cm³）；

w_0——土样的初始含水率，以小数计算；

H_0——试样初始高度（cm）；

ΔS_i——某级压力下试样高度变化量（cm）。

这样，只要测定了土样在各级压力 P 作用下的稳定压缩量 ΔS_i 后，就可按上式算出相应的孔隙比 e_i，从而绘制土的压缩曲线。

压缩曲线是室内土的压缩试验成果，它是土的孔隙比与所受压力的关系曲线。压缩曲线可按两种方式绘制，一种方式是采用普通直角坐标绘制的各级压力与其相应的稳定孔隙比的关系曲线，简称 e-P 曲线（图 4-3a）；另一种方式是采用半对数直角坐标绘制的 e-$\lg P$ 曲线（图 4-3b）。

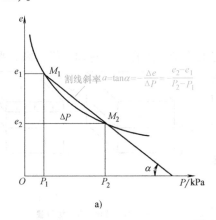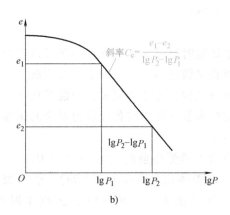

a)

b)

图 4-3　压缩曲线

a）e-P 曲线　b）e-$\lg P$ 曲线

从压缩曲线的形状可以看出，压力较小时曲线较陡，随着压力的逐渐增加，曲线逐渐变缓，这说明土在压力增量不变的情况下进行压缩时，其压缩变形的增量是递减的。这是因为土在侧限条件下进行压缩时，开始加压时接触不稳定的土粒首先发生位移，孔隙体积减小得很快，因而曲线的斜率比较大；随着压力的增加，进一步的压缩主要是孔隙中水与气体的挤出；当水与气体不再被挤出时，土的压缩就逐渐停止，曲线逐渐趋于平缓。

压缩曲线的形状与土样的成分、结构、状态及受力历史有关。若压缩曲线较陡，则说明压力增加时孔隙比减小得多，土易变形，土的压缩性相对较高；若压缩曲线是平缓的，则说明土不易变形，土的压缩性相对较低。因此，压缩曲线的坡度可以形象地说明土的压缩性。

（二）压缩性指标

1. 压缩系数 α

e-P 曲线可反映土的压缩性，压缩曲线越陡，说明随着压力的增加，土的孔隙比减小越多，则土的压缩性越高；曲线越平缓，则土的压缩性越低。在工程上，当压力 P 的变化范围不大时，如图 4-3a 中从 P_1 到 P_2，压缩曲线上相应的 M_1M_2 段可近似地看成直线（割线），即用割线 M_1M_2 代替曲线。土在此段的压缩性可用该割线的斜率来反映，则直线 M_1M_2 的斜率称为土体在该段的压缩系数，即

$$\alpha = \frac{e_1 - e_2}{P_2 - P_1} \tag{4-3}$$

式中　α——土的压缩系数（kPa^{-1} 或 MPa^{-1}）；

P_1——增压前的压力（kPa）；

P_2——增压后的压力（kPa）；

e_1、e_2——增压前后土体在 P_1 和 P_2 作用下压缩稳定后的孔隙比。

由式（4-3）可知，α 越大，说明压缩曲线越陡，表明土的压缩性越高；α 越小，则曲线越平缓，表明土的压缩性越低。但必须注意，由于压缩曲线并非直线，故同一种土的压缩系数并非常数，它取决于压力间隔（P_2-P_1）及起始压力 P_1 的大小。从对土评价的一致性出发，工程上常以压力 $P_1 = 100$ kPa、$P_2 = 200$ kPa 对应的压缩系数 α_{1-2} 作为判别土压缩性的标准。按照 α_{1-2} 的大小将土的压缩性划分如下：

1）$\alpha_{1-2} < 0.1$ MPa^{-1}，属低压缩性土。

2）0.1 MPa$^{-1} \leqslant \alpha_{1-2} < 0.5$ MPa^{-1}，属中压缩性土。

3）$\alpha_{1-2} \geqslant 0.5$ MPa^{-1}，属高压缩性土。

2. 压缩模量 E_s（侧限压缩模量）

根据 e-P 曲线可求出另一个压缩性指标——压缩模量，它是指土在有侧限压缩的条件下，竖向压力增量 $\Delta P = (P_2 - P_1)$ 与相应的应变增量 $\Delta \varepsilon$（$\Delta \varepsilon$ 等于竖向压力增量前后变化的高度 Δs 除以原高度 H_0）的比值，其单位为 kPa 或 MPa，表达式为

$$E_s = \frac{\Delta P}{\Delta \varepsilon} = \frac{\Delta P}{\Delta s/H_0} = \frac{P_2 - P_1}{(e_1 - e_2)/(1 + e_0)} = \frac{1 + e_0}{\alpha} \tag{4-4}$$

E_s 越大，表示土的压缩性越低；反之 E_s 越小，则表示土的压缩性越高。一般情况下，按照 E_s 的大小将土的压缩性划分如下：

1）$E_s < 4$ MPa，属高压缩性土。

2）4 MPa $\leqslant E_s < 15$ MPa，属中压缩性土。

3）$E_s \geqslant 15$ MPa，属低压缩性土。

同压缩系数 α 一样，压缩模量 E_s 也不是常数，而是随着压力的变化而变化。因此，将其运用到沉降计算中时，比较合理的做法是根据实际竖向应力的大小在压缩曲线上取相应的孔隙比来计算这些指标。

3. 压缩指数 C_c

压缩曲线的另一种绘制方式是横坐标取 P 的常用对数值，即采用半对数直角坐标纸制成 e-$\lg P$ 曲线。试验时从较小的压力开始，采取小增量多级加载，并加载到较大的荷载为止。这种绘制方式一般用于高压固结试验中，施加的压力范围为 $0 \sim 5000$ kPa。

高压固结试验利用空气压缩机提供高达 10MPa 的压力在侧向受限的压力环中测量土体的变形特性，符合现代高层建筑地基勘察过程中所需测量的地基承载力指标要求。

在 e-$\lg P$ 曲线中可以看到，当压力较大时，e-$\lg P$ 曲线接近直线。将 e-$\lg P$ 曲线直线段的斜率用 C_c 来表示，称为压缩指数，它是无量纲量，有

$$C_c = -\frac{\Delta e}{\Delta(\lg P)} = \frac{e_1 - e_2}{\lg P_2 - \lg P_1} \tag{4-5}$$

C_c 值越大，土的压缩性越高，低压缩性土的 C_c 值一般小于 0.2，高压缩性土的 C_c 值一般大于 0.4，黏性土的 C_c 值一般为 $0.1 \sim 1.0$。

三、现场载荷试验

高压固结试验简单易行，但所需土样是在现场取样得到的，在现场取样、运输、室内试件制作等过程中，不可避免地会对土样产生不同程度的扰动，试验时的各种试验条件（如侧限条件、加荷速率、排水条件、温度以及土样与环刀之间的摩擦力等）也不可能做到完全与现场的实际情况相同。因此，高压固结试验得到的压缩指标不能完全反映现场天然土的压缩性。所以在必要时，需要在现场进行载荷试验。

（一）试验方法

载荷试验通常是在基础底面标高处或需要进行试验的土层标高处进行，当试验土层顶面具有一定埋深时，需要挖试坑，试验示意图如图 4-4 所示。试坑尺寸以能设置试验装置、便于操作为宜。当试坑深度较大时，确定试坑宽度时还应考虑避免坑外土体对试验结果产生影响，一般规定试坑宽度不应小于 $3b$（b 为承压板的宽度或直径）。试验点一般布置在勘察取样的钻孔附近。承压板的面积一般为 $0.25 \sim 1.0 \mathrm{m}^2$，挖试坑和放置试验设备时必须注意保持试验土层的原状土结构和天然湿度，试验土层顶面一般采用不超过 20mm 厚的粗砂、中砂找平。

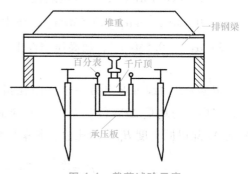

图 4-4　载荷试验示意

试验加荷标准：第一级荷载（包括设备重力）应接近所卸除的自重应力，其相应的沉降不计，以后每级荷载增量对较软的土采用 $10 \sim 25 \mathrm{kPa}$，对较密实的土采用 50kPa。加载等级不应少于 8 级，最终施加的荷载应接近土的极限荷载，并不少于荷载设计值的两倍。载荷试验的观测标准如下：

1）每级加载后，先按间隔 10min、10min、10min、15min、15min 读取沉降，以后每间隔半小时读一次沉降；当连续 2h 内每小时的沉降量小于 0.1mm 时，可以认为变形已趋于稳定，可加下一级荷载。

2）当出现下列现象之一时，即可认为土已达到极限状态：①承压板周围土有明显的侧向挤出隆起（砂土）或出现裂纹（黏性土和粉土）；②沉降急剧增大，曲线出现陡降段；③在某一级荷载下，24h 内沉降速率不能达到稳定标准；④沉降量和 b 的比值 $\geqslant 0.06$。当土达到极限状态时，其对应的前一级荷载为极限荷载。

根据沉降观测记录并进行修正后（即 $P\text{-}s$ 曲线的直线段应通过坐标原点），可以绘制荷载与相应沉降量的关系曲线以及每一级荷载下的沉降量与时间的关系曲线（$s\text{-}t$ 曲线），如图 4-5 所示。从同一荷载下的沉降与时间的关系来看，不同的土在变形过程中所反映的特征是不一样的，砂土的沉降很快就达到稳定，而饱和黏土却很慢。

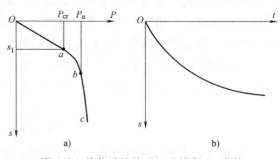

图 4-5　载荷试验的 $P\text{-}s$ 曲线和 $s\text{-}t$ 曲线

a）$P\text{-}s$ 曲线　b）$s\text{-}t$ 曲线

应该注意：由于试验时承压板的面积有限，压力的影响深度只限于承压板下不厚的一层土，影响深度为 $(1.5\sim2)b$，不能完全反映压缩土层的性质，因此在利用载荷试验资料研究地基的压缩性，特别是在确定土的承载力时，应采取分析的态度。必要时，应在地基的主要压缩层范围内的不同深度上进行载荷试验。

（二）变形模量

土的变形模量是指土体在无侧限条件下的应力与应变的比值，并以符号 E_0 表示。E_0 的大小可由载荷试验结果求得，在 P-s 曲线的直线段或接近于直线段上任选一段压力 P 和它对应的沉降 s，利用弹性力学原理，反求出地基的变形模量，即

$$E_0 = \omega(1-\mu^2)\frac{Pb}{s} \tag{4-6}$$

式中　ω——沉降影响系数，方形承压板取 0.88，圆形承压板取 0.79；

　　　b——承压板的边长或直径（mm）；

　　　μ——土的泊松比，一般取 $0.2\sim0.4$；

　　　P——荷载（kPa），取直线段内的荷载值，一般取比例极限荷载 P_{cr}；

　　　s——荷载 P 对应的沉降量（mm）；

　　　E_0——土的变形模量（kPa 或 MPa）。

有时，P-s 曲线并不出现直线段，建议对中、高压缩性粉土取 $s=0.02b$ 及对应的荷载 P 代入式（4-6）计算 E_0；对低压缩性粉土、黏性土、碎石土及砂土，可取 $s=(0.01\sim0.015)b$ 及其对应的荷载 P 代入式（4-6）计算 E_0。

载荷试验在现场进行，对地基的扰动较小，土中应力状态在承压板较大时与实际基础情况比较接近，测出的指标能较好地反映土的压缩性质。但载荷试验工作量大、时间长，所规定的沉降稳定标准带有较大的近似性，据有些地区的经验，它所反映的土的固结程度通常仅相当于实际建筑施工完毕时的早期沉降。此外，载荷试验的影响深度一般只能达到 $(1.5\sim2)b$。对于深层土，曾在钻孔内用小型承压板借助钻杆进行过深层载荷试验，但由于在地下水位以下清理孔底困难和受力条件复杂等因素，数据不准确。所以，国内外常用旁压试验或触探试验来测定深层的变形模量。

（三）变形模量和压缩模量之间的关系

现场载荷试验确定土的变形模量是在无侧限条件即单向受力条件下测定土的应力与应变的比值，而室内压缩试验是确定的压缩模量在完全侧限条件下测定土的应力与应变的比值。利用三向应力条件下的广义胡克定律可以分析二者之间的关系。根据广义胡克定律，在三向应力作用下的竖向应变为

$$\varepsilon_z = \frac{1}{E_0}[\sigma_z - \mu(\sigma_x + \sigma_y)]$$

对室内侧限压缩条件下的土样，有 $\sigma_z = P$，$\varepsilon_x = \varepsilon_y = 0$，$\sigma_x = \sigma_y = k_0\sigma_z = k_0P$，将 $k_0 = \dfrac{\mu}{1-\mu}$ 代入上式得

$$\varepsilon_z = \frac{P}{E_0}\left(1 - \frac{2\mu^2}{1-\mu}\right)$$

即

$$E_0 = \frac{P}{\varepsilon_z}\left(1 - \frac{2\mu^2}{1-\mu}\right)$$

由式（4-4）可知，室内压缩试验的土样在压力增量 $\Delta P = P$ 作用下的竖向应变 ε_z 为

$$\varepsilon_z = \frac{\Delta e}{1+e_1} = \frac{\alpha}{1+e_1}P = \frac{P}{E_s}$$

$$E_0 = \left(1 - \frac{2\mu^2}{1-\mu}\right)E_s$$

令 $\beta = \left(1 - \frac{2\mu^2}{1-\mu}\right)$，上式改写为

$$E_0 = \beta E_s \tag{4-7}$$

要注意的是，上式只不过是 E_0 与 E_s 之间的理论关系。实际上，在用现场载荷试验测定 E_0 和用室内压缩试验测定 E_s 时，各自有无法考虑到的因素，使得上式不能准确反映 E_0 与 E_s 之间的实际关系。这些因素主要是：压缩试验的土样容易受到较大的扰动（尤其是低压缩性土）；载荷试验与压缩试验的加载速率、压缩稳定标准不一样；μ 值不易精确确定等。根据统计资料，E_0 值可能是 E_s 的几倍，一般说来，土越坚硬，E_0 与 E_s 的差别就越大；而软土的 E_0 值与 E_s 值比较接近。

课后训练

1. 某工程 3 号钻孔的土样 3-1 粉质黏土和土样 3-2 淤泥质黏土的压缩试验数据见表 4-1，试绘制 e-P 曲线、计算 α_{1-2} 并评价其压缩性。

表 4-1 某工程 3 号钻孔土样压缩试验数据

垂直压力/kPa		0	50	100	200	300	400
孔隙比	土样 3-1	0.866	0.799	0.770	0.736	0.721	0.714
	土样 3-2	1.085	0.960	0.890	0.803	0.748	0.707

2. 某土样的比重 $G_s = 2.8$，天然容重 $\gamma = 19.8 \mathrm{kN/m^3}$，含水率 $w = 20\%$，取该土样进行固结试验，环刀高度 $h_0 = 2.0\mathrm{cm}$。当施加压力 $P_1 = 100\mathrm{kPa}$ 时，测得其稳定的压缩量 $\Delta S_1 = 0.80\mathrm{mm}$；$P_2 = 200\mathrm{kPa}$ 时，$\Delta S_2 = 0.95\mathrm{mm}$。试求其相应的孔隙比 e_0、e_1、e_2 和压缩系数 α_{1-2} 及压缩模量 E_{s1-2}，评价该土的压缩性。

3. 完成固结试验，测定土的压缩指标，评定土体的压缩性（要求详见实训任务六）。

任务二

地基沉降变形计算

土体在外荷载作用下会产生压缩变形，道路或桥梁的建造必然引起地基的沉降，正常情况下，随着时间的推移沉降会趋于稳定。如果在工程完工后经过相当长的时间沉降仍未稳定，则会影响道路或桥梁的正常使用，特别是有较大的不均匀沉降时，会对结构产生附加应力，影响其使用安全。为了确保路桥工程等结构的使用安全，必须计算沉降量，将地基沉降

控制在允许范围内，并且需要了解和估计沉降随时间的发展趋于稳定的可能性。

地基沉降计算包括两个方面的内容，一是最终沉降量，二是沉降的时间过程（固结理论）。地基最终沉降量是指地基在建筑物荷载作用下压缩变形达到完全稳定时地基表面的沉降量。计算地基最终沉降量的目的，是确定建筑物最大沉降值（沉降量、沉降差、倾斜），并将其控制在建筑物所允许的范围内，以保证建筑物的安全和正常使用。计算地基最终沉降量的方法有弹性力学法、分层总和法和规范法。

一、弹性理论法计算沉降量

弹性理论法假定地基为半无限直线变形体，应用布辛尼斯克解答，在荷载作用面积范围内积分得到地基最终沉降量的表达式。

1）若在地基表面作用一竖向集中力 P，地面某点（其坐标为 $z=0$，此时 $R=\sqrt{x^2+y^2+z^2}=\sqrt{x^2+y^2}=r$）的沉降为

$$S=\frac{P(1-\mu^2)}{\pi E_0 r} \tag{4-8}$$

2）若在地基表面局部面积 F 上作用着分布荷载 $P_0(x,y)$，则地面上任一点的沉降可由式（4-8）积分而得，即

$$S(x,y)=\frac{1-\mu^2}{\pi E_0}\iint_F \frac{P_0(x,y)\,\mathrm{d}F}{r}$$

上式的求解与基础的刚度、形状、尺寸及计算点位置等因素有关。一般求解后可写成：

$$S=\frac{P_0 b\omega(1-\mu^2)}{E_0} \tag{4-9}$$

式中　P_0——基底附加压力；

　　　　b——矩形基础的宽度或圆形基础的直径；

　　μ、E_0——分别为土的泊松比和变形模量；

　　　　ω——沉降影响系数，与基础的刚度、形状和计算点位置有关，可由表 4-2 查得。

表 4-2　沉降影响系数 ω

基础形状		圆形	正方形	矩形(l/b)										
		—	1.0	1.5	2.0	3.0	4.0	5.0	6.0	7.0	8.0	9.0	10.0	100.0
柔性基础	ω_c	0.64	0.56	0.68	0.77	0.89	0.98	1.05	1.12	1.17	1.21	1.25	1.27	2.00
	ω_0	1.00	1.12	1.36	1.53	1.78	1.96	2.10	2.23	2.33	2.42	2.49	2.53	4.00
	ω_m	0.85	0.95	1.15	1.30	1.53	1.70	1.83	1.96	2.04	2.12	2.19	2.25	3.69
刚性基础	ω_r	0.79	0.88	1.08	1.22	1.44	1.61	1.72	—	—	—	—	2.12	3.40

注：ω_c 为柔性基础的角点沉降系数；ω_0 为柔性基础的中点沉降系数；ω_m 为柔性基础的平均沉降系数；ω_r 为刚性基础的均匀沉降系数。

弹性理论法计算沉降的正确性取决于 E_0 的选取，一般假定 E_0 沿深度变化。弹性理论法的压缩层厚度在理论上是无穷大的，这与实际不符。但由于它的计算过程相对简便，所以常用于沉降的估算。

二、分层总和法计算地基沉降量

分层总和法是将地基土在一定深度范围内划分成若干薄层，先求得各个薄层的压缩量，再将各个薄层的压缩量累加起来，即为总的压缩量，也就是基础的沉降量。

（一）计算假定

1）地基中划分的各薄层均在无侧向膨胀的情况下产生竖向压缩变形。这样在计算基础沉降时，就可以使用室内固结试验的成果，如压缩模量、e-P 曲线。

2）基础沉降量按基础底面中心垂线上的附加应力进行计算。实际上，基底下同一深度上偏离中垂线的其他各点的附加应力比中垂线上的应力均较小，这样会使计算结果比实际值稍偏大，可以抵消一部分由基本假定所造成的误差。

3）对于每一个薄层来说，从层顶到层底的应力是变化的，计算时均近似地取层顶应力和层底应力的平均值。划分的土层越薄，由这种简化所产生的误差就越小。

4）只计算"压缩层"范围内的变形。此处的"压缩层"是指基础底面以下地基中显著变形的那部分土层。由于基础下引起土体变形的附加应力是随着深度的增加而减小的，自重应力却相反，因此到一定深度后，地基土的应力变化值已不大，相应的压缩变形也就很小，计算基础沉降时可将其忽略不计。这样，从基础底面到该深度之间的土层，就被称为"压缩层"。压缩层的厚度称为压缩层的计算深度。

（二）计算公式

1. 各薄层压缩量计算公式

在地基沉降量计算深度范围内取一薄层土，并设为第 i 层，其厚度为 h_i（图 4-6），在附加应力作用下，该土层被压缩了 Δs_i，其应变为 $\Delta\varepsilon = \dfrac{\Delta s_i}{h_i}$。若假定土层不发生侧向膨胀，则与室内压缩试验情况接近，可以根据公式（4-4）列出下列等式：

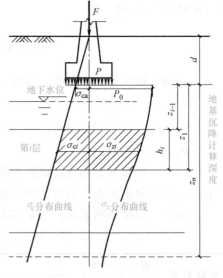

$$\Delta\varepsilon = \frac{\Delta s_i}{h_i} = \frac{e_{1i}-e_{2i}}{1+e_{1i}}$$

故薄层土的沉降量为

$$\Delta s_i = \frac{e_{1i}-e_{2i}}{1+e_{1i}}h_i \tag{4-10}$$

或引入压缩模量 E_s，则可写成：

图 4-6 分层总和法计算地基沉降量

$$\Delta s_i = \frac{(P_{2i}-P_{1i})}{E_{si}}h_i = \frac{\overline{\sigma}_{zi}}{E_{si}}h_i \tag{4-11}$$

式中　Δs_i——第 i 层土的压缩量（mm）；

$\overline{\sigma}_{zi}$——第 i 层土的平均附加应力（kPa）；

e_{1i}——第 i 层土对应于 P_{1i} 作用下的孔隙比；

e_{2i}——第 i 层土对应于 P_{2i} 作用下的孔隙比；

P_{1i}——第 i 层土的自重应力平均值（kPa），$P_{1i} = \overline{\sigma}_{ci}$；

$\overline{\sigma}_{ci}$——第 i 层土的平均自重应力（kPa）；

P_{2i}——第 i 层土的自重应力和附加应力共同作用下的平均值（kPa），$P_{2i} = \overline{\sigma}_{ci} + \overline{\sigma}_{zi}$；

E_{si}——第 i 层土的压缩模量（kPa）；

h_i——第 i 层土的厚度（m）。

计算地基沉降量时，分层厚度 h_i 越薄，计算值越精确，故取土的分层厚度一般为 $0.4b$（b 为基础宽度）。

2. 各薄层压缩量求和公式

如前所述，基础的总沉降量 S_n 等于在压缩层范围内各薄层压缩量的总和，即

$$S_n = \sum_{i=1}^{n} \Delta s_i \tag{4-12}$$

3. 压缩层厚度的确定

在应用式（4-12）时，需先确定沉降计算的范围，即地基压缩层厚度 z_n 的大小。地基压缩层厚度 z_n 是指基础下地基土体在荷载作用下发生压缩变形的土层的总厚度，它的取值上限是自基底算起，下限的深度可按式（4-13）确定，即

$$\sigma_{zn} = (0.1 \sim 0.2)\sigma_{cn} \tag{4-13}$$

式中　σ_{cn}、σ_{zn}——压缩层下限处土的自重应力和附加应力。

这种认为地基土体的压缩变形发生在有限厚度范围内的概念实质上是假定在 z_n 以下的土层中，变形已经很小可以忽略不计。如果在 z_n 范围内已存在着不可压缩层（如坚硬岩层），则应把该层顶面视作压缩层下限；如果按式（4-13）确定的地基压缩层厚度以下仍存在着软弱的土层，其压缩变形仍不可忽视，则宜适当加大 z_n 深度继续计算其压缩沉降量。

（三）计算步骤

1）计算基底的自重应力 γh 及基底处的附加压力 $P_0 = P - \gamma h$。其中，h 是基础的埋置深度，从地面或河底算起。

2）首先划分薄层，再计算基础底面中心垂线上各薄层上下面处的自重应力和附加应力，最后绘出应力分布线。薄层厚度通常取 $0.4b$。但必须将不同土层的界面或潜水位面划分为薄层的分界面。

3）计算各分层的分界面处的自重应力 σ_{ci} 和附加应力 σ_{zi}，并绘制分布曲线。

4）计算各分层的平均自重应力 $\overline{\sigma}_{ci}$ 和平均附加应力 $\overline{\sigma}_{zi}$。平均自重应力和平均附加应力取上、下分层分界面处应力的算术平均值，即 $\overline{\sigma}_{ci} = \dfrac{\sigma_{ci-1} + \sigma_{ci}}{2}$，$\overline{\sigma}_{zi} = \dfrac{\sigma_{zi-1} + \sigma_{zi}}{2}$。

5）在 $e\text{-}P$ 曲线上由 $P_{1i} = \overline{\sigma}_{ci}$ 和 $P_{2i} = \overline{\sigma}_{ci} + \overline{\sigma}_{zi}$ 查出相应的孔隙比 e_{1i} 和 e_{2i}。

6）用式（4-10）或式（4-11）计算各薄层的压缩量 Δs_i。

7）用式（4-12）计算各薄层压缩量的总和 S_n。

【例 4-1】　某水中基础如图 4-7 所示，基底尺寸为 6m×12m，基底总压力 $P = 242.9$ kPa，基底自重应力 $\gamma h = 32.6$ kPa，基底附加压力 $P_0 = P - \gamma h = 210.3$ kPa。地基上层为透水的粉砂土，其 $\gamma = 19.3$ kN/m³；下层为硬塑黏土，其 $\gamma = 18.6$ kN/m³。地基中两层土的 $e\text{-}P$ 曲线如图 4-8 所示。计算基础的沉降量。

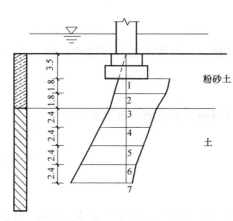

图4-7 例4-1图（单位：m）

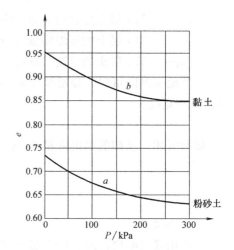

图4-8 例4-1 e-P 曲线

解：1）基底总压力、自重应力和附加压力，见题中已知条件。

2）划分薄层。由于 $0.4b=0.4\times6\mathrm{m}=2.4\mathrm{m}$，而基底下粉砂土层厚3.6m，故宜分两层，每层1.8m；以下黏土层每薄层均取2.4m，如图4-7所示。

3）各分层分界面处的自重应力计算如下（此处未计算黏土层表面的静水压强）：

点1：$\sigma_{c1}=\gamma'h_1=(19.3-10)\times3.5\mathrm{kPa}=32.6\mathrm{kPa}$

点2：$\sigma_{c2}=\gamma'(h_1+h_2)=(19.3-10)\times(3.5+1.8)\mathrm{kPa}=49.3\mathrm{kPa}$

点3：$\sigma_{c3}=\gamma'(h_1+h_2+h_3)=(19.3-10)\times(3.5+1.8+1.8)\mathrm{kPa}=66.0\mathrm{kPa}$

点4：$\sigma_{c4}=66.0+\gamma h_4=66.0\mathrm{kPa}+18.6\times2.4\mathrm{kPa}=110.6\mathrm{kPa}$

点5：$\sigma_{c5}=66.0\mathrm{kPa}+18.6\times4.8\mathrm{kPa}=155.3\mathrm{kPa}$

点6：$\sigma_{c6}=66.0\mathrm{kPa}+18.6\times7.2\mathrm{kPa}=199.9\mathrm{kPa}$

点7：$\sigma_{c7}=66.0\mathrm{kPa}+18.6\times9.6\mathrm{kPa}=244.6\mathrm{kPa}$

各点附加应力计算列于表4-3中。

根据各点自重应力 σ_{ci} 和附加应力 σ_{zi} 的计算结果，绘制应力分布曲线，如图4-7所示。

4）计算各分层的平均自重应力 $\overline{\sigma}_{ci}$ 和平均附加应力 $\overline{\sigma}_{zi}$，列于表4-4中。在图4-8所示的 e-P 曲线上，由 $P_{1i}=\overline{\sigma}_{ci}$ 和 $P_{2i}=\overline{\sigma}_{ci}+\overline{\sigma}_{zi}$ 可查出相对应的孔隙比 e_{1i} 和 e_{2i}；再用式（4-10）计算各薄层的压缩量 Δs_i。计算结果列于表4-4中。

表4-3 例4-1附加应力计算

计算点	$\dfrac{l}{b}$	z/m	$\dfrac{z}{b}$	α_d	$\sigma_z=4\alpha_d P_0/\mathrm{kPa}$
1	2	0	0	0.250	210.0
2	2	1.8	0.6	0.232	195.0
3	2	3.6	1.2	0.182	153.0
4	2	6.0	2.0	0.120	101.0
5	2	8.4	2.8	0.080	67.7
6	2	10.8	3.6	0.056	47.1
7	2	13.2	4.4	0.041	34.5

表 4-4　例 4-1 计算结果

土名	点名	自重应力/kPa	附加应力/kPa	各层平均应力			e_{1i}	e_{2i}	$e_{1i}-e_{2i}$	$\dfrac{e_{1i}-e_{2i}}{1+e_{1i}}$	$h_i/$cm	$\Delta s_i/$cm
				$\overline{\sigma}_{ci}/$kPa	$\overline{\sigma}_{zi}/$kPa	$(\overline{\sigma}_{ci}+\overline{\sigma}_{zi})/$kPa						
(1)	(2)	(3)	(4)	(5)	(6)	(7)=(5)+(6)	(8)	(9)	(10)=(8)-(9)	(11)	(12)	(13)=(11)×(12)
粉砂土	1	32.6	210.3	41.0	202.6	243.6	0.710	0.644	0.066	0.386	180	6.95
	2	49.3	195.0	57.7	174.0	231.7	0.695	0.645	0.050	0.295	180	5.31
	3	66.0	153.0									
黏土	4	110.6	101.0	88.3	127.0	215.3	0.900	0.860	0.040	0.0211	240	5.06
	5	155.3	67.7	133.0	84.4	217.4	0.885	0.860	0.025	0.0113	240	3.19
	6	199.9	47.1	177.6	57.4	235.0	0.870	0.855	0.015	0.0080	240	1.92
	7	244.6	34.5	222.3	40.8	263.1	0.860	0.854	0.006	0.0032	240	0.77

5）确定压缩层的计算深度 z_n：由于点 7 处有 $\dfrac{\sigma_z}{\sigma_c}=\dfrac{34.5}{244.6}=0.141<0.2$，故可以假设为压缩层的下限深度，即基底下 13.2m。

6）用式（4-12）计算各薄层压缩量的总和 S_n：

$$S_n=\sum_{i=1}^{n}\Delta s_i=(6.95+5.31+5.06+3.19+1.92+0.77)\,\text{cm}=23.2\text{cm}$$

三、规范法计算地基沉降量

《桥涵地基规范》中的地基最终沉降量计算方法（规范法）是修正的分层总和法，它也采用侧限条件的压缩性指标，但运用了地基平均附加应力系数进行计算；还规定了地基沉降计算深度的新标准以及提出了地基沉降计算经验系数，使得计算成果接近于实测值。规范方法采用了"应力面积"的概念，因而规范法又称为应力面积法。

地基平均附加应力系数 $\overline{\alpha}$ 的定义为：从基底至地基任意深度 z 范围内的附加应力分布图面积 A（应力面积）对基底附加压力与地基深度的乘积 P_0z 之比值，即 $\overline{\alpha}=A/P_0z$，也就是 $A=P_0z\cdot\overline{\alpha}$。假设地基土是均质的，在侧限条件下的压缩模量 E_s 不随深度发生变化，则从基底至任意深度 z 范围内的压缩量 s' 为

$$s'=\int_0^z\varepsilon\mathrm{d}z=\frac{1}{E_s}\int_0^z\sigma_z\mathrm{d}z=\frac{P_0}{E_s}\int_0^z\alpha\mathrm{d}z=\frac{A}{E_s}=\frac{P_0z\cdot\overline{\alpha}}{E_s} \tag{4-14}$$

成层土地基中第 i 层的沉降量 Δs_i 为

$$\Delta s_i=\frac{P_0(z_i\overline{\alpha}_i-z_{i-1}\overline{\alpha}_{i-1})}{E_{si}} \tag{4-15}$$

以上式中　　　P_0——基底附加压力（kPa）；

z_{i-1}、z_i——分别为第 i 层的上层面与下层面至基础底面的距离（m）；

$\overline{\alpha}_{i-1}$、$\overline{\alpha}_i$——z_{i-1} 和 z_i 范围内的地基平均附加应力系数，可查表 4-5 得到；

E_{si}——第 i 层土的压缩模量（MPa 或 kPa）；

$P_0 z_{i-1} \overline{\alpha}_{i-1}$、$P_0 z_i \overline{\alpha}_i$——$z_{i-1}$ 和 z_i 范围内的竖向附加应力面积 A_{i-1} 和 A_i（kPa·m）；

ε——土的压缩应变，$\varepsilon = \sigma_z / E_s$。

表 4-5　矩形基础受均布荷载作用下基础中心点下的地基平均附加应力系数 $\overline{\alpha}$

z/b	l/b												
	1.0	1.2	1.4	1.6	1.8	2.0	2.4	2.8	3.2	3.6	4.0	5.0	>10
0.0	1.000	1.000	1.000	1.000	1.000	1.000	1.000	1.000	1.000	1.000	1.000	1.000	1.000
0.2	0.987	0.990	0.991	0.992	0.992	0.992	0.993	0.993	0.993	0.993	0.993	0.993	0.993
0.4	0.936	0.947	0.953	0.956	0.958	0.960	0.961	0.962	0.962	0.963	0.963	0.963	0.963
0.6	0.858	0.878	0.890	0.898	0.903	0.906	0.910	0.912	0.913	0.914	0.914	0.915	0.915
0.8	0.775	0.801	0.810	0.831	0.839	0.844	0.851	0.855	0.857	0.858	0.859	0.860	0.860
1.0	0.689	0.738	0.749	0.764	0.775	0.783	0.792	0.798	0.801	0.803	0.804	0.806	0.807
1.2	0.631	0.663	0.686	0.703	0.715	0.725	0.737	0.744	0.749	0.752	0.754	0.756	0.758
1.4	0.573	0.605	0.629	0.648	0.661	0.672	0.687	0.696	0.701	0.705	0.708	0.711	0.714
1.6	0.524	0.556	0.580	0.599	0.613	0.625	0.614	0.651	0.658	0.663	0.666	0.670	0.675
1.8	0.482	0.513	0.537	0.556	0.571	0.583	0.600	0.611	0.619	0.624	0.629	0.633	0.638
2.0	0.446	0.475	0.499	0.518	0.533	0.545	0.563	0.575	0.584	0.590	0.594	0.600	0.606
2.2	0.414	0.443	0.466	0.484	0.499	0.511	0.530	0.543	0.552	0.558	0.563	0.570	0.577
2.4	0.387	0.414	0.436	0.454	0.469	0.481	0.500	0.513	0.523	0.530	0.535	0.543	0.551
2.6	0.362	0.389	0.410	0.428	0.442	0.455	0.473	0.487	0.496	0.504	0.509	0.518	0.528
2.8	0.341	0.366	0.387	0.404	0.418	0.430	0.449	0.463	0.472	0.480	0.486	0.495	0.506
3.0	0.322	0.346	0.366	0.383	0.397	0.409	0.427	0.441	0.451	0.459	0.465	0.477	0.487
3.2	0.305	0.328	0.348	0.364	0.377	0.389	0.407	0.420	0.431	0.439	0.445	0.455	0.468
3.4	0.289	0.312	0.331	0.346	0.359	0.371	0.388	0.402	0.412	0.420	0.427	0.437	0.452
3.6	0.276	0.297	0.315	0.330	0.343	0.353	0.372	0.385	0.395	0.403	0.410	0.421	0.436
3.8	0.263	0.284	0.301	0.316	0.328	0.339	0.356	0.369	0.379	0.388	0.394	0.405	0.422
4.0	0.251	0.271	0.288	0.302	0.314	0.325	0.342	0.355	0.365	0.373	0.379	0.391	0.408
4.2	0.241	0.260	0.276	0.290	0.300	0.312	0.328	0.341	0.352	0.359	0.366	0.377	0.396
4.4	0.231	0.250	0.265	0.278	0.290	0.300	0.316	0.329	0.339	0.347	0.353	0.365	0.384
4.6	0.222	0.240	0.255	0.268	0.279	0.289	0.305	0.317	0.327	0.335	0.341	0.353	0.373
4.8	0.214	0.231	0.245	0.258	0.269	0.279	0.294	0.300	0.316	0.324	0.330	0.342	0.362
5.0	0.206	0.223	0.237	0.249	0.260	0.269	0.284	0.296	0.306	0.313	0.320	0.332	0.352

注：l、b 分别为矩形的长边与短边（m）；z 为基础底面算起的土层深度（m）。

　　规范法对地基变形的计算深度重新作了规定。分层总和法以地基附加应力与自重应力之比为 0.2 或 0.1 作为控制标准（又称为压力比法），但它没有考虑土层的构造与性质，过于强调荷载对压缩层的影响，而对基础大小这一更为重要的因素重视不足。规范法采用相对变形作为控制标准（又称为变形法），即地基沉降计算时设定计算深度 z_n 应满足下式要求：

$$\Delta s_n \leqslant 0.025 \sum_{i=1}^{n} \Delta s_i \tag{4-16}$$

式中　Δs_n——在计算深度 z_n 处，向上取厚度为 Δz 的土层的计算沉降量（Δz 如图 4-9 所示），并按表 4-6 取值（包括考虑相邻荷载的影响）；

Δs_i——在计算深度范围内，第 i 层土的计算沉降量。

表 4-6　计算厚度 Δz 值

b/m	$b \leqslant 2$	$2 < b \leqslant 4$	$4 < b \leqslant 8$	$8 < b$
$\Delta z/\mathrm{m}$	0.3	0.6	0.8	1.0

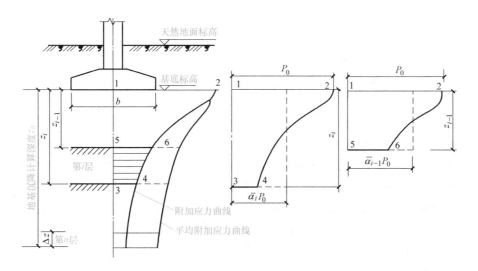

图 4-9 应力面积计算分层沉降量

按式（4-16）所确定的沉降计算深度下如有较软弱土层时，还应向下继续计算，直至软弱土层中所取规定厚度 Δz 的计算沉降量满足式（4-16）的要求为止。当无相邻荷载影响，基础宽度 b 在 $1\sim30$m 范围内时，基础中心点的地基沉降计算深度也可按下式简化计算，即

$$z_n = b(2.5 - 0.4 \ln b) \tag{4-17}$$

式中　b——基础宽度（m）；

　　　z_n——基底中心的地基沉降计算深度（m）；在计算深度范围内存在基岩时，z_n 可取至基岩表面；当存在较厚的坚硬黏土层，其孔隙比小于 0.5、压缩模量大于 50MPa，或存在较厚的密实砂卵石层，其压缩模量大于 80MPa 时，z_n 可取至该土层表面。

由于采用了一系列计算假定，按式（4-15）求出的总压缩量与工程实际有一定的出入，故规范用沉降计算经验系数 ψ_s 进行修正。规范中的沉降计算公式为

$$s = \psi_s \sum_{i=1}^{n} \Delta s_i = \psi_s \sum_{i=1}^{n} \frac{P_0}{E_{si}} (z_i \overline{\alpha}_i - z_{i-1} \overline{\alpha}_{i-1}) \tag{4-18}$$

式中　ψ_s——沉降计算经验系数，根据地区沉降观测资料及经验确定，缺少沉降观测资料及经验数据时，也可采用表 4-7 来确定，表 4-7 中的 f_{a0} 为地基土承载力特征值；

　　　E_{si}——基础底面下第 i 层土的压缩模量（MPa），应取土的自重应力至土的自重应力和附加应力之和的压应力段计算。

表 4-7 沉降计算经验系数 ψ_s

基底附加压力	$\overline{E}_s$/MPa				
	2.5	4.0	7.0	15.0	20.0
$P_0 \geqslant f_{a0}$	1.4	1.3	1.0	0.4	0.2
$P_0 \leqslant 0.75 f_{a0}$	1.1	1.0	0.7	0.4	0.2

表 4-7 中的 $\overline{E}_s$ 为沉降计算深度范围内压缩模量的当量值，应按下式计算：

$$\overline{E}_s = \frac{\sum A_i}{\sum \dfrac{A_i}{E_{si}}} = \frac{P_0 \sum (z_i \overline{\alpha}_i - z_{i-1} \overline{\alpha}_{i-1})}{P_0 \sum \dfrac{(z_i \overline{\alpha}_i - z_{i-1} \overline{\alpha}_{i-1})}{E_{si}}} = \frac{\sum (z_i \overline{\alpha}_i - z_{i-1} \overline{\alpha}_{i-1})}{\sum \dfrac{(z_i \overline{\alpha}_i - z_{i-1} \overline{\alpha}_{i-1})}{E_{si}}} \tag{4-19}$$

式中　A_i——第 i 层土附加应力系数沿土层厚度的积分值。

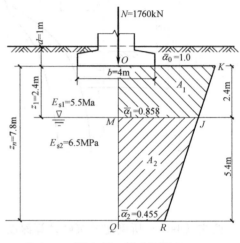

【例 4-2】　图 4-10 所示的基础，基底为正方形，边长为 $b=4\mathrm{m}$，基础埋深 $d=1\mathrm{m}$，作用于基底中心的荷载 $N=1760\mathrm{kN}$（包括基础自重）。地基为粉质黏土，其天然重度 $\gamma=16\mathrm{kN/m^3}$；地下水位埋深 $3.4\mathrm{m}$，地下水位以下土的饱和重度 $\gamma_{sat}=18.2\mathrm{kN/m^3}$。土层压缩模量为：地下水位以上 $E_{s1}=5.5\mathrm{MPa}$，地下水位以下 $E_{s2}=6.5\mathrm{MPa}$。地基土的承载力特征值 $f_{a0}=94\mathrm{kPa}$，试用规范法计算基础中心的沉降量。

图 4-10　例 4-2 图

解：1）按式（4-17）计算地基沉降计算深度 z_n：

$$z_n = b(2.5 - 0.4\ln b) = 4 \times (2.5 - 0.4\ln 4)\,\mathrm{m} = 7.8\mathrm{m}$$

2）计算基底附加压力 P_0：

$$P_0 = \frac{N}{bl} - \gamma_0 d = \frac{1760}{4 \times 4}\mathrm{kPa} - 16 \times 1\mathrm{kPa} = 94.0\mathrm{kPa}$$

3）确定平均附加应力系数 $\overline{\alpha}_i$。由 $l/b=1$，$z/b=0$、0.6、1.95 分别查表 4-5 得：$\overline{\alpha}_0 = 1.0$、$\overline{\alpha}_1 = 0.858$、$\overline{\alpha}_2 = 0.455$。

4）确定沉降计算经验系数 ψ_s。压缩模量当量值为

$$\overline{E}_s = \frac{\sum A_i}{\sum \dfrac{A_i}{E_{si}}} = \frac{P_0 \sum (z_i \overline{\alpha}_i - z_{i-1} \overline{\alpha}_{i-1})}{P_0 \sum \dfrac{(z_i \overline{\alpha}_i - z_{i-1} \overline{\alpha}_{i-1})}{E_{si}}} = \frac{\sum (z_i \overline{\alpha}_i - z_{i-1} \overline{\alpha}_{i-1})}{\sum \dfrac{(z_i \overline{\alpha}_i - z_{i-1} \overline{\alpha}_{i-1})}{E_{si}}}$$

$$= \frac{(2.4 \times 0.858 - 0 \times 1.0) + (7.8 \times 0.455 - 2.4 \times 0.858)}{\dfrac{(2.4 \times 0.858 - 0 \times 1.0)}{5.5} + \dfrac{(7.8 \times 0.455 - 2.4 \times 0.858)}{6.5}}\mathrm{MPa}$$

$$= \frac{2.06 + 1.49}{\dfrac{2.06}{5.5} + \dfrac{1.49}{6.5}}\mathrm{MPa} = 5.88\mathrm{MPa}$$

由 $P_0 = f_{a0}$ 和 $\overline{E}_s = 5.88\mathrm{MPa}$ 查表 4-7 得 $\psi_s = 1.11$。

5）计算基础中心的沉降量：

$$s = \psi_s \sum_{i=1}^{n} \frac{P_0}{E_{si}} (z_i \overline{\alpha}_i - z_{i-1} \overline{\alpha}_{i-1})$$

由图 4-10 可知 $z_0 = 0$，$z_1 = 2400\mathrm{mm}$，$z_2 = 7800\mathrm{mm}$，即

$$s = 1.11 \times 94 \times \left[\frac{(2400 \times 0.858 - 0 \times 1.0)}{5500} + \frac{(7800 \times 0.455 - 2400 \times 0.858)}{6500} \right]\mathrm{mm} = 63\mathrm{mm}$$

课后训练

某矩形基础的底面尺寸为 4m×2.5m，天然地面下基础埋深为 1m，设计地面高出天然地面 0.4m，计算资料如图 4-11 所示，压缩试验数据见表 4-8。试按分层总和法计算基础中心点的沉降量。

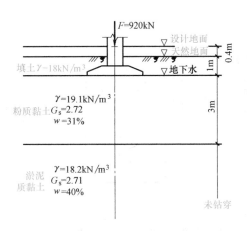

图 4-11　4m×2.5m 矩形基础计算资料

表 4-8　4m×2.5m 矩形基础压缩试验数据

垂直压力/kPa		0	50	100	200	300	400
孔隙比	粉质黏土	0.866	0.799	0.770	0.736	0.721	0.714
	淤泥质黏土	1.085	0.960	0.890	0.803	0.748	0.707

任务三

饱和土体的渗透固结

在荷载的作用下，土体产生超静孔隙水压力，导致土中孔隙水逐渐排出；随着时间的延长，超静孔隙水逐步消散，土体中的有效应力逐步增大，直到超静孔隙水压力完全消散，这一过程称为固结。在固结过程中，随着孔隙水的排出，土体产生压缩，使得土体的强度提高。

对于饱和土来说，如果在荷载作用下，孔隙水只能沿着竖直方向渗流，土体的压缩也只能在竖直方向产生，那么这种压缩过程就称为单向渗透固结。

一、单向渗透固结理论

（一）固结模型和基本假设

单向渗透固结理论是指由太沙基建立的，饱和土体在侧限（一维）压缩情况下，受荷载作用后超静孔隙水压力消散规律的理论。太沙基建立了如图 4-12 所示的模型，图中整体代表一个土单元，弹簧代表土骨架，水代表孔隙水，活塞上的小孔代表土的渗透性，活塞与筒壁之间无摩擦。由容器中水承担的压力相当于孔隙水压力 u，由弹簧承担的压力相当于有效应力 σ'。在荷载刚施加的瞬间（$t=0$），孔隙水来不及排出，此时 $u=\sigma$，$\sigma'=0$。其后（$0<t<\infty$），水从活塞上的小孔逐渐排出，u 逐渐降低并转化为 σ'，此时 $\sigma=u+\sigma'$。最后（$t=\infty$），由于水的停止排出，孔隙水压力 u 等于 0，压力 σ 全部转移给弹簧（$\sigma=\sigma'$），单向渗透固结完成。

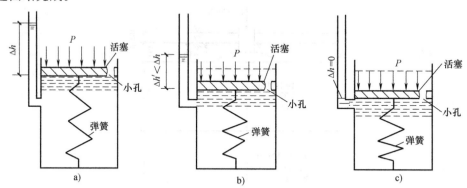

图 4-12　饱和土的单向渗透固结模型

a）$t=0$，$u=P$，$\sigma'=0$　b）$0<t<\infty$，$u+\sigma'=P$　c）$t=\infty$，$\sigma'=P$，$u=0$

太沙基采用上述模型，并做出如下假设：

1）地基土为均质、各向同性和完全饱和的。

2）土的压缩完全是由于孔隙体积的减小引起的，土粒和孔隙水均不可压缩。

3）土的压缩与排水仅在竖直方向发生，侧向既不变形，也不排水。

4）土中水的渗透符合达西定律，土的固结快慢取决于渗透系数。

5）在整个固结过程中，假定孔隙比 e、压缩系数 α 和渗透系数 k 为常量。

6）荷载是连续均布的，并且是一次瞬时施加的。

在以上假设的基础上太沙基建立了一维固结理论，许多新的固结理论是在减少上述假设的条件下发展起来的。

（二）固结方程的解

根据上述模型与基本假设，取土体中距排水面某一深度处的土单元体 $\mathrm{d}x\mathrm{d}y\mathrm{d}z$，如图 4-13 所示。图中表示一厚度为 H 的饱和黏性土层，顶面透水，底面不透水，孔隙水只能由下向上单向单面排出，土层顶面作用有连续均布荷载 P，属于单向渗透固结情况。在固结过程中土单元体所受的超静孔隙水压力是时间和深度的函数，即 $u=u(z,t)$，由于荷载 P 是连续均布的，土层中的附加应力 σ_z 将沿深度 H 均匀分布，且 $\sigma_z=P$，当刚加压的瞬间（$t=0$），黏性土层中来不及排水，整个土层中 $u=\sigma_z$，$\sigma'=0$。经瞬间以后（$0<t<\infty$），黏性土层顶面的孔隙水先排出，u 下降并转化为 σ'，接着土层深处的孔隙水随着时间的增长而逐渐排出，u 也就逐渐向 σ' 转化，此时土层中 $u+\sigma'=\sigma_z$。直到最后（$t=\infty$），在荷载 P 作用下，应被排出的孔隙水全部排出了，整个土层中 $u=0$，$\sigma'=\sigma_z$，达到了固结稳定，依据土力学原理建立太沙基一维固结方程如下：

$$C_\mathrm{v}\frac{\partial^2 u}{\partial z^2}=\frac{\partial u}{\partial t} \tag{4-20}$$

式中　C_v——固结系数（$\mathrm{m^2/a}$）。

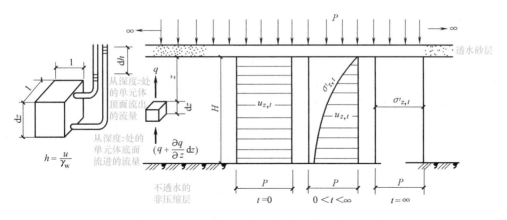

图 4-13　饱和土的固结过程

式（4-20）即为单向固结微分方程，也称为太沙基一维固结微分方程。有关土的物理、力学性质的参数 k、α、e 均取作常数，但是实际上它们都随着有效应力 σ' 的增加而略有变化，所以为简化计算，常取室内试验中土样固结前后时的平均值。式（4-20）不但适用于起始孔隙压力 $u = P =$ 常量的情况，而且也适用于其他情况，包括双面排水的边界条件。

根据给定的边界条件和初始条件，可以求解式（4-20），从而得到某一时刻 t、深度 z 处的超静孔隙水压力表达式，即

$$u = \frac{4}{\pi}\sigma_z \sum_{m=1}^{\infty} \frac{1}{m}\sin\left(\frac{m\pi z}{2H'}\right) \mathrm{e}^{\frac{-m^2\pi^2}{4}T_v} \tag{4-21}$$

式中　m——正整奇数（1，3，5，…）；

　　　e——自然对数的底；

　　　H'——土层最大排水距离（m），单面排水为土层厚度 H，双面排水取 $H/2$；

　　　T_v——时间系数，$T_v = \dfrac{C_v t}{H'^2}$；

　　　C_v——固结系数（m^2/a），$C_v = \dfrac{k(1+e_1)}{\alpha\gamma_w}$；

　　　k——土的渗透系数（m/a）；

　　　α——土的压缩系数（MPa^{-1}）；

　　　e_1——土层固结前的初始孔隙比；

　　　γ_w——水的重度，取 9.8kN/m³。

二、地基沉降变形与时间的关系

地基在固结过程中任一时刻 t 的固结沉降量 S_t 与其最终沉降量 S 之比，称为地基在 t 时的固结度，用 U 表示，即

$$U = \frac{S_t}{S} \tag{4-22}$$

由于土体的压缩变形是由有效应力 σ' 引起的，因此地基中任一深度 z 处，历时 t 后的固

结度也可表达为

$$U = \frac{\sigma'}{\sigma_z} = \frac{\sigma_z - u}{\sigma_z} = 1 - \frac{u}{\sigma_z} \tag{4-23}$$

根据式（4-21）的孔隙水压力 u 随时间 t 和深度 z 变化的函数解，可求得地基在任一时间的固结度。因为地基中各点的应力不等，所以各点的固结度也不同，实际中常用平均固结度 U_t 表示，即

$$U_t = 1 - \frac{\int_0^H u \mathrm{d}z}{\int_0^H \sigma_z \mathrm{d}z} \tag{4-24}$$

对于图 4-13 所示的单面排水、附加应力均布的情况，地基的平均固结度经过公式推导可得

$$U_t = 1 - \frac{8}{\pi^2} \sum_{m=1}^{\infty} \frac{1}{m^2} \exp\left(-\frac{m^2 \pi^2}{4} T_v \right) \tag{4-25}$$

式（4-25）括号内的级数收敛很快，一般取第一项，即

$$U_t = 1 - \frac{8}{\pi^2} \mathrm{e}^{-\frac{\pi^2}{4} T_v} \tag{4-26}$$

由式（4-26）可知，平均固结度 U_t 是时间因数 T_v 的函数，它与土中的附加应力分布情况有关，同一情况下平均固结度 U_t 与时间因素 T_v 之间存在一一对应的关系，这样某一时刻下可以由时间因素对应的固结度计算 $S_t = U_t S$，即得沉降计算值。前面讨论的是单面排水情况，理论结果只适用于所承受的荷载是一次骤然加上去的大面积荷载，且它引起的附加应力沿深度均匀分布。在实际工程中，情况要复杂得多，附加应力往往沿深度变化而变化。为了便于计算，将饱和土体的平均固结度与时间因素之间的关系按照附加应力的不同分布，用不同的曲线表现在关系图 4-14 中。识读图 4-14 时，要首先确定用哪一根曲线，它是由参数 α 来决定的，$\alpha = \sigma_z' / \sigma_z''$（$\sigma_z'$ 为透水面处的附加应力，σ_z'' 为不透水面处的附加应力，对于双面排水 $\alpha = 1$）；确定了曲线后，便可以由 T_v 查 U_t 或由 U_t 查出 T_v 值了。

由时间因数 T_v 与平均固结度 U_t 的关系曲线（图 4-14）可解决以下两个问题：

（1）计算加载后历时 t 的地基沉降量 S_t

对于此类问题，可先求出地基的最终沉降量 S，然后根据已知条件计算出土层的固结系数 C_v 和时间因数 T_v，由 $\alpha = \sigma_z' / \sigma_z''$ 及 T_v 查出固结度 U_t，最后用式（4-22）求出 S_t。

（2）计算地基沉降量达 S_t 时所需的时间 t

对于此类问题，也可先求出地基的最终沉降量 S，再由式（4-22）求出固结度 U_t，最后由 $\alpha = \sigma_z' / \sigma_z''$ 及 U_t 查出时间因数 T_v，并求出所需时间 t。

从式（4-26）可知，当其他条件相同时，达到某一固结度的时间只取决于时间因数 T_v。因此，若有两个性质相同的土层，其排水距离分别为 H_1 和 H_2，则它们达到同一固结度所需的时间 t_1 及 t_2 与排水距离之间的关系为

$$\frac{t_1}{H_1^2} = \frac{t_2}{H_2^2} \tag{4-27}$$

式（4-27）表明，当其他条件相同时，按照理论计算达到同样固结度的时间 t 与最大排

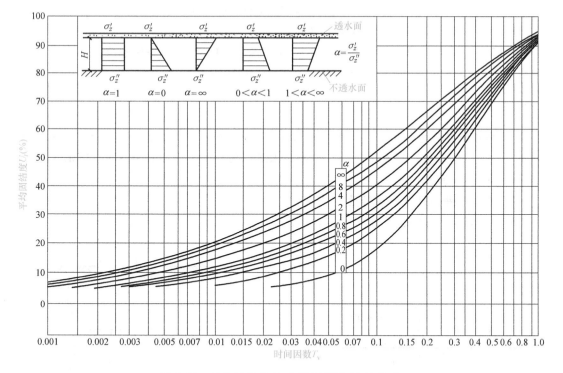

图 4-14　平均固结度 U_t 与时间因数 T_v 的关系

水距离 H 的平方成正比。

【例 4-3】　某地基的压缩土层为厚 8m 的饱和软黏土层，上部为透水的砂层，下部为不透水层。软黏土加载之前的孔隙比 $e_1 = 0.7$，渗透系数 $k = 2.0\text{cm/a}$，压缩系数 $\alpha = 0.25\text{MPa}^{-1}$，附加应力分布如图 4-15 所示。求：

1）加载一年后地基沉降量为多少？

2）地基沉降达 10cm 所需的时间？

解：1）求加载一年后的地基沉降量 S_t。

软黏土层的平均附加应力为

$$\overline{\sigma}_z = (240 + 160)/2\text{kPa} = 200\text{kPa}$$

地基最终沉降量为

$$S = \frac{\alpha}{1+e_1}\overline{\sigma}_z H = \frac{0.25 \times 10^{-3}}{1+0.7} \times 200 \times 800\text{cm} = 23.5\text{cm}$$

软黏土的固结系数为

$$C_v = \frac{k(1+e_1)}{\alpha\gamma_w} = \frac{2 \times 10^{-2} \times (1+0.7)}{0.25 \times 9.8 \times 10^{-3}}\text{m}^2/\text{a} = 13.9\text{m}^2/\text{a}$$

软黏土的时间因数为

$$T_v = C_v t/H'^2 = 13.9 \times 1/8^2 = 0.217$$

由 $\alpha = \dfrac{\sigma_z'}{\sigma_z''} = \dfrac{240}{160} = 1.5$ 及 $T_v = 0.217$ 查图 4-14 得 $U_t = 0.55$，则有

$$S_t = SU_t = 23.5 \times 0.55 \text{cm} = 12.9 \text{cm}$$

2）求地基沉降达 10cm 所需的时间 t。

固结度 $U_t = S_t/S = 10/23.5 = 0.43$，由 $\alpha = 1.5$ 及 $U_t = 0.43$ 查图 4-14 得 $T_v = 0.13$，则有

$$t = T_v H'^2/C_v = 0.13 \times 8^2/13.9\text{a} = 0.60\text{a}$$

📑 课后训练

某基础压缩层为饱和黏土层，层厚为 10m，上下为砂土。由基底附加压力在黏土层中引起的附加应力 σ_z 分布如图 4-16 所示。已知黏土层的物理、力学指标为 $\alpha = 0.25\text{MPa}^{-1}$，$e_1 = 0.8$，$k = 2\text{cm/a}$，试求：

（1）加载一年后地基的沉降量。

（2）地基沉降量达到 25cm 时所需的时间。

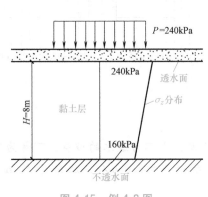

图 4-15　例 4-3 图

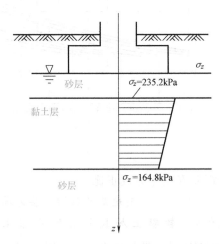

图 4-16　某基础压缩层为饱和
黏土层的附加应力分布

⚡ 案例小贴士

墨西哥的软基沉降

墨西哥首都墨西哥城处于四面环山的盆地中，古代原是一个大湖泊，当地的表层为人工填土与砂夹卵石硬壳层，厚度 5m；其下为高压缩性淤泥质土，天然孔隙比高达 7~12，为世界罕见的软弱土，厚度达 25m。墨西哥城的软土世界闻名，可能没有比这更软的土了。墨西哥城的软土还有个特点：灵敏度非常高，原状土样可以直立，但在手中晃几下，立刻化成一片泥浆。墨西哥城大量抽取地下水产生了惊人的地面沉降。据统计，在 2006 年往前的 100 年中，墨西哥城大约下陷了 9.14m。其中，著名的墨西哥城国家艺术宫是一座具有纪念性的早期建筑物，于 1904 年建成，至今已有百余年的历史，这座艺术宫严重下沉，沉降量高达 4m，临近的公路下沉 2m，路面至门前高差达 2m，参观者需先下 9 级台阶后才能从公路进入艺术宫。这里的房屋，由于地基不均匀沉降使建筑物形成一条优美的曲线。墨西哥城的下沉不仅影响房屋，同时街道也变得崎岖不平，很多主要街道呈波浪状。

　　典型的软土促进了墨西哥岩土工程的技术进步，他们有些专家在国际土力学界很有地位，面对千变万化的地质条件和多种多样的岩土特性，墨西哥的工程师们需因时制宜、因地制宜，根据工程要求不同酌情处置，处理办法常因人而异。墨西哥城郊区有个特斯科科湖，现已基本干涸，拟改造为一个公园，需要大面积加深成人工湖。按传统方法，需要挖大量土方运出，主持工程的岩土工程师利用从软土抽水使地面沉降的原理，采用井群抽取软土下砂层中的地下水以降低水位，将地面降低了 4m。不用一台挖土机，不用一台运输车，不运出一方土，达到了建造人工湖的目的，这种"化敌为友"、化消极因素为积极因素的创意，多巧妙！

　　岩土工程是有艺术性的，建筑工程的"四两拨千斤"也是一种艺术，它的艺术之美表现在文件的图文之美、方法的巧妙之美、实体的恒久之美、环境的和谐之美，而最核心的是构思的智慧之美。

项目五　土的强度与地基承载力

项目概述：

土是以固体颗粒为主的分散体，颗粒一般由岩块或岩屑组成，本身强度很高，但粒间联结较弱。因此，土的强度问题表现为土粒间的错动、剪切以至于破坏。所以，研究土的强度主要是指土的抗剪强度。本项目主要介绍土的强度理论、强度指标测定的常规试验方法及试验过程中土样的排水固结条件对强度指标的影响。本项目还从强度和稳定性的角度分析地基的破坏形式和地基承载力的确定方法。

学习目标：

1. 掌握土体强度的概念，能够辨识土体强度的破坏，会评价土中应力的状态。
2. 了解直接剪切试验和三轴压缩试验的试验方法，能够正确选择试验方法测定强度指标。
3. 掌握地基承载力的概念，了解地基变形的破坏模式与受力变形的过程。
4. 掌握用规范法确定地基承载力的方法，了解现场原位测定地基承载力的方法。
5. 增进责任心和使命感，树立工程规范意识，做到理论联系实际、科学检测。

任务一

土的强度理论

土的抗剪强度是指土体抵抗剪切破坏的极限能力。当土体受到外荷载作用后，土中各点将产生剪应力，若某点的剪应力达到了抗剪强度，土体就沿着剪应力作用方向产生相对滑动，则该点发生剪切破坏。土的抗剪强度是土的重要力学指标之一，建筑物地基、各种结构物的地基（包括路基、坝、塔、桥等）、挡土墙、地下结构物的土压力以及各类结构（如堤坝、路基、路堑、基坑等）的边坡和自然边坡的稳定性等均由土的抗剪强度控制。能否正确地确定土的抗剪强度，往往是设计和施工成败的关键所在。图 5-1 给出了剪切变形导致土体发生破坏的现象。

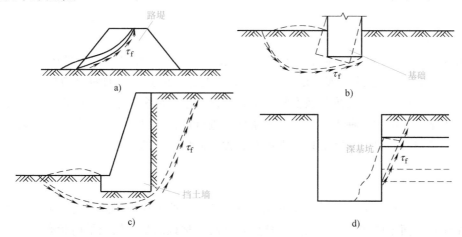

图 5-1　剪切变形导致的土体的强度破坏问题（滑动面上的 τ_f 为抗剪强度）

从事故的灾害性来说，强度问题比沉降问题要严重得多。而土体的破坏通常是剪切破坏，研究土的强度特性就是研究土的抗剪强度特性。

土是否达到剪切破坏状态，除了取决于土本身的性质外，还与所受的应力组合有关。这种破坏时的应力组合关系称为破坏准则。土的破坏准则是一个十分复杂的问题，目前还没有一个适用于土的理想破坏准则，被认为能较好地拟合试验结果且为生产实践广泛采用的破坏准则是摩尔-库仑准则。

一、抗剪强度的库仑定律

1776 年，法国工程师库仑通过一系列的砂土剪切试验，提出砂土的抗剪强度可表达为滑动面上法向应力的线性函数，如图 5-2a 所示，即

$$\tau_f = \sigma \cdot \tan\varphi \tag{5-1}$$

式中　τ_f——土的抗剪强度（kPa）；

　　　σ——滑动面上的法向应力（kPa）；

　　　φ——土的内摩擦角（°）。

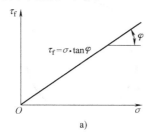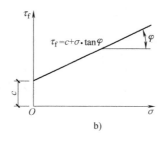

图 5-2　抗剪强度曲线

a）砂土　b）黏性土

由式（5-1）可知，无黏性土的抗剪强度不但决定于内摩擦角的大小，而且还随作用于剪切面上的法向应力的增加而增加。内摩擦角的大小与无黏性土的密实度，土颗粒的大小、形状、粗糙度、矿物成分以及粒径级配等因素有关。

随后，库仑根据黏性土的试验结果（图5-2b），又提出了更为普遍的抗剪强度表达式：

$$\tau_f = c + \sigma \cdot \tan\varphi \tag{5-2}$$

式中　c——土的黏聚力（kPa）。

由公式（5-2）可知，黏性土的抗剪强度包括摩擦阻力和黏聚力两个部分。式（5-1）和式（5-2）统称为库仑公式或库仑定律。c 和 φ 是决定土抗剪强度的两个指标，称为抗剪强度指标，由试验确定。土的抗剪强度指标不是定值，它受许多因素的影响而变化，尤其是试验时的排水条件，即同一种土在不同排水条件下进行试验，可以得出不同的 c 值和 φ 值。因此，库仑公式中的 c 和 φ 实际上只是表示在各种不同情况下的抗剪强度参数。

二、极限平衡条件

土体内部的滑动可沿任何一个面发生，只要该面上的剪应力达到其抗剪强度。当土体中某一点在任意平面上的剪应力达到土的抗剪强度时，称该点处于极限平衡状态。

土中一点的应力状态分析一般采用材料力学的摩尔应力圆来表示，设某一土体单元上作用有大、小主应力 σ_1 和 σ_3，则作用在该单元内与大主应力作用面呈任意角 α 的平面上的法向应力和剪应力存在下列关系：

$$\begin{cases} \sigma = \dfrac{1}{2}(\sigma_1+\sigma_3) + \dfrac{1}{2}(\sigma_1-\sigma_3)\cos2\alpha \\[2mm] \tau = \dfrac{1}{2}(\sigma_1-\sigma_3)\sin2\alpha \end{cases} \tag{5-3}$$

消去式（5-3）中的 α，得到圆的解析式，在 σ-τ 坐标平面内，土单元体的应力状态的轨迹将是圆心落在 σ 轴上，与坐标原点的距离为 $\dfrac{1}{2}(\sigma_1+\sigma_3)$，圆的半径为 $\dfrac{1}{2}(\sigma_1-\sigma_3)$，该圆就称为摩尔应力圆，如图5-3所示。摩尔应力圆表示土体中一点的应力状态，圆周上各点的坐标就表示该点在相应平面上的正应力和剪应力。

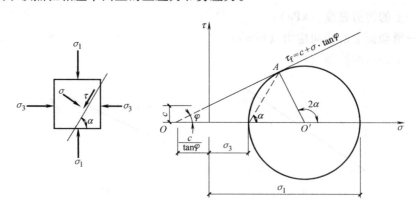

图 5-3　土中一点达极限平衡时的摩尔应力圆

由摩尔应力圆可知，圆周上的 A 点表示与大主应力面呈 α 角的斜截面，A 点的坐标表示该斜截面上的剪应力 τ 和正应力 σ。将图 5-2 的抗剪强度直线与图 5-3 的摩尔应力圆绘于同一个直角坐标系上，可出现三种情况（图 5-4）：

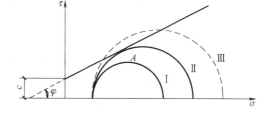

图 5-4　摩尔应力圆与抗剪强度之间的关系

1）应力圆与抗剪强度线相离（Ⅰ），说明应力圆代表的单元体上各截面的剪应力均小于抗剪强度，即各截面都不破坏，所以该点处于稳定状态。

2）应力圆与抗剪强度线相割（Ⅲ），说明抗剪强度线上方的一段弧所代表的各截面的剪应力均大于抗剪强度，即该点已有破坏面产生，事实上这种应力状态是不可能存在的。

3）应力圆与抗剪强度线相切（Ⅱ），说明单元体上有一个截面的剪应力刚好等于抗剪强度，而处于极限平衡状态，其余所有的截面都有 $\tau<\tau_f$，因此该点处于极限平衡状态。所以，此圆（Ⅱ）称为极限应力圆。

根据极限应力圆与抗剪强度线之间的几何关系，可求得抗剪强度指标 c、φ 和主应力 σ_1、σ_3 之间的关系。由图 5-3 可知：

$$AO'=\frac{\sigma_1-\sigma_3}{2};\ OO'=\frac{\sigma_1+\sigma_3}{2}+c\cot\varphi$$

由几何条件可以得出下列关系式：

$$\sin\varphi=\frac{\sigma_1-\sigma_3}{\sigma_1+\sigma_3+2c\cot\varphi} \tag{5-4}$$

式（5-4）经三角变换后，得如下极限平衡条件：

$$\sigma_1=\sigma_3\tan^2\left(45°+\frac{\varphi}{2}\right)+2c\tan\left(45°+\frac{\varphi}{2}\right) \tag{5-5}$$

或

$$\sigma_3=\sigma_1\tan^2\left(45°-\frac{\varphi}{2}\right)-2c\tan\left(45°-\frac{\varphi}{2}\right) \tag{5-6}$$

由图 5-4 中的几何关系可知，土体的破坏面（剪破面）与大主应力作用面的夹角 α 为

$$2\alpha=90°+\varphi\left(即\ \alpha=45°+\frac{\varphi}{2}\right) \tag{5-7}$$

式（5-4）~式（5-6）是验算土体中某点是否达到极限平衡状态的判断式，也是表示 c、φ、σ_1、σ_3 之间关系的关系式，在地基稳定计算和土压力计算中都要用到。

【例 5-1】　某土层的抗剪强度指标 $\varphi=20°$，$c=20\text{kPa}$，其中某一点的大主应力 $\sigma_1=300\text{kPa}$，小主应力 $\sigma_3=120\text{kPa}$。试问：1）该点是否发生破坏？2）若保持小主应力 σ_3 不变，该点不发生破坏的 σ_1 最大值为多少？

解：1）用 σ_1 来判别该点是否发生破坏。将 $\sigma_3=120\text{kPa}$ 代入式（5-5）得

$$\sigma_1'=120\tan^2\left(45°+\frac{20°}{2}\right)\text{kPa}+2\times20\tan\left(45°+\frac{20°}{2}\right)\text{kPa}=301.88\text{kPa}>\sigma_1=300\text{kPa}$$

已知大主应力 $\sigma_1=300\text{kPa}$ 小于极限平衡条件下的计算值 301.88kPa，说明摩尔应力圆在抗剪强度线的下方，因此该点处于稳定状态，不发生破坏。

2）若 σ_3 不变，则保持该点不发生破坏的 σ_1 最大值为 301.88kPa。

课后训练

1. 地基中某点的应力为 $\sigma_1 = 180\text{kPa}$，$\sigma_3 = 50\text{kPa}$，并已知土的 $\varphi = 30°$，$c = 10\text{kPa}$，问该点所处的应力状态如何。

2. 一个砂样进行直接剪切试验，竖向应力 $P = 100\text{kPa}$，发生破坏时 $\tau = 57.7\text{kPa}$，试问这时的大、小主应力 σ_1、σ_3 为多少？

任务二

强度指标的测定方法

土的抗剪强度指标包括内摩擦角 φ 和黏聚力 c 两项，其值是地基与基础设计的重要参数，需要用专门的仪器通过试验来确定。常用的试验仪器有直接剪切仪、无侧限压缩仪（图5-5）、三轴压缩仪和十字板剪切仪（图5-6）等。由于各种仪器的构造不同，且试验的条件、原理及方法也不同，对于同样的土会得出不同的试验结果，所以需要根据工程的实际情况来选择适当的试验方法，具体操作步骤可参见实训任务七。

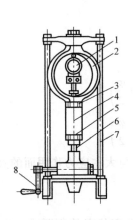

图5-5 无侧限压缩仪

1—百分表　2—测力计　3—上加压板　4—试样
5—下加压板　6—螺杆　7—压框架　8—升降设备

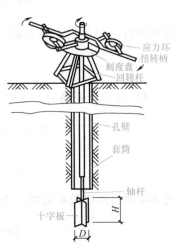

图5-6 十字板剪切仪

一、直接剪切试验

直接剪切试验是应用较早的一种测定土的抗剪强度指标的试验方法，由于其试验原理易于理解，且试验设备简单、操作方便，故应用较为广泛。

直接剪切试验按加载方式分为应变式和应力式两类，前者是以等速推动剪切盒使土样受剪，后者则是分级施加水平剪力于剪力盒使土样受剪。我国目前普遍采用应变式直接剪切试验，所用直接剪切仪示意图如图5-7所示，剪力盒分上盒和下盒两部分，试验时先用插销将上盒、下盒的位置固定起来，用环刀切取原状土样（环刀高度一般为 $2\sim2.5\text{cm}$，横截面面积 A 为 30cm^2 或 32.2cm^2），把土样推入剪力盒后，拔去插销，通过加压活塞向土样施加竖向力 P。这样，土样上承受的平均压应力 $\sigma = \dfrac{P}{A}$。然后在下盒上施加水平力 T，水平力由小到大逐步增加，上盒、下盒之间随之产生相对移动，使土样受剪，直到土样被剪坏，测得剪坏时的最大水平力 $T_{\max}$。剪坏时土样剪切面上的平均极限剪应力为 $\tau_\text{f} = \dfrac{T_{\max}}{A}$，即在压应力 σ 作用下的土的抗剪强度为 τ_f。

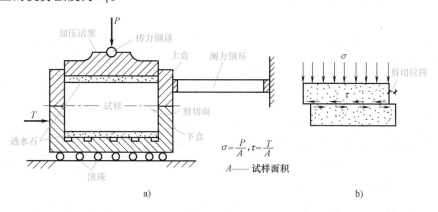

图 5-7 直接剪切仪示意

再制作 $3\sim5$ 个相同试样，施加不同的垂直压力 P_i，测得试样剪坏时的剪力 $T_{\max i}$，并计算 σ_i 和 τ_i。试验结果表明，抗剪强度与作用在剪切面上的压应力呈线性关系。取压应力 σ 为横坐标，抗剪强度 τ_f 为纵坐标，按所得的试验数据在图上绘 $3\sim5$ 个点，然后通过点群重心可绘出一条直线，如图 5-8 所示，称为抗剪强度线，以近似地表示 σ-τ_f 的关系。

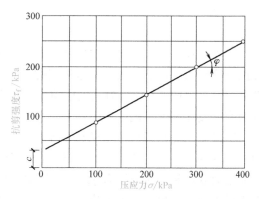

图 5-8 抗剪强度与压应力关系曲线

直接剪切试验设备简单、试验过程直观、操作简便，但有如下不足：

1）剪切面被限制于上盒与下盒的接触面处，它并不一定是试样中抗剪强度最低的薄弱面。

2）由于受剪力盒边界的影响，试样剪应力分布不均匀，边缘处应力集中，而且在剪切时上盒与下盒错开，受剪面变小，压应力出现偏心，这些因素无法在分析中加以考虑。

3）难以控制与测定剪切过程中孔隙水压力的变化。

土的抗剪强度是与土受力后的排水固结状况有关的，因而在工程设计中采用的强度指标试验方法必须与现场的施工加载相匹配。如在软土地基上快速堆填路堤，由于加载速度快，地基土体渗透性又低，则这种条件下的强度和稳定问题是处于不能排水条件下的稳定分析问题，它就要求室内的试验条件能模拟实际的加载状况，即在不能排水的条件下进行剪切试验。利用直接剪切仪测定土的抗剪强度指标时，是通过控制试样在压应力作用下的固结程度及剪切速率，近似模拟实际工程中土体内孔隙水压力的消散程度，使测得的抗剪强度指标能够代表实际情况。因而直接剪切试验分为快剪、固结快剪及慢剪三种不同的试验方法，并可得到相应的三种不同固结程度的总应力强度指标。

1. 快剪

快剪是指竖向压力施加后立即施加水平剪力进行剪切，快速地（剪切速率0.8mm/min）把土样剪破，一般从加载到剪坏只用几分钟。由于剪切速率快，可认为土样在这样短暂的时间内没有排水固结或者模拟了"不排水"条件。当地基土排水不良，工程施工速度又快，土体将在没有固结的情况下承受荷载时，宜用此法。

2. 固结快剪

固结快剪是指竖向压力施加后，给以充分时间使土样排水固结；固结终了后再施加水平剪力，快速地（剪切速率0.8mm/min）把土样剪坏，即剪切时模拟不排水条件。当建筑物在施工期间允许土体充分排水固结，但完工后可能有突然增加的荷载作用时，宜用此法。

3. 慢剪

慢剪是指竖向压力施加后，让土样排水固结；固结后以慢速（剪切速率0.04mm/min）施加水平剪力，使土样在受剪过程中一直有充分时间排水固结。当地基排水条件良好（如砂土或砂土中夹有薄层黏性土），土体易在较短时间内固结，工程的施工速度较慢且使用中无突然增加的荷载时，可选用此法。

上述三种试验方法对黏性土是有意义的，但效果要根据土的渗透性确定。对于非黏性土，由于土的渗透性很大，即使快剪也会产生排水固结，所以一般只采用一种剪切速率进行排水剪试验。

二、三轴压缩试验

三轴压缩试验是测定土抗剪强度的一种较为完善的试验方法，其原理是根据摩尔-库伦强度理论得出的。三轴压缩试验所用的三轴压缩仪主要由压力室、加压系统和测量系统三大部分组成，如图5-9所示为三轴压缩仪的压力室示意图，它是一个由金属顶盖、金属底座和透明有机玻璃圆筒组成的密闭容器。

试验时，先将圆柱形土样套在乳胶膜内，放入透明、密闭的压力室内；然后通过底座中的阀门A向压力室内压入水，使试样的三个轴向受到相同的压力σ_3，此时土样没有剪应力；再通过活塞座施加竖向压力q，使土样中产生剪应力。在固定的σ_3作用下，不断增大q，直至土样被剪破。根据最大主应力$\sigma_1 = \sigma_3 + q$和最小主应力σ_3，可绘出一个极限应力圆。取3~5个相同土样，在不同的周围压力σ_3下进行剪切破坏，可得到相应的σ_1，便可绘出数个极限应力圆，这些极限应力圆的公切线就是该土样的抗剪强度线（图5-10）。由此，可得出c、φ值。

根据试验排水条件的不同，对应于直接剪切试验的快剪、固结快剪和慢剪试验方法，三轴压缩试验也可分为不固结不排水试验、固结不排水试验和固结排水试验三种试验方法。

1）不固结不排水试验是在试样施加σ_3和q时始终关闭B阀门，不让试样排水。

2）固结不排水试验是在施加固结压力σ_3时，打开B阀门，让试样充分排水固结；然后关闭B阀门，逐级增大q，使试样被剪破。

3）固结排水试验则是在试验时始终打开阀门B，让试样自由排水。

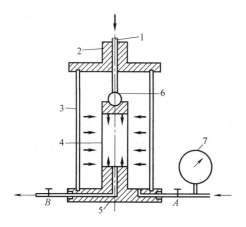

图 5-9 三轴压缩仪压力室示意

1—竖向加载活塞 2—金属顶盖 3—透明有机玻璃圆筒
4—乳胶膜 5—金属底座 6—活塞座 7—压力表

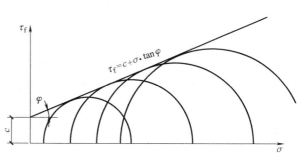

图 5-10 三轴压缩试验的强度破坏包线

对于不固结不排水试验和固结不排水试验，还可测出试样中产生的孔隙水压力 u，因而可以求出土的有效应力抗剪强度指标 c'、φ' 值，这种方法称为有效应力法。

三轴压缩试验较直接剪切试验更完善，其突出优点是能较为严格地控制排水条件，并可以测量试样中孔隙水压力的变化，而且试样中的应力状态比较明确，不像直接剪切试验要限定剪切面。一般来说，三轴压缩试验的结果比较可靠，对重要工程项目必须用三轴压缩试验测定土的强度指标。

三、无侧限抗压强度试验

无侧限抗压强度试验是三轴压缩试验中 $\sigma_3 = 0$ 时的特殊情况，适用于饱和软黏土。试验时，将圆柱形试样置于图 5-11 所示的无侧限压缩仪中，对试样不加周围压力，仅对它施加垂直轴向压力 σ_1，剪切破坏时试样所承受的轴向压力 q_u 称为无侧限抗压强度。因试样在试验过程中在侧向不受任何限制，故称无侧限抗压强度试验。由于侧向压力等于零，只能得到一个极限应力圆（图 5-12），因此难以绘制破坏包线；而对于正常固结的饱和黏性土，根据其三轴不固结不排水试验结果，其破坏包线趋于一条水平线，在这种情况下，就可以根据无侧限抗压强度得到饱和黏性土的不固结不排水强度 C_u，即

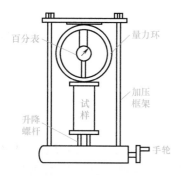

图 5-11 无侧限压缩仪

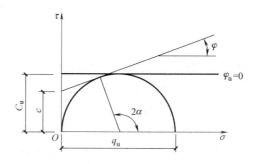

图 5-12 无侧限抗压强度试验的强度包线

$$C_u = \tau_f = \frac{q_u}{2} \tag{5-8}$$

式中　τ_f——土的不固结不排水抗剪强度（kPa）；

　　　C_u——土的不固结不排水强度（kPa）；

　　　q_u——无侧限抗压强度（kPa）。

无侧限抗压强度还常用来测定土的灵敏度 S_t。将试验后土样刮去抹有矿脂的部分，并添补部分相同土样，用薄橡胶布包裹好；然后用手反复搓捏，破坏其天然结构（重塑土），搓成圆柱状，放入重塑筒内挤成圆柱状试样，测定重塑土的无侧限抗压强度 q_0，则灵敏度为

$$S_t = \frac{q_u}{q_0} \tag{5-9}$$

式中　q_u——原状土的无侧限抗压强度（kPa）；

　　　q_0——重塑土的无侧限抗压强度（kPa）。

根据灵敏度的大小，可将饱和黏性土分为低灵敏土（$1 < S_t \leqslant 2$）、中灵敏土（$2 < S_t \leqslant 4$）和高灵敏土（$S_t > 4$）。土的灵敏度越高，其结构性越强，受扰动后土的强度降低就越多。黏性土受扰动而强度降低的性质，一般对工程建设不利，如在基坑开挖过程中，因施工可能造成土的扰动而使地基强度降低。

四、十字板剪切试验

当地基为软黏土，取原状土困难时，为避免在取土、运送、保存与制备土样过程中扰动土样影响试验结果的可靠性，可采用原位测试抗剪强度的方法，即十字板剪切试验。十字板剪切试验所用十字板剪切仪是工程中应用比较广泛且使用十分方便的原位测试仪器，通常用于饱和黏性土的原位不排水强度试验，特别适用于均匀饱和软黏土。试验时，先将套管打到预定的深度，并将套管内的土清除干净；然后将十字板装在钻杆的下端，通过套管压入土中，压入深度为750mm；再由地面上的扭力设备对钻杆施加扭矩，使埋在土中的十字板扭转，直至土样发生剪切破坏，破坏面为十字板旋转形成的圆柱面。若剪切破坏时所施加的扭矩为 M，则 M 与剪切破坏圆柱面（包括侧面和上下顶面）上由土的抗剪强度所产生的抵抗力矩相等。根据这一关系，可得土的抗剪强度 τ_f（假定剪切破坏圆柱面的侧面和上下顶面的抗剪强度值相等）计算式：

$$\tau_f = \frac{2M}{\pi D^2 \left(H + \dfrac{D}{3} \right)} \tag{5-10}$$

式中　M——土体破坏时的扭矩（N·m）；

　　　D——十字板头直径（m）；

　　　H——十字板头高度（m）。

由于十字板剪切试验是直接在原位进行试验，对土体扰动较小，所以能反映土体的原位强度，但如果在软土层中夹有薄层的粉细砂或粉土，则十字板剪切试验的结果就可能会偏大。

课后训练

1. 对某干砂试样进行直接剪切试验，当 $\sigma = 300\text{kPa}$ 时，测得 $\tau_f = 200\text{kPa}$，求：

（1）干砂的内摩擦角 φ。

（2）大主应力与剪破面的夹角。

2. 用某饱和黏性土进行无侧限抗压强度试验，得无侧限抗压强度为 70kPa，如果对同一土样进行三轴不固结不排水试验，施加周围压力 $\sigma_3 = 200\text{kPa}$，问试样将在多大的轴向压力作用下发生破坏？

任务三
地基的变形与破坏

建筑物因地基问题引起的破坏一般分为两大类：一种是地基在建筑物荷载作用下产生过大的变形或不均匀沉降，从而导致建筑物严重下沉、倾斜或挠曲；另一种是建筑物的荷载过大，使得地基土体内出现剪切破坏（塑性变形）区域，当剪切破坏区域不断扩大，发展成连续的滑移面时，基础下面部分土体将沿滑移面滑动，地基将丧失稳定性，导致建筑物发生倾倒、塌陷等灾难性破坏。因此，地基承受荷载的能力与地基的变形条件和稳定状态是密切相关的。

地基承载力是指地基土单位面积上承受荷载的能力，以 kPa 为单位。通常把地基不失稳时地基土单位面积所能承受的最大荷载称为极限承载力（P_u）。地基设计一般采用正常使用极限状态，考虑一定安全储备后所选定的地基承载力为地基承载力特征值。地基承载力特征值是指由载荷试验测定的地基土压力-变形曲线的线性变形段内规定的变形所对应的压力值。

一、地基的破坏形式

建筑物因地基承载力不足而引起的失稳破坏，通常是由于基础下地基土体的剪切破坏所致。如图 5-13 所示，地基失稳破坏是由于地基土体的剪应力达到了抗剪强度，形成了连续的滑移面而使地基失去稳定。由于实际工程的现场条件千变万化，所以地基的实际破坏形式是多种多样的，但基本上可以归纳为整体剪切破坏、局部剪切破坏和冲切破坏三种主要形式。

1. 整体剪切破坏

图 5-13a 所示为整体剪切破坏的特征。当地基荷载（基底压力）较小时，基础下形成一个三角压密区，随同基础压入土中，此时其 $P\text{-}s$ 曲线（荷载-沉降曲线）呈直线关系。随着荷载的增加，塑性变形（剪切破坏）区先在基础底面边缘处产生，然后逐渐向侧面、向下扩展。这时，基础的沉降速率较前一阶段增大，故整体剪切破坏的 $P\text{-}s$ 曲线表现为明显的曲线特征。最后，当 $P\text{-}s$ 曲线出现明显的陡降段（转折点 P_u 后阶段）时，地基土中形成连续的滑动面，并延伸到地表面，土从基础两侧挤出，并造成基础侧面的地面发生隆起，基础沉降速率急剧增加，整个地基产生失稳破坏。对于压缩性较小的地基土，如密实的砂类土和较坚硬的黏性土，且当基础埋置较浅时，常常会出现整体剪切破坏。

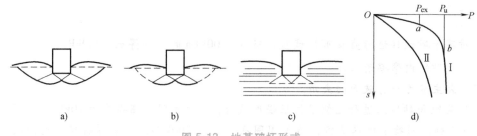

图 5-13　地基破坏形式

2. 局部剪切破坏

图 5-13b 所示为局部剪切破坏。随着荷载的增加，塑性变形区同样从基础底面的边缘处开始发展；但仅局限于地基一定范围内，土体中形成一定的滑动面，但并不延伸至地表面，如图 5-13b 中的虚线所示。地基失稳时，基础两侧地面微微隆起，没有出现明显的裂缝。局部剪切破坏在相应的 P-s 曲线中，直线拐点 a 不像整体剪切破坏那样明显；曲线转折点 b 后的沉降速率虽然较前一阶段要大，但也不如整体剪切破坏那样急剧增加。当基础有一定埋深，且地基为一般黏性土或具有一定压缩性的砂土时，地基可能会出现局部剪切破坏。

3. 冲切破坏

冲切破坏也称为刺入破坏。这种破坏形式常发生在饱和软黏土，松散的粉土、细砂等地基中。其破坏特征是基础周边附近土体产生剪切破坏，基础沿周边向下切入土中。图 5-13c 表明，只在基础边缘下方及基础正下方出现滑动面，基础两侧地面无隆起现象，在基础周边还会出现凹陷现象。冲切破坏的 P-s 曲线无明显的直线拐点 a，也没有明显的曲线转折点 b。总之，冲切破坏以显著的基础沉降为主要特征。

应该说明的是，地基出现哪种破坏形式的影响因素是很复杂的，除了与地基土的性质、基础埋置深度有关外，还与加载的方式和速率、应力水平及基础的形状等因素有关。如对于密实砂土地基，当基础埋置深度较大并进行快速加载时，也会发生局部剪切破坏；而当基础埋置很深，作用荷载很大时，密实砂土地基也会产生较大的压缩变形而出现冲切破坏。在软黏土地基中，当加载速度很快时，由于土体不能及时地产生压缩变形，就可能会发生整体剪切破坏。如果地基中存在深厚的软黏土层且厚度又严重不均匀时，如果一次性加载过多，则会发生严重的不均匀沉降，直至建筑物发生倾斜（倒），如加拿大特朗斯康谷仓的倾倒以及意大利比萨斜塔的倾斜等。

二、地基的受力变形过程

由地基破坏过程中的 P-s 曲线（图 5-13d）可知，对于整体剪切破坏，其破坏的过程一般经历三个阶段，即压密阶段（弹性变形阶段）、剪切阶段（弹塑性混合变形阶段）和破坏阶段（完全塑性变形阶段），如图 5-14 所示。

1. 压密阶段

P-s 曲线上的 oa 段，因其接近于直线，称为线性变形阶段。在这一阶段里，土中各点的剪应力均小于土的抗剪强度，土体处于弹性平衡状态，基础的沉降主要由土体压密变形（弹性变形）引起（图 5-14a）。此时，将 P-s 曲线上对应于直线段（弹性变形）结束点 a 的荷载称为临塑荷载 P_{cr}（图 5-14d），它表示基础底面以下的地基土体将要出现而尚未出现塑

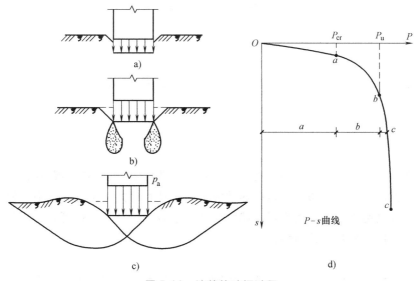

图 5-14　地基的破坏过程

a）压密阶段　b）剪切阶段　c）破坏阶段　d）地基破坏过程的 3 个阶段

性变形区时的基底压力。

2. 剪切阶段

P-s 曲线上的 ab 段称为剪切阶段。当荷载超过临塑荷载（$P>P_{cr}$）后，P-s 曲线不再保持线性关系，沉降速率（$\Delta s/\Delta P$）随荷载的增大而增加。在剪切阶段，地基中的塑性变形区（也称为剪切破坏区）从基底侧边逐步扩大，塑性区以外仍然是弹性平衡状态区（图 5-14b）。就整体而言，剪切阶段的地基处于弹塑性混合状态（弹性应力状态区域与极限应力状态区域并存）。随着荷载的继续增加，地基中塑性区的范围不断扩大，直到土中形成连续的滑移面（图 5-14c）。这时，基础向下滑动的边界范围内的土体全部处于塑性变形状态，地基即将丧失稳定。剪切阶段对应于 P-s 曲线上 b 点（曲线段的拐点）的荷载称为极限荷载 P_u，它表示地基即将丧失稳定时的基底压力。

3. 破坏阶段

P-s 曲线上超过 b 点的曲线段称为破坏阶段。当荷载超过极限荷载 P_u 后，将会发生或是已经发生基础的急剧下沉，即使不增加荷载，沉降也不能停止；或是地基土体从基础四周大量挤出隆起，地基土产生失稳破坏。

从以上叙述可知，地基的三个变形阶段完整地描述了地基的破坏过程，同时也说明了随着基础荷载的不断增加，地基土体强度（承载能力）的发挥程度。其中，提及的两个界限荷载（临塑荷载 P_{cr} 和极限荷载 P_u）对研究地基的承载力具有很重要的意义。在此要说明的是，通常采用的地基承载力计算公式都是在整体剪切破坏条件下得到的，对于局部剪切破坏或冲切破坏的情况，目前尚无完整的理论公式可循。有些学者建议将整体剪切破坏的计算公式适当地加以修正，即可用于其他破坏形式的地基承载力计算。

课后训练

1. 地基承载力与地基承载力特征值在概念上有何差别？

2. 地基的破坏形式有哪几种？它们与土的性质有何关系？

任务四

地基承载力的确定方法

一、理论公式法确定地基承载力

地基承载力理论公式中，一种是由土体极限平衡条件推导的临塑荷载和临界荷载计算公式，另一种是根据地基土刚塑性假定推导的极限荷载计算公式。工程实践中，根据建筑物的不同要求，既可以用临塑荷载或临界荷载作为地基承载力特征值，也可以用极限荷载除以一定的安全系数后作为地基承载力特征值。

1. 临塑荷载

临塑荷载是指在外荷载作用下，地基中刚开始产生塑性变形时基础底面单位上承受的荷载。地基的临塑荷载 P_{cr} 按下式计算：

$$P_{cr} = \frac{\pi(\gamma_0 d + c \cdot \cot\varphi)}{\cot\varphi - \frac{\pi}{2} + \varphi} + \gamma_0 d = N_q \gamma_0 d + N_c c \tag{5-11}$$

$$N_q = \frac{\cot\varphi + \varphi + \frac{\pi}{2}}{\cot\varphi + \varphi - \frac{\pi}{2}} \tag{5-12}$$

$$N_c = \frac{\pi \cdot \cot\varphi}{\cot\varphi + \varphi - \frac{\pi}{2}} \tag{5-13}$$

式中　P_{cr}——地基的临塑荷载（kPa）；

　　　γ_0——基础埋深范围内土的重度（kN/m³）；

　　　d——基础埋深（m）；

　　　c——基础底面下土的黏聚力（kPa）；

　　　φ——基础底面下土的内摩擦角（°）；

N_q、N_c——承载力系数，可根据 φ 值按式（5-12）、式（5-13）计算。

2. 临界荷载

工程实践表明，除了一些软弱地基等特别情况外，采用不允许地基产生塑性区的临塑荷载 P_{cr} 作为地基承载力特征值的话，不能充分发挥地基的承载能力，取值偏于保守。

对于中等强度以上的地基土，采用将塑性区限定在一定深度范围内的塑性荷载作为地基承载力特征值，使地基既有足够的安全度，保证稳定性，又能充分地发挥地基的承载能力，从而达到优化设计、减少基础工程量、节约投资的目的，符合经济合理的原则。塑性区开展深度的范围与结构物的重要性，荷载的性质和大小，基础的形式和特性，地基土的物理力学性质等有关。根据工程实践经验，在中心荷载作用下，塑性区的最大开展深度 $z_{max} = b/4$；偏

心荷载作用下的 $z_{max}=b/3$，对一般结构物是允许的。

在中心荷载作用下，当地基中塑性变形区的最大开展深度为 $z_{max}=b/4$，或在偏心荷载作用下，地基中塑性变形区的最大开展深度为 $z_{max}=b/3$ 时，与此相对应的基础底面的压力称为临界荷载或塑性荷载，分别用 $P_{\frac{1}{4}}$ 或 $P_{\frac{1}{3}}$ 表示。

中心荷载作用时：

$$P_{\frac{1}{4}}=\frac{\pi\left(\frac{1}{4}\gamma b+\gamma_0 d+c\cdot\cot\varphi\right)}{\cot\varphi-\frac{\pi}{2}+\varphi}+\gamma_0 d=N_{\frac{1}{4}}\gamma d+N_q\gamma_0 d+N_c c \tag{5-14}$$

偏心荷载作用时：

$$P_{\frac{1}{3}}=\frac{\pi\left(\frac{1}{3}\gamma b+\gamma_0 d+c\cdot\cot\varphi\right)}{\cot\varphi-\frac{\pi}{2}+\varphi}+\gamma_0 d=N_{\frac{1}{3}}\gamma d+N_d\gamma_0 d+N_c c \tag{5-15}$$

$$N_{\frac{1}{4}}=\frac{\pi}{4\left(\cot\varphi+\varphi-\frac{\pi}{2}\right)} \tag{5-16}$$

$$N_{\frac{1}{3}}=\frac{\pi}{3\left(\cot\varphi+\varphi-\frac{1}{2}\right)} \tag{5-17}$$

式中 b——基础宽度（m），一般指矩形基础短边，圆形基础采用 $b=\sqrt{A}$，A 为圆形基础底面面积；

$N_{\frac{1}{4}}$、$N_{\frac{1}{3}}$——承载力系数，可根据 φ 值按式（5-16）和式（5-17）计算；

γ——持力层土的重度（kN/m³）；

其他含义同前。

3. 极限荷载

极限荷载是指地基将要失去稳定，土体将被从基底挤出时，作用于地基上的外荷载。目前用于计算极限荷载的公式有很多，但尚无公认的完美公式，大多限于条形基础和均质地基，其主要区别是对地基破坏时的滑裂面形式作了不同的假定，使得计算结果很不一致，不能完全符合地基的实际状况。所以，在应用每种计算公式时，一定要注意它的适用范围。一般常用的极限荷载计算公式有下述几种：太沙基公式（适用于条形基础、方形基础和圆形基础）、斯凯普顿公式（适用于饱和软土地基及内摩擦角 $\varphi=0°$ 的浅基础）、汉森公式（适用于倾斜荷载的情况）。下面仅简单介绍太沙基公式作为参考。

太沙基假定基础是条形基础，受均布荷载作用，且基础底面是粗糙的。当地基发生滑动时，滑动面的形状为两端呈直线、中间呈曲线、左右对称，如图 5-15 所示。图 5-15 中将

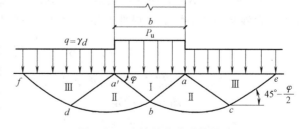

图 5-15　太沙基公式地基滑动面

滑动土体分为三个区:

1) Ⅰ区——位于基础底面下的土楔 $a'ab$。由于土体与基础的粗糙底面之间存在很大的摩擦阻力,此区的土体不发生剪切位移,处于弹性压密状态,滑动面与基础底面之间的夹角为土的内摩擦角 φ。

2) Ⅱ区——对称位于Ⅰ区左右方向,其滑动面为对数螺旋线 bc 或 bd。Ⅰ区底部正中的 b 点处的对数螺旋线的切线方向为竖向,Ⅱ区最右边 c 点处对数螺旋线的切线方向与水平面的夹角为 $45°-\dfrac{\varphi}{2}$。

3) Ⅲ区——对称位于Ⅱ区左右方向,呈等腰三角形,其滑动面为斜向平面 ce 或 df,该斜面与水平面的夹角也为 $45°-\dfrac{\varphi}{2}$。

太沙基认为在均匀分布的极限荷载 P_u 作用下,地基处于极限平衡状态时作用于Ⅰ区土楔上的力包括:土楔 $a'ab$ 顶面的极限荷载 P_u、土楔 $a'ab$ 的自重、土楔斜面 $a'b$、ab 上作用的黏聚力 c 的竖向分力以及Ⅱ区、Ⅲ区土体滑动时对斜面 $a'b$、ab 的被动土压力的竖向分力。太沙基根据作用于Ⅰ区土楔上的力在竖直方向的静力平衡条件,求得极限荷载 P_u 的公式为

$$P_u = \frac{1}{2}\gamma b N_r + c N_c + q N_q \tag{5-18}$$

式中 N_r,N_c,N_q——承载力系数,仅与地基土的内摩擦角 φ 值有关,可由图 5-16 确定;
　　　　q——基底以上土体作用在基础两侧的均布荷载;

其余符号的意义同前。

式 (5-18) 是在条形基础假设下推导的;对于圆形或方形基础,太沙基提出了半经验的极限荷载公式。

对于圆形基础:

$$P_u = 0.6\gamma R N_r + q N_q + 1.2 c N_c \tag{5-19}$$

对于方形基础:

$$P_u = 0.4\gamma B N_r + q N_q + 1.2 c N_c \tag{5-20}$$

式中 R——圆形基础半径 (m);
　　　　B——方形基础边长 (m)。

其余符号同前。

式 (5-18)~式 (5-20) 的适用条件是:地基土较密实且地基土产生完全剪切整体滑动破坏,即载荷试验结果的 $P\text{-}s$ 曲线上有明显的第二拐点的情况。如果地基土松软,载荷试验结果的 $P\text{-}s$ 曲线上就不会有明显的拐点,地基破坏时发生局部剪切破坏,沉降较大,极限荷载较小,太沙基称这类情况为局部剪损,此时极限荷载按下式计算:

$$P_u = \frac{1}{2}\gamma N_r' + \frac{2}{3}c N_c' + q N_q' \tag{5-21}$$

式中 N_r',N_c',N_q'——局部剪损时的承载力系数,仅与地基土的内摩擦角 φ 值有关,可由图 5-16 确定。

上述的临塑荷载 P_{cr}、临界荷载 $P_{\frac{1}{4}}$ 或 $P_{\frac{1}{3}}$ 和极限荷载 P_u 均可作为地基承载力特征值。但

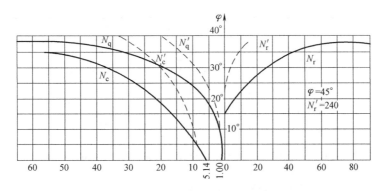

图 5-16　太沙基公式的承载力系数

是，临塑荷载 P_{cr} 作为地基承载力特征值偏于保守；极限荷载 P_u 则应有足够的安全储备，即取 $\dfrac{P_u}{k}$ 值，其中 k 值为安全系数，$k = 2.0 \sim 3.0$；比较 P_u 和 $P_{\frac{1}{4}}$ 或 $P_{\frac{1}{3}}$，应取较小值作为地基承载力特征值。但必须注意，这里只考虑了地基土的承载力，所以必要时还应验算基础沉降。用太沙基公式计算地基承载力时，其安全系数应取 3。

二、规范法确定地基承载力

《桥涵地基规范》根据大量的地基荷载试验资料和已建成桥梁的使用经验，经过统计分析，给出了各类土的地基承载力特征值 f_{a0} 及修正计算公式，由于按规范确定地基承载力特征值比较简便和准确，所以该规范广泛应用于一般的桥梁基础设计中。

（一）地基承载力特征值 f_{a0}

地基承载力特征值 f_{a0} 是指由载荷试验测定的地基土压力-变形曲线上线性变形段内规定的变形所对应的压力值。它的确定宜由载荷试验或其他原位测试方法实测取得，其值不应大于地基极限承载力的 1/2。对中小桥、涵洞，当受现场条件限制或开展载荷试验和其他原位测试确有困难时，可根据岩土的类别，状态，物理力学特性指标及工程经验查表 5-1 ~ 表 5-7 确定。

1）一般岩石地基可根据强度等级、节理按表 5-1 确定地基承载力特征值 f_{a0}。对复杂的岩层（如溶洞、断层、软弱夹层、易溶岩石、崩解性岩石、软化岩石等）应按各项因素综合确定。

表 5-1　岩石地基承载力特征值 f_{a0} （单位：kPa）

坚 硬 程 度	节理发育程度		
	节理不发育	节理发育	节理很发育
坚硬岩、较硬岩	>3000	3000 ~ 2000	2000 ~ 1500
较软岩	3000 ~ 1500	1500 ~ 1000	1000 ~ 800
软岩	1200 ~ 1000	1000 ~ 800	800 ~ 500
极软岩	500 ~ 400	400 ~ 300	300 ~ 200

2）碎石土地基可根据其类别和密实程度按表 5-2 确定其承载力特征值 f_{a0}。

表 5-2　碎石土地基承载力特征值 f_{a0} 　　　（单位：kPa）

土　名	密　实　程　度			
	密　实	中　密	稍　密	松　散
卵石	1200~1000	1000~650	650~500	500~300
碎石	1000~800	800~550	550~400	400~200
圆砾	800~600	600~400	400~300	300~200
角砾	700~500	500~400	400~300	300~200

　　注：1. 由硬质岩组成，填充砂土的取高值；由软质岩组成，填充黏性土的取低值。

　　　　2. 半胶结的碎石土按密实的同类土提高 10%~30%。

　　　　3. 松散的碎石土在天然河床中很少遇见，需特别注意鉴定。

　　　　4. 漂石、块石参照卵石、碎石取值并适当提高。

　　3）砂土地基可根据土的密实程度和水位情况按表 5-3 确定其承载力特征值 f_{a0}。

表 5-3　砂土地基承载力特征值 f_{a0} 　　　（单位：kPa）

土名	湿度	密　实　程　度			
		密实	中密	稍密	松散
砾砂、粗砂	与湿度无关	550	430	370	200
中砂	与湿度无关	450	370	330	150
细砂	水上	350	270	230	100
	水下	300	210	190	—
粉砂	水上	300	210	190	—
	水下	200	110	90	—

　　4）粉土地基可根据土的天然孔隙比 e 和天然含水率 $w(\%)$ 按表 5-4 确定其承载力特征值 f_{a0}。

表 5-4　粉土地基承载力特征值 f_{a0} 　　　（单位：kPa）

e	$w(\%)$					
	10	15	20	25	30	35
0.5	400	380	355	—	—	—
0.6	300	290	280	270		
0.7	250	235	225	215	205	—
0.8	200	190	180	170	165	
0.9	160	150	145	140	130	125

　　5）老黏性土地基可根据压缩模量 E_s 按表 5-5 确定承载力特征值 f_{a0}。

表 5-5　老黏性土地基承载力特征值 f_{a0} 　　　（单位：kPa）

E_s/MPa	10	15	20	25	30	35	40
f_{a0}/kPa	380	430	470	510	550	580	620

　　注：当老黏性土的 E_s<10MPa 时，地基承载力特征值 f_{a0} 按表 5-6 确定。

　　6）一般黏性土地基可根据液性指数 I_L 和天然孔隙比 e 按表 5-6 确定承载力特征值 f_{a0}。

表 5-6　一般黏性土地基承载力特征值 f_{a0}　　　　　　（单位：kPa）

e	I_L												
	0	0.1	0.2	0.3	0.4	0.5	0.6	0.7	0.8	0.9	1.0	1.1	1.2
0.5	450	440	430	420	400	380	350	310	270	240	220	—	—
0.6	420	410	400	380	360	340	310	280	250	220	200	180	—
0.7	400	370	350	330	310	290	270	240	220	190	170	160	150
0.8	380	330	300	280	260	240	230	210	180	160	150	140	130
0.9	320	280	260	240	220	210	190	180	160	140	130	120	100
1.0	250	230	220	210	190	170	160	150	140	130	120	110	—
1.1	—	—	160	150	140	130	120	110	100	90	—	—	—

注：1. 土中含有粒径大于 2mm 的颗粒质量超过总质量 30% 以上的，f_{a0} 可适当提高。

　　2. 当 $e<0.5$ 时，取 $e=0.5$；当 $I_L<0$ 时，取 $I_L=0$。此外，超过表列范围的一般黏性土，$f_{a0}=57.22E_s^{0.57}$。

　　3. 一般黏性土地基承载力特征值 f_{a0} 取值大于 300kPa 时，应有原位测试数据作依据。

7）新近沉积黏性土地基可根据液性指数 I_L 和天然孔隙比 e 按表 5-7 确定承载力特征值 f_{a0}。

表 5-7　新近沉积黏性土地基承载力特征值 f_{a0}　　　　　　（单位：kPa）

e	I_L		
	≤0.25	0.75	1.25
≤0.8	140	120	100
0.9	130	110	90
1.0	120	100	80
1.1	110	90	—

（二）修正后的地基承载力特征值 f_a

《桥涵地基规范》规定，桥涵设计中地基承载力的验算以修正后的地基承载力特征值 f_a 乘以地基承载力抗力系数 γ_R 控制。修正后的地基承载力特征值 f_a 应基于地基承载力特征值 f_{a0}，根据基础的基底埋深、宽度及地基土的类别按公式（5-22）确定，当基础位于水中不透水地层以上时，f_a 可按平均常水位至一般冲刷线的水深按 10kPa/m 提高。

$$f_a = f_{a0} + k_1\gamma_1(b-2) + k_2\gamma_2(h-3) \tag{5-22}$$

式中　f_a——修正后的地基承载力特征值（kPa）；

　　　f_{a0}——地基承载力特征值（kPa）；

　　　b——基础底面的最小边宽（m）；当 $b<2m$ 时，取 $b=2m$；当 $b>10m$ 时，取 $b=10m$；

　　　h——基底埋置深度（m），自天然地面算起，有水流冲刷时自一般冲刷线算起；当 $h<3m$ 时，取 $h=3m$；当 $h/b>4$ 时，取 $h=4b$；

　　k_1、k_2——基底宽度、基础深度修正系数，根据基底持力层土的类别按表 5-8 确定；

　　　γ_1——基底持力层土的天然重度（kN/m³），若持力层在水面以下且透水，应取浮重度；

　　　γ_2——基底以上土层的加权平均重度（kN/m³），换算时若持力层在水面以下且不透水时，不论基底以上土的透水性质如何，均取饱和重度；当透水时，水中部分土层应取浮重度。

表 5-8　地基承载力基底宽度、基础深度修正系数 k_1、k_2

系数	黏性土			粉土	砂土								碎石土			
	老黏性土	一般黏性土		新近沉积黏性土	—	粉砂		细砂		中砂		砂砾、粗砂		碎石、圆砾角砾		卵石	
		$I_L \geq 0.5$	$I_L < 0.5$		—	中密	密实	中密	密实	中密	密实	中密	密实	中密	密实	中密	密实
k_1	0	0	0	0	0	1.0	1.2	1.5	2.0	2.0	3.0	3.0	4.0	3.0	4.0	3.0	4.0
k_2	2.5	1.5	2.5	1.0	1.5	2.0	2.5	3.0	4.0	4.0	5.5	5.0	6.0	5.0	6.0	6.0	10.0

注：1. 对稍密和松散状态的砂、碎石土，k_1、k_2 值可采用表中数值的 50%。
　　2. 强风化和全风化的岩石，可参照所风化成的相应土类取值；其他状态下的岩石不修正。

（三）软土地基承载力

软土地基承载力应按下列规定确定：

1）软土地基承载力特征值 f_{a0} 应由载荷试验或其他原位测试取得。载荷试验和原位测试确有困难时，对于中小桥、涵洞的基底未经处理的软土地基，经修正后的承载力特征值 f_a 可采用以下两种方法确定：

① 根据原状土的天然含水率 w，按表 5-9 确定软土地基承载力特征值 f_{a0}，然后按式（5-23）计算修正后的地基承载力特征值 f_a，即

$$f_a = f_{a0} + \gamma_2 h \tag{5-23}$$

γ_2、h 的意义同式（5-22）。

表 5-9　软土地基承载力特征值 f_{a0}　　　　　　（单位：kPa）

天然含水率 w(%)	36	40	45	50	55	65	75
f_{a0}/kPa	100	90	80	70	60	50	40

② 根据原状土的强度指标确定软土地基修正后的地基承载力特征值 f_a，即

$$f_a = \frac{5.14}{m} k_p C_u + \gamma_2 h \tag{5-24}$$

$$k_p = \left(1 + 0.2\frac{b}{l}\right)\left(1 - \frac{0.4H}{blC_u}\right) \tag{5-25}$$

式中　m——抗力修正系数，可根据软土的灵敏度及基础的长宽比等因素选用 $1.5 \sim 2.5$；

　　　C_u——地基土不排水抗剪强度标准值（kPa）；

　　　k_p——系数；

　　　H——由作用（标准值）引起的水平力（kN）；

　　　b——基础宽度（m），有偏心作用时，取 $b - 2e_b$；

　　　l——垂直于 b 边的基础长度（m），有偏心作用时，取 $l - 2e_l$；

　e_b、e_l——偏心作用在宽度和长度方向的偏心距；

　　γ_2、h——意义同式（5-22）。

2）经排水固结方法处理的软土地基，其承载力特征值 f_{a0} 应通过载荷试验或其他原位测试方法确定；经复合地基方法处理的软土地基，其承载力特征值应通过载荷试验确定，然后按式（5-23）计算修正后的软土地基承载力特征值 f_a。

（四）地基承载力抗力系数 γ_R

墩（台）基础是桥梁的重要组成部分，基础与基底持力层必须有足够的强度和稳定性，以确保桥梁的安全。因此，在墩（台）设计中，应该按墩（台）在建造时与使用期间可能同时发生的各种最不利的外力组合，对基底土的承载力加以验算。验算地基承载力时，在修正后的地基承载力特征值 f_a 的基础上，再根据地基的受荷阶段及受荷情况乘以表 5-10 所示的抗力系数 γ_R。

表 5-10   地基承载力抗力系数 γ_R

受荷阶段	作用组合或地基条件		f_a/kPa	γ_R
使用阶段	频遇组合	永久作用与可变作用组合	≥150	1.25
			<150	1.00
		仅计算结构重力、预加力、土的重力、土侧压力和汽车荷载、人群荷载	—	1.00
	偶然组合		≥150	1.25
			<150	1.00
	多年压实未遭破坏的非岩石旧桥基		≥150	1.5
			<150	1.25
	岩石旧桥基		—	1.00
施工阶段	不承受单向推力		—	1.25
	承受单向推力		—	1.5

【例 5-2】 某水中基础，其底面为 $4.0m×6.0m$ 的矩形，埋置深度为 $3.5m$，平均常水位到一般冲刷线的深度为 $2.5m$。持力层为黏土，它的天然孔隙比 $e=0.7$，液性指数 $I_L=0.45$，天然容重 $\gamma=19.0kN/m^3$。基底以上全为中密的粉砂，其饱和容重 $\gamma_f=20.0kN/m^3$。当承受频遇组合作用时，试求修正后的持力层地基承载力特征值。

解：持力层属一般黏性土，按其值 e、I_L 查表 5-6 得 $f_{a0}=300kPa$；查表 5-8 得修正系数 $k_1=0$、$k_2=2.5$。由于持力层黏土的 $I_L=0.45<1.0$，呈硬塑状态，可视为不透水，故考虑水深影响，按式（5-22）可算得

$$f_a = f_{a0}+k_1\gamma_1(b-2)+k_2\gamma_2(h-3)+10h_w$$
$$= 300kPa+0kPa+2.5×20(3.5-3)kPa+10×2.5kPa=350kPa$$

注意，式中因持力层不透水，故 $\gamma_2=\gamma_f=20kN/m^3$；$h_w$ 为从平均常水位到一般冲刷线的深度。

修正后的持力层地基承载力特征值 $\gamma_R[f_a]=1.25×350kPa=437.5kPa$

三、现场原位测试确定地基承载力

目前，确定地基承载力最可靠的方法是在现场对地基土进行直接测试，即原位测试方法。尤其是载荷试验，相当于在建筑物设计位置的地基土上进行地基和基础的模型试验，对确定地基承载力具有直接指导意义。此外，静力触探法、动力触探法、标准贯入试验、十字板剪切试验等是采用各种特殊仪器在地基土中进行测试，间接测定地基承载力，也不失为行之有效的方法。对于重要建筑物和复杂地基，各类地基规范都明确规定需用原位测试方法来

确定地基承载力。如果条件允许的话，宜采用多种测试方法，以供相互参考、综合分析。

（一）载荷试验

地基的载荷试验是岩土工程中的重要试验，它对地基直接加载，几乎不扰动地基土，能测定承压板下应力主要影响深度范围内土的承载力和变形参数。对土层不均、难以取得原状土样的杂填土及风化岩石等复杂地基尤其适用，且试验的结果相对准确可靠。

载荷试验分浅层平板载荷试验和深层平板载荷试验两种。

1. 浅层平板载荷试验

（1）浅层平板载荷试验的装置与试验方法

1）在建筑工地现场，选择有代表性的部位进行载荷试验。

2）开挖试坑，深度为基础设计埋深 d，基坑宽度 $B \geq 3b$（b 为载荷试验承压板的宽度或直径，常用尺寸为 $b = 50cm$、$70.7cm$、$100cm$，即承压板面积为 $2500cm^2$、$5000cm^2$、$10000cm^2$。注意承压板面积应不小于 $2500cm^2$）。应注意保持试验土层的原状结构和天然湿度，宜在拟试压表面用不超过 20mm 的粗砂、中砂找平。

3）载荷试验加载装置如图 5-17 所示。

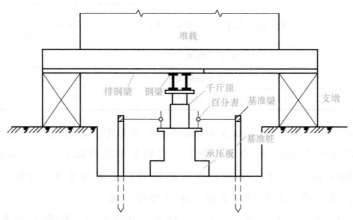

图 5-17　载荷试验加载装置

4）加载标准：

① 第一级荷载 $P_1 = \gamma d$，相当于开挖试坑卸除土的自重应力。

② 从第二级荷载开始，每级荷载为松软土 $P_i = 10 \sim 25kPa$，坚实土 $P_i = 50kPa$。

③ 加载等级不应少于 8 级。最大加载量不应少于荷载设计值的 2 倍，即 $\sum P_i \geq 2P$。

5）测记承压板沉降量。每级加载后，按间隔 10min、10min、10min、15min、15min 读一次百分表的读数，以后每隔半小时读一次百分表的读数。百分表安装在承压板顶面的四角处。

6）沉降稳定标准。在连续 2h 内，当每小时沉降量 $s_i < 0.1mm$ 时，说明沉降已趋于稳定，可加下一级荷载。

7）终止加载标准。当出现下列情况之一时，即可终止加载：

① 承压板周围的土明显地侧向挤出。

② 沉降 s 急骤增大，$P\text{-}s$ 曲线出现陡降段。

③ 在某一级荷载 P_i 下，24h 内沉降速率不能达到稳定标准。

④ 总沉降量 $s \geqslant 0.06b$。

8）极限荷载 P_u 满足终止加载标准的前三个情况之一时，其对应的前一级荷载定为极限荷载 P_u。

（2）载荷试验结果及承载力特征值的确定。

1）绘制 $P\text{-}s$ 曲线，如图 5-18a 所示。

2）承载力取值。当 $P\text{-}s$ 曲线有比较明显的比例直线和界限值时（图 5-18a），可取极限荷载 P_u 作为地基承载力特征值。有些土的 P_{cr} 与 P_u 比较接近，当 $P_u < 2P_{cr}$ 时，则取 $P_u/2$ 作为地基承载力特征值。

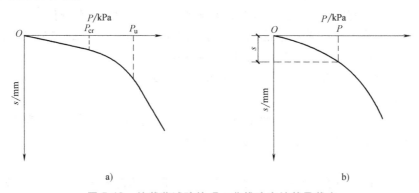

图 5-18　按载荷试验的 $P\text{-}s$ 曲线确定地基承载力

a）有明显的 P_{cr}、P_u 值　b）P_{cr}、P_u 值不明确

当 $P\text{-}s$ 曲线无明显的转折点时（图 5-18b），无法取得 P_{cr} 与 P_u，此时可从沉降观测的角度考虑，即在 $P\text{-}s$ 曲线中，以一定的允许沉降值所对应的荷载作为地基的承载力特征值。由于沉降量与基础（或承压板）底面的尺寸、形状有关，而承压板的尺寸通常要小于实际的基础尺寸，因此不能直接利用基础的允许变形值在 $P\text{-}s$ 曲线上确定地基承载力特征值。由地基沉降计算原理可知，如果基础和承压板下的压力相同，且地基均匀，则沉降量与各自的宽度 b 之比（s/b）大致相等。一般规范根据实测资料规定，当承压板面积为 $0.25 \sim 0.5\mathrm{m}^2$ 时，可取沉降量 $s = (0.01 \sim 0.015)b$（b 为承压板的宽度或直径）所对应的荷载值作为地基承载力特征值，但其值不应大于最大加载量的一半。

由于地基土载荷试验的时间成本和资金成本较高，不能对地基土进行大量的载荷试验，因此规范规定对同一土层，应至少选择 3 点作为载荷试验点，各试验实测值的极差不超过平均值的 30% 时，则取平均值作为地基承载力特征值 f_{a0}；否则应增加试验点数，使其承载力特征值的极差不超过平均值的 30%。确定了承载力的特征值后，再按实际的基础埋深、基础的宽度对特征值进行修正，从而得到修正后的地基承载力特征值 f_a。

2. 深层平板载荷试验

深层平板载荷试验的要点如下：

1）深层平板载荷试验的承压板采用直径 $d = 0.8\mathrm{m}$ 的刚性板，紧靠承压板周围外侧的土层高度应不少于 80cm。

2）加载等级可按预估极限承载力的 $1/15 \sim 1/10$ 分级施加。

3）每级加载后，第一个小时内按间隔 10min、10min、10min、15min、15min 测读沉降量，以后每隔半小时测读一次沉降量。当连续 2h 内每小时的沉降量小于 0.1mm 时，认为沉降已趋稳定，可加下一级荷载。

4）当出现下列情况之一时，可终止加载：

① 沉降量 s 急骤增大，$P\text{-}s$ 曲线上有可判定极限承载力的陡降段，且沉降量超过 $0.04d$（d 为承压板直径）。

② 在某级荷载下，24h 内沉降速率不能达到稳定标准。

③ 本级沉降量大于前一级沉降量的 5 倍。

④ 当持力层土层坚硬，沉降量很小时，最大加载量不小于荷载设计值的 2 倍。

5）承载力特征值的确定方法如下：

① 当 $P\text{-}s$ 曲线上有明确的比例界限时，取该比例界限所对应的荷载值。

② 满足终止加载标准的前三个情况之一时，其对应的前一级荷载定为极限荷载；当该值小于对应比例界限的荷载值的 2 倍时，取极限荷载值的 1/2。

③ 不能按上述条件确定时，可取 $s/d = 0.01 \sim 0.015$ 所对应的荷载值，但其值不应大于最大加载量的 1/2。

6）同一土层参加统计的试验点数量不应少于 3 点，各试验实测值的极差不得超过平均值的 30%，取实测值的平均值作为该土层的地基承载力特征值 f_{a0}。

（二）静力触探法

静力触探法是指采用静力触探仪，通过液压千斤顶或其他机械传动方法（图 5-19），把带有圆锥形探头的钻杆压入土层中，探头受到的阻力可以换算成地基承载力。静力触探仪的构造形式多种多样，总的说来大致可分成 3 部分，即探头、钻杆和加压系统，如图 5-19 所示。其中，探头是静力触探仪的关键部件，有严格的规格与质量要求，目前常用的探头可分为单桥探头、双桥探头和孔压探头 3 种类型（图 5-20）。静力触探法具有操作简单、造价低廉、精度高、试验周期短等特点，广泛应用于岩土工程勘察设计中。

采用静力触探法进行试验时，探头以一定的速率压入土体中，探头附近的土体将会发生剪切变形和压缩变形，锥形探头在压入过程中会受到土体的反作用力（即贯入阻力）P_s 作用。静力触探法作为一种确定地基承载力的方法，需要经过大量试验且进行统计分析后才能得到某一地区的经验公式。经验公式的建立是将静力触探法的试

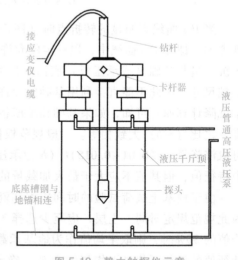

图 5-19　静力触探仪示意

验结果与由载荷试验求得的比例极限进行对比，通过对对比数据的相关性分析得到地基承载力的经验公式。如对上海地区的灰色黏土，采用静力触探法确定地基承载力的经验公式为 $f_a = 0.075P_s + 38$。静力触探法适用于地面以下 50m 内的各种土层，也适用于地层情况变化较大的复杂场地，以及不易取得原状土的饱和砂土地层和高灵敏度的软黏土地层。

（三）动力触探法

当土层较硬，用静力触探法无法贯入土中时，可采用动力触探法，简称动力触探。动力触探适用于强风化、全风化的硬质岩石，以及各种软质岩石及各类土。它的工作原理是把冲

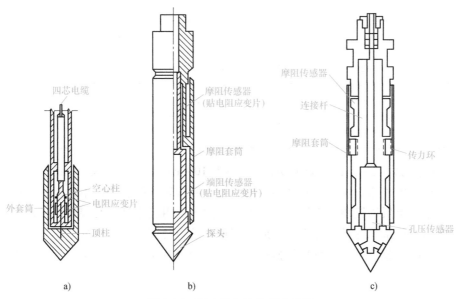

图 5-20　静力触探仪的探头类型

a）单桥探头　b）双桥探头　c）孔压探头

击锤提升到一定高度后令其自由下落，冲击钻杆上的锤垫，使探头贯入土中，贯入阻力用贯入一定深度的锤击数表示。动力触探一般分为轻型动力触探、重型动力触探和超重型动力触探。

1）轻型动力触探：锤重为 10kg，落距为 500mm，探头直径为 40mm，锥角为 60°，落锤以 15~30 击/min 的锤击速率连续锤击，计每贯入 30cm 的锤击数。轻型动力触探适用于换填地基、黏性土、粉土、细砂。试验时遇密实、坚硬土层，当贯入 30cm 所需锤击数超过 50 击时，或贯入 10cm 所需锤击数超过 30 击时，应停止测试。根据不同深度的动力触探锤击数，采用平均值法计算每个检测孔的动力触探锤击数代表值，参照表 5-11，可根据轻型动力触探锤击数标准值推定地基承载力特征值。

表 5-11　N_{10} 轻型动力触探试验推定地基承载力特征值　（单位：kPa）

N_{10}	5	10	15	20	25	30	35	40	45	50
一般黏性土地基	50	70	100	140	180	220	260	300	340	380
黏性素填土地基	60	80	95	110	120	130	140	150	160	170
粉土、粉细砂土地基	55	70	80	90	100	110	125	140	150	160

2）重型动力触探：锤重为 63.5kg，探头直径为 74mm，锥角为 60°，适用于黏性土、粉土、砂土、中密以下的碎石土、极软岩。重型动力触探在试验前，应保持触探杆垂直；贯入时，应使落锤自由下落，落锤落距为（76±2）cm，每分钟连续锤击 15~30 次，及时记录每贯入 10cm 的锤击数。每贯入 10cm 所需锤击数连续 3 次超过 50 击时，应停止试验。如需对下部土层继续进行试验时，可改用超重型动力触探。最后根据各深度的锤击数绘制深度-击数曲线，从而判断地基承载力及加固效果。重型动力触探锤击数与地基承载力对照见表 5-12。

表 5-12　重型动力触探锤击数与地基承载力对照

锤击数	3	4	5	6	7	8	9	10	12	14
地基承载力/kPa	140	170	200	240	280	320	360	400	480	540
锤击数	16	18	20	22	24	26	28	30	35	40
地基承载力/kPa	600	660	720	780	830	870	900	930	970	1000

3）超重型动力触探：锤重为120kg，落距为1000mm，计每贯入10cm所需锤击数，适用于中密、密实的砂卵石层，以及密实的碎石土、极软岩和软岩等，不适用于砂类土、卵石层。密实度小的土层用轻型动力触探；密实度大的土层用轻型动力触探难以贯入时，应选用重型动力触探；如果是圆砾多的土层，应用超重型动力触探；普通中砂、粗砂、砾砂建议采用重型动力触探。超重型动力触探的操作参照重型动力触探进行，但需要考虑修正，一般施工中不常见。

（四）标准贯入试验

标准贯入试验适用于砂土、粉质土、黏性土。标准贯入试验是指利用锤击能量将装在钻杆前端的贯入器靴或锥形探头打入钻孔孔底的土中，测定每300mm贯入度的锤击数 N，并用锤击数判别土层变化和地基承载力，具有经济、快捷等优点。

标准贯入试验的装置如图5-21所示，钻杆直径一般为42mm，穿心式冲击锤的质量为63.5kg。

试验方法和步骤如下：

1）先用钻具钻至试验土层标高以上约150mm处，以免下层土受到扰动。

2）贯入时，穿心式冲击锤的落距为760mm，使其自由下落，将锥形探头竖直打入土层150mm以后，每打入土层中300mm的锤击数即为实测的锤击数 N。

3）拔出锥形探头，取出锥形探头中的土样进行鉴别描述。

4）若需继续下一个深度的贯入试验时，可重复上述操作步骤。

5）试验数据处理。由于土质的不均匀性及试验时人为的误差，在现场试验时，对同一土层需作6点或6点以上的标准贯入试验，然后用下式进行数据处理：

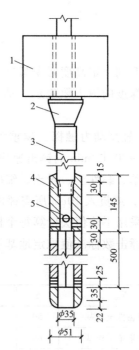

图 5-21　标准贯入试验的装置
1—穿心式冲击锤　2—钻杆　3—锥形探头　4—钢钻与锤垫　5—导向杆

$$N=\mu-1.645\sigma \tag{5-26}$$

式中　N——经回归修正后的标准贯入锤击数；

μ——现场试验锤击数的平均值；

σ——标准差。

根据标准贯入试验评定地基土的承载力时，要与载荷试验进行对比研究，提出经验公式。国内有很多单位基于自己的实践提出了地区性经验公式，使用时应注意地区性、土类的差异。

课后训练

1. 怎样用《桥涵地基规范》确定地基承载力特征值？

2. 有一个条形基础，$b = 2.5m$，$d = 1.6m$，地基土的重度为 $\gamma = 19kN/m^3$，黏聚力 $c = 17kPa$，内摩擦角 $\varphi = 20°$，试按太沙基公式求地基的极限承载力。

3. 某桥墩基础如图 5-22 所示。已知基础底面宽度 $b = 5m$，长度 $l = 10m$，埋置深度 $h = 4m$，地基土的性质如图中所示，试按《桥涵地基规范》确定地基承载力特征值。

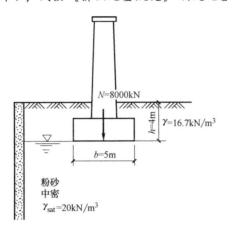

图 5-22　某桥墩基础

案例小贴士

港珠澳大桥地基施工

港珠澳大桥是全球最具挑战性的跨海项目，从开工那一刻起，港珠澳大桥就在连续创造"世界之最"。这座东连香港，西接澳门、珠海的跨海大桥，全长约 55km，是"一国两制"下粤港澳三地首次合作共建的超大型跨海交通工程。

港珠澳大桥主体桥梁工程全长 22.9km，其中深水区桥梁约 15.82km，其中的青州航道桥、崖 13-1 气田管线桥、江海直达船航道桥和深水区非通航孔桥均采用钢管复合桩，共包含 136 个墩（台），1006 根基础桩。全桥基本为支撑桩，仅个别墩（台）为摩擦桩。基岩面、中风化层顶面有一定的起伏，少量钻孔揭露花岗岩球状风化现象，施工中以持力层坡度较大处的基础稳定性为主要考虑问题。施工中，所有的桥墩均采用钻孔桩，数量很大，前期施工暴露出钢管桩护筒底部变形、管桩护筒下沉倾斜、沉渣过大、堵管等诸多问题，还会遭遇台风、浓雾、雷暴、强降雨、烈日、大浪等恶劣气候；每天通过该海域的船舶达 5000 艘，易发生海上碰撞事故；施工平台狭小，孤悬于海中要防止碰撞、局部失稳或垮塌；施工条件恶劣、难度巨大……

经过 10 多个月的施工探索、总结经验，港珠澳大桥钢管复合桩的施工走上了正轨，特别是钢管桩的打设施工，施工工艺成熟可靠，施工质量满足设计和验收的高标准要求；钻孔灌注桩的 I 类桩比例有所提升。建设者们深刻认识到钻孔灌注桩的施工复杂性，干扰因素甚多，超长桩的施工难度很大。在后续的大量施工中，建设者们根据施工现场出现的问题，认真分析、研究、解决问题，并不断地对作业指导书进行补充、完善、优化，重视过程预控，保质保量地完成港珠澳大桥钢管复合桩的施工任务。

港珠澳大桥的建成开通，标志着我国隧岛桥设计施工管理水平走在了世界前列，也是中国桥梁"走出去"的亮丽名片。

项目六　土压力与土坡稳定

项目概述:

　　在土木工程中，基坑的开挖，路坡支护，隧道的衬砌，水闸、桥台的施工都需要建造挡土结构物，这些挡土结构物均要承受来自于它们与土体接触面上的侧向压力作用，土压力就是这些侧向压力的总称，土压力是设计挡土结构物断面及验算挡土结构物稳定性的主要荷载。土压力的计算是以土体极限平衡理论为依据的，设计挡土墙的一个关键问题是确定作用在墙背上土压力的性质、大小、方向和作用点。围绕土压力的计算，本项目介绍不同类型、不同理论下土压力的计算方法。对于天然土坡或人工开挖边坡，当土坡内潜在的滑动面上的剪应力超过土的抗剪强度时，土坡中的部分土体就会沿着滑动面发生滑动，所以在研究路堑、路堤或基坑开挖中边坡的稳定问题时就要运用土坡稳定分析理论，目的是分析所设计的土坡断面是否安全、合理。

学习目标:

　　1. 了解土压力的定义、种类以及不同土压力的大小、位移之间的关系；会计算静止土压力。
　　2. 掌握朗肯土压力理论和库仑土压力理论的基本假设、适用条件、计算方法，了解它们的工程运用。
　　3. 了解土坡失稳的主要原因；掌握无黏性土坡的稳定分析方法；了解黏性土坡稳定分析的滑动圆弧法和条分法。
　　4. 建立正确的思维方式和严谨求实的学习态度，探索真知，科学创新。

任务一

挡土结构物与土压力

一、挡土结构物

　　在天然土坡上修筑结构物时，为了防止土体的滑移和坍塌，工程上常用各种类型的挡土结构物进行支撑，如地下室的外墙、重力式码头的岸壁、桥梁的桥台等。这些用来支撑侧向土体的挡土结构物统称为挡土墙。

挡土墙被广泛应用于工业与民用建筑、水利工程、铁道工程、公路与桥梁、港口及航道建筑中。例如，在山区和丘陵地带的山坡上修造建筑物时，防止土坡坍塌的挡土墙（图6-1a）；支挡建筑物周围填土的挡土墙（图6-1b）；房屋地下室的侧墙（图6-1c）；桥台（图6-1d）；堆放散粒材料的挡墙（图6-1e）；码头（图6-1f）；公路边坡挡土墙（图6-1g）；基坑工程中的支挡结构（图6-1h）等。

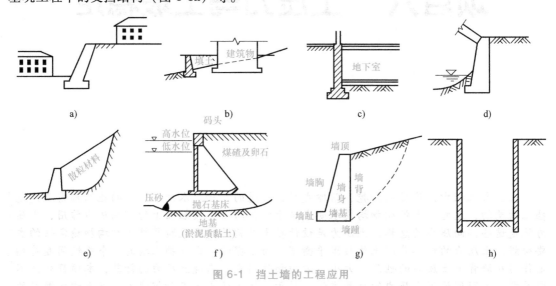

图 6-1　挡土墙的工程应用

挡土墙按其结构形式可分为如下几种常见类型：

1. 重力式挡土墙

重力式挡土墙一般由块石或素混凝土砌筑，墙身截面较大，依靠自身的重力来维持墙体稳定。其结构简单，施工方便，易于就地取材，在工程中应用较广，如图6-2a所示。这种挡土墙体积大，工程量大，对地基强度要求高。

2. 薄壁式挡土墙

薄壁式挡土墙一般用钢筋混凝土建造，分为悬臂式（图6-2b）和扶壁式（图6-2c）两种类型。悬臂式和扶壁式挡土墙的结构稳定性是依靠墙身自重和墙踵板上方填土的重力来保证的，基底应力较小。一般情况下，墙高6m以内采用悬臂式，墙高6m以上采用扶壁式。薄壁式挡土墙适用于缺乏石料及常发地震的地区。由于墙踵板的施工条件限制，一般用于填方路段作路肩墙或路堤墙使用。薄壁式挡土墙虽然在应用于高墙时断面不会增加很多，但钢筋用量大，成本较高。

3. 锚定式挡土墙

锚定式挡土墙属于轻型挡土墙，通常包括锚杆式（图6-2d）和锚定板式（图6-2e）两种。锚定式挡土墙结构质量轻、柔性大、工程量小、造价低、利于机械化施工；但是对施工工艺要求较高，要有钻孔、灌浆等配套的专用机械设备，且要耗用一定的钢材。锚定式挡土墙一般适用于岩质路堑地段，但其他具有锚固条件的路堑墙也可使用，还可应用于陡坡路堤及基坑的维护结构。

4. 加筋土挡土墙

加筋土挡土墙由墙面板、拉筋和填料三部分组成（图6-2f），依靠填料与拉筋之间的摩擦力来维持墙体稳定，平衡墙面板所受的水平土压力，并以这一复合结构抵抗由拉筋尾部填料产生的土压力。其主要优点是施工简便、造价低廉、少占土地、造型美观。

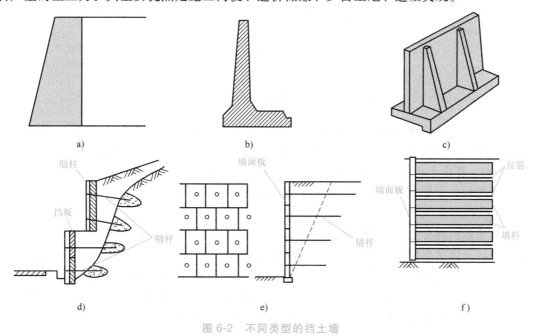

图 6-2　不同类型的挡土墙

二、土压力的分类

土压力是指作用于各种挡土墙上的侧向压力它是挡土墙承受的主要荷载，其值的大小直接影响挡土墙的稳定性，所以计算土压力是设计挡土墙中的一个重要内容。一般的挡土墙因其长度远大于高度，属平面问题，故在计算土压力时采用沿墙长度方向取每延米考虑。通常作用在每米挡土墙上的土压力的合力用 E 表示，单位为 kN/m。

土压力的大小和分布受较多因素影响，主要影响因素有：

1）填土的性质：包括填土的重度、含水率、内摩擦角、黏聚力及填土表面的形状（水平、向上倾斜、向下倾斜）等。

2）挡土墙的形状、墙背的光滑程度和挡土墙的结构形式。

3）挡土墙的位移方向和位移量。在影响土压力的诸多因素中，墙体的位移条件是最主要的因素。墙体的位移方向和位移量决定着所产生的土压力的性质和大小。由室内小型挡土墙模型试验可知：挡土墙所受土压力的大小并不是一个常数，而是随着挡土墙位移的变化而变化；墙后土体应力、应变的状态不同，对应的土压力值也不同。以挡土墙固定不动时测得的土压力值为基准，当挡土墙向前移动时测得的土压力会减小；相反当挡土墙向后移动推向填土时，土压力值会增大。因此，根据挡土墙的位移情况和墙后土体所处的应力状态，可将土压力分为以下三种（图6-3）：

1. 静止土压力

当挡土墙具有足够的截面，并且建立在坚实的地基（如基岩）上，墙在墙后填土的推

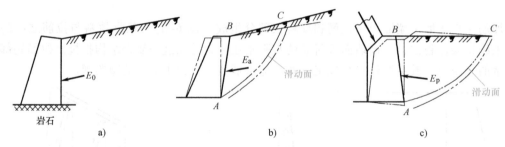

图 6-3　作用在挡土墙上的三种土压力

a) 静止土压力　b) 主动土压力　c) 被动土压力

力作用下不产生任何移动或转动时，墙后土体没有发生破坏，处于弹性平衡状态，这时作用于墙背上的土压力称为静止土压力（图 6-3a）。作用在每延米挡土墙上的静止土压力的合力用 E_0 表示，静止土压力的强度用 P_0 表示。直接建于基岩上的刚性挡土墙、深基础侧墙、U 形桥台等受到的土压力都可近似地视为受静止土压力作用。

2. 主动土压力

当挡土墙向离开土体方向偏移时，作用在墙上的土压力将在静止土压力的基础上逐渐减小；当墙后土体达到极限平衡，并出现连续滑动面使土体下滑时，作用在墙背上的土压力达到最小值，称为主动土压力（图 6-3b）。作用在每延米挡土墙上的主动土压力的合力用 E_a 表示，主动土压力的强度用 P_a 表示。主动土压力状态下，土体内相应的应力状态称为主动极限平衡状态。公路边坡挡土墙后的土压力一般采用主动土压力。

3. 被动土压力

当挡土墙在外力作用下，向土体方向发生偏移直至土体达到极限平衡状态时，土体出现连续滑动面，墙后土体向上挤出、隆起，这时作用在挡土墙上的土压力最大，称为被动土压力（图 6-3c），用 E_p 表示，被动土压力的强度用 P_p 表示。被动土压力状态下，土体内相应的应力状态称为被动极限平衡状态。拱桥桥台后的土压力一般采用被动土压力。

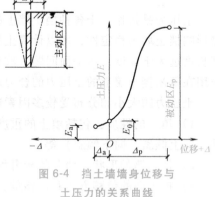

图 6-4　挡土墙墙身位移与土压力的关系曲线

太沙基于 1929 年通过挡土墙模型试验，研究了土压力与挡土墙位移的关系，得到了如图 6-4 所示的关系曲线。由图可知，产生被动土压力 E_p 所需的位移量 Δ_p（被动极限状态的界限位移）比产生主动土压力 E_a 所需的位移量 Δ_a（主动极限状态的界限位移）要大得多。经验表明，一般情况下，$\Delta_a = (0.001 \sim 0.005)h$，$\Delta_p = (0.01 \sim 0.1)h$。在相同条件下，主动土压力值最小，被动土压力值最大，静止土压力值则介于两者之间，即

$$E_a < E_0 < E_p$$

三、静止土压力计算

静止土压力只发生在挡土墙为刚性墙体不发生任何位移的情况下。工程实际中，在岩石地基上的重力式挡土墙、深基础地下室侧墙或者 U 形桥台上的土压力，可近似看作静止土

压力。可假设墙后填土内的应力状态为半无限弹性体的应力状态，在半无限弹性土体中，任一竖直面都是对称面，对称面上无剪应力，墙后土体应处于侧限压缩状态，与土的自重应力状态相同，因此可用计算自重应力的方法确定静止土压力的大小。

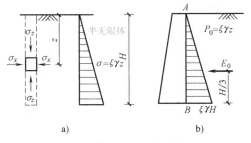

图 6-5　静止土压力的计算图

在深度 z 处，由土体自重所引起的竖直和水平应力分别为 $\sigma_z = \gamma z$、$\sigma_x = \sigma_y = \xi\sigma_z = \xi\gamma z$，且都是主应力（图 6-5a）。若将某一竖直面换成挡土墙的墙背 AB（图 6-5b），墙背静止不动时，墙后填土无侧向位移，说明墙背对墙后填土的作用力强度与该竖直面上原有的水平向应力 σ_x 相同，即

$$P_0 = \sigma_x = \xi\sigma_z = \xi\gamma z \qquad (6-1)$$

式中　P_0——作用于墙背上的静止土压力强度（kPa）；

　　　ξ——静止土压力系数（土的侧压力系数）；

　　　γ——墙后填土的容重（kN/m³）；

　　　z——计算点离填土表面的深度（m）。

静止土压力系数 ξ 理论上为 $\dfrac{\mu}{1-\mu}$，其中 μ 为土体的泊松比。实际上 ξ 由试验确定，可由常规三轴仪或应力路径三轴仪测得，在原位可用自钻式旁压仪测得。在缺乏试验资料时，既可用下述经验公式估算，也可参考表 6-1 的经验值。

正常固结土的静止土压力系数的计算公式分别为：

砂性土：

$$\xi = 1 - \sin\varphi'$$

黏性土：

$$\xi = 0.95 - \sin\varphi'$$

超固结土：

$$\xi = \mathrm{OCR}^{0.5}(1 - \sin\varphi')$$

式中　φ'——土的有效内摩擦角；

　　　OCR——土的超固结比。

表 6-1　静止土压力系数 ξ 参考值

土的名称	砾石、卵石	砂石	亚砂土	亚黏土	黏土
ξ	0.20	0.25	0.35	0.45	0.55

由式（6-1）可知，静止土压力强度 P_0 与 z 成正比，所以 P_0 沿深度的分布图为三角形。当墙高为 H 时，作用于每延米挡土墙上的静止土压力为

$$E_0 = \frac{1}{2}(\xi\gamma H)H = \frac{1}{2}\xi\gamma H^2 \qquad (6-2)$$

式中　H——挡土墙高度。

E_0 的方向水平，E_0 的作用线通过 P_0 的分布图的形心，离墙脚的高度为 $\dfrac{H}{3}$

（图 6-5b）。

　　静止土压力在墙后的填土表面作用有均布荷载 q 时，竖向应力为 $\sigma_z = q + \gamma z$，代入式（6-1）得 $P_0 = \xi(q + \gamma z)$，绘出 P_0 的分布图，分布图的面积即为作用在每延米挡土墙上的合力 E_0，P_0 分布图形心的高度即为合力 E_0 的作用点高度。

　　在墙后填土中有地下水时，地下水位以下土的重度取浮重度 γ'，并应计入地下水对挡土墙产生的静水压力 $\gamma_w h_w$，即"水土分算"。因此，作用在墙背上的侧压力为土压力和水压力之和。

　　【例 6-1】　计算作用在图 6-6 所示挡土墙上的静止土压力及静水压力，墙后为砂石填筑，其中 a、b 两点间的距离为 6m，b、c 两点间的距离为 4m。

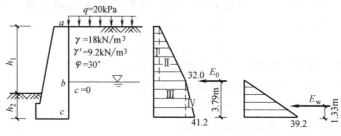

图 6-6　例 6-1 图

　　解：1）求各特征点的竖向应力：

$$\sigma z_a = q = 20\text{kPa}$$

$$\sigma z_b = q + \gamma h_1 = 20\text{kPa} + 18 \times 6\text{kPa} = 128\text{kPa}$$

$$\sigma z_c = q + \gamma h_1 + \gamma h_2 = 128\text{kPa} + 9.2 \times 4\text{kPa} = 164.8\text{kPa}$$

　　2）求各特征点的土压力强度。查表 6-1 得 $\xi = 0.25$，则

$$P_{0a} = \xi \sigma z_a = 0.25 \times 20\text{kPa} = 5.0\text{kPa}$$

$$P_{0b} = \xi \sigma z_b = 0.25 \times 128\text{kPa} = 32.0\text{kPa}$$

$$P_{0c} = \xi \sigma z_c = 0.25 \times 164.8\text{kPa} = 41.2\text{kPa}$$

　　c 点的静水压力为

$$P_{wc} = \gamma_w h_w = 9.8 \times 4\text{kPa} = 39.2\text{kPa}$$

　　按计算结果绘制 P_0 及 P_w 的分布图，如图 6-6 所示。

　　3）求 E_0 及 E_w。把 P_0 分布图分为四块（图 6-6 所示矩形或三角形），分别求其面积，将求得的面积求和后即得 E_0。

$$E_{01} = P_{0a} h_1 = 5.0 \times 6\text{kN/m} = 30.0\text{kN/m}$$

$$E_{02} = \frac{1}{2}(P_{0b} - P_{0a})h_1 = \frac{1}{2} \times (32.0 - 5.0) \times 6\text{kN/m} = 81.0\text{kN/m}$$

$$E_{03} = P_{0b} h_2 = 32.0 \times 4\text{kN/m} = 128.0\text{kN/m}$$

$$E_{04} = \frac{1}{2}(P_{0c} - P_{0b})h_2 = \frac{1}{2} \times (41.2 - 32.0) \times 4\text{kN/m} = 18.4\text{kN/m}$$

$$E_0 = E_{01} + E_{02} + E_{03} + E_{04} = (30.0 + 81.0 + 128.0 + 18.4)\text{kN/m} = 257.4\text{kN/m}$$

$$E_w = \frac{1}{2}P_{wc}h_w = \frac{1}{2} \times 39.2 \times 4\text{kN/m} = 78.4\text{kN/m}$$

4）求 E_0 和 E_w 的作用点的位置：

$$z_{0c} = \frac{\sum E_{0i} z_i}{\sum E_{0i}} = \frac{E_{01}\left(h_2 + \dfrac{h_1}{2}\right) + E_{02}\left(h_2 + \dfrac{h_1}{3}\right) + E_{03}\dfrac{h_2}{2} + E_{04}\dfrac{h_2}{3}}{E_0}$$

$$= \frac{30.0 \times \left(4 + \dfrac{6}{2}\right) + 81.0 \times \left(4 + \dfrac{6}{3}\right) + 128.0 \times \dfrac{4}{2} + 18.4 \times \dfrac{4}{3}}{257.4}\text{m}$$

$$= 3.974\text{m}$$

$$z_{wc} = \frac{h_w}{3} = 1.33\text{m}$$

课后训练

已知一挡土墙，墙背竖直光滑，墙后填土水平，土的 $c = 0$，$\varphi = 25°$，$\xi = 1 - \sin\varphi$，土的重度 $\gamma = 18\text{kN/m}^3$。若挡土墙的位移为 0，试求离填土面以下 4m 处的土压力。

任务二

朗肯土压力理论

朗肯于 1857 年提出了古典土压力理论，虽然不够完善，但由于计算简单，在一定条件下计算结果与实际较匹配，所以目前仍被广泛应用。

朗肯土压力理论是从分析挡土结构物后面土体内部因自重产生的应力状态入手，去研究土压力的，如图 6-7a 所示。在半无限土体中取一竖直面 AB，因竖直面（对称面）和水平面上均无剪应力，故 AB 面上深度 z 处的单元土体上的竖向应力 σ_z 和水平应力 σ_x 均为主应力。当土体处于弹性平衡状态时，$\sigma_z = \gamma z$、$\sigma_x = \xi\gamma z$，其应力圆（图 6-7d）中的 MN_1 与土的抗剪强度线不相交。在 σ_z 不变的条件下，若 σ_x 逐渐减小，直到土体达到极限平衡时，其应力圆将与抗剪强度线相切，如图 6-7d 中的 MN_2 所示，σ_z 和 σ_x 分别为最大及最小主应力，称为朗肯主动极限平衡状态，土体中产生的两组滑动面与水平面的夹角为 $45° + \dfrac{\varphi}{2}$，如图 6-7b 所示。在 σ_z 不变的条件下，若 σ_x 不断增大，在土体达到极限平衡时，其应力圆将与抗剪强度线相切，如图 6-7d 中的 MN_3 所示，但 σ_z 为最小主应力，σ_x 为最大主应力，这种状态称为朗肯被动极限平衡状态，土体中产生的两组滑动面与水平面的夹角为 $45° - \dfrac{\varphi}{2}$，如图 6-7c 所示。

朗肯土压力理论假设：把半无限土体中的任一竖直面（图 6-8a）中的 AB，换成一个光滑（无摩擦）的挡土墙墙背，当墙体位移使墙后土体达到主动或被动极限平衡状态时，墙背上的土压力强度等于相应状态下的水平应力 σ_x。

朗肯土压力理论的适用条件如下：

1）挡土墙墙背竖直。

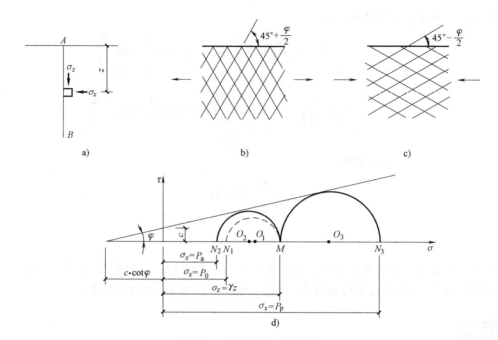

图 6-7　朗肯极限平衡状态

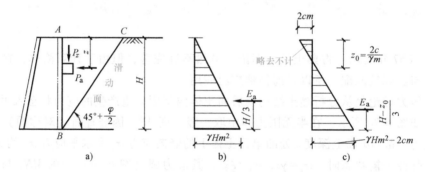

图 6-8　朗肯主动土压力计算图示

a）挡土墙向外移动　b）砂性土　c）黏性土

2）挡土墙墙背光滑，不考虑墙背与填土体之间的摩擦力。

3）挡土墙墙后填土表面水平且与墙顶齐平。

一、主动土压力计算

由上述分析可知，当土体推动挡土墙发生位移，土体达到主动极限平衡状态时，有 $\sigma_x = \sigma_3 = P_a$，$\sigma_z = \sigma_1 = \gamma z$，根据极限平衡条件可得到深度 z 处的土压力强度为

$$P_a = \sigma_z \tan^2\left(45° - \frac{\varphi}{2}\right) - 2c\tan\left(45° - \frac{\varphi}{2}\right) = \sigma_z m^2 - 2cm \tag{6-3}$$

式中　P_a——主动土压力强度（kPa）；

σ_z——深度 z 处的竖向应力（kPa）；

φ——土体的内摩擦角（°）；

c——土的黏聚力（kPa）；

m——主动土压力系数，$m = \tan\left(45° - \dfrac{\varphi}{2}\right)$。

对于砂性土，$c = 0$，$P_a = \sigma_z m^2 = \gamma z m^2$，$P_a$ 与 z 成正比，其分布图为三角形，如图 6-8b 所示。作用于每延米挡土墙上的主动土压力的合力 E_a 等于该三角形的面积，即

$$E_a = \frac{1}{2}(\gamma H m^2)H = \frac{1}{2}\gamma H^2 m^2 \tag{6-4}$$

E_a 为水平方向，通过分布图的形心，作用点离墙脚的高度为 $z_c = H/3$。

对于黏性土（$c \neq 0$），当 $z = 0$ 时，$\sigma_z = \gamma z = 0$，$P_a = -2cm$；当 $z = H$ 时，$\sigma_z = \gamma z$，$P_a = \gamma H m^2 - 2cm$，其分布图如图 6-8c 所示。图中阴影部分表示受拉，设 $P_a = 0$ 处的深度为 z_0，由式（6-3）得 $z_0 = 2c/\gamma m$。由于墙背面与土体之间不可能有拉应力，这时墙背面与土发生分离，故在计算土压力时，这部分应略去不计，通常将 z_0 称为临界深度。因此，作用于每延米挡土墙上的主动土压力 E_a 等于分布图中压力部分三角形的面积，即

$$E_a = \frac{1}{2}(\gamma H m^2 - 2cm)(H - z_0) = \frac{1}{2}\gamma H^2 m^2 - 2Hcm + \frac{2c^2}{\gamma} \tag{6-5}$$

E_a 为水平方向，并通过分布图的形心，作用点离墙脚的高度为 $\left(\dfrac{H - z_0}{3}\right)$。

二、被动土压力计算

同理，当墙推动土产生位移，土体达到极限平衡状态时（图 6-9a），$P_p = \sigma_x = \sigma_1$，$\sigma z = \gamma z = \sigma_3$，根据极限平衡条件可得出被动土压力计算式为

$$P_p = \sigma_z \tan^2\left(45° + \frac{\varphi}{2}\right) + 2c\tan\left(45° + \frac{\varphi}{2}\right) = \sigma_z \frac{1}{m^2} + 2c\frac{1}{m} \tag{6-6}$$

式中 P_p——被动土压力强度（kPa）；

$\dfrac{1}{m}$——被动土压力系数，$\dfrac{1}{m} = \tan\left(45° + \dfrac{\varphi}{2}\right)$。

其他符号意义同前。

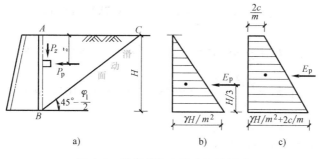

图 6-9 朗肯被动土压力计算图式

a）挡土墙向内移动 b）砂性土 c）黏性土

对于砂性土，$c=0$，$P_p=\sigma_z\dfrac{1}{m^2}=\dfrac{\gamma z}{m^2}$，$P_p$ 与 z 成正比，其分布图为三角形，如图 6-9b 所示。作用于每延米挡土墙上的合力 E_p 等于该三角形的面积，即

$$E_p=\frac{1}{2}\frac{\gamma H}{m^2}H=\frac{\gamma H^2}{2m^2} \tag{6-7}$$

对于黏性土（$c\neq0$），当 $z=0$ 时，$\sigma_z=0$，$P_p=\dfrac{2c}{m}$；当 $z=H$ 时，$\sigma_z=\gamma H$，$P_p=\dfrac{\gamma H}{m^2}+\dfrac{2c}{m}$，其分布图为梯形，如图 6-9c 所示。作用于每延米挡土墙上的合力 E_p 等于该梯形的面积，即

$$E_p=\frac{\gamma H^2}{2m^2}+\frac{2cH}{m} \tag{6-8}$$

【例 6-2】 某重力式挡土墙，墙高 5m，墙背垂直光滑，墙后填无黏性土，填土表面水平，填土的性质指标如图 6-10 所示。求作用于挡土墙上的静止土压力、主动土压力及被动土压力的大小及分布。

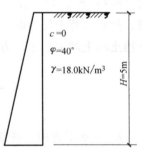

图 6-10 例 6-2 图

解：1）计算土压力系数：

① 计算静止土压力系数。近似取 $\varphi'=\varphi$，则 $\xi=1-\sin\varphi'=1-\sin40°=0.357$。

② 计算主动土压力系数：$m=\tan\left(45°-\dfrac{\varphi}{2}\right)=\tan(45°-20°)=0.466$，$m^2=0.217$。

③ 计算被动土压力系数：$\dfrac{1}{m}=2.146$，$\dfrac{1}{m^2}=4.599$。

2）计算墙底处的土压力强度：

① 计算静止土压力强度：$P_0=\xi\gamma H=18\times5\times0.357\text{kPa}=32.13\text{kPa}$

② 计算主动土压力强度：$P_a=\gamma Hm^2=18\times5\times0.217\text{kPa}=19.53\text{kPa}$

③ 计算被动土压力强度：$P_p=\dfrac{\gamma H}{m^2}=18\times5\times4.599\text{kPa}=413.91\text{kPa}$

3）计算单位长度墙上的总土压力：

① 计算静止土压力：$E_0=\dfrac{1}{2}\gamma H^2\xi=\dfrac{1}{2}\times18\times5^2\times0.357\text{kN/m}=80.3\text{kN/m}$

② 计算主动土压力：$E_a=\dfrac{1}{2}\gamma H^2m^2=\dfrac{1}{2}\times18\times5^2\times0.217\text{kN/m}=48.8\text{kN/m}$

③ 计算被动土压力：$E_p=\dfrac{\gamma H^2}{2m^2}=\dfrac{1}{2}\times18\times5^2\times4.599\text{kN/m}=1034.8\text{kN/m}$

三者通过比较可以看出 $E_p>E_0>E_a$。

4）三种土压力强度分布图如图 6-11 所示。

5）三种总土压力的作用点均在距离底面 $\dfrac{H}{3}=\dfrac{5}{3}\text{m}=1.67\text{m}$ 处。

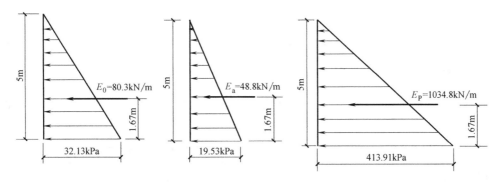

图 6-11　例 6-2 土压力强度分布

三、几种特殊情况下的朗肯土压力计算

（一）填土表面有连续均布荷载时的朗肯土压力计算

以主动土压力为例，当挡土墙后填土表面有连续均布荷载 q 作用时，如图 6-12a 所示，在计算时相当于深度 z 处的竖向应力增加了 q，因此只要将式（6-3）中的 σ_z 用 $(\gamma z+q)$ 替代 γz 后代入，就得到填土表面有连续均布荷载时的主动土压力强度计算公式。

1）对于无黏性土，如图 6-12a 所示，主动土压力强度为

$$P_a = (\gamma z+q)\,m^2 \tag{6-9}$$

总主动土压力为

$$E_a = \left(\frac{1}{2}\gamma H^2 + qH\right)m^2 \tag{6-10}$$

2）对于黏性土，如图 6-12b、c 所示，主动土压力强度为

$$P_a = (\gamma z+q)\,m^2 - 2cm \tag{6-11}$$

拉应力区高度（临界深度）为

$$z_0 = \frac{2c}{\gamma m} - \frac{q}{\gamma} \tag{6-12}$$

总主动土压力为：

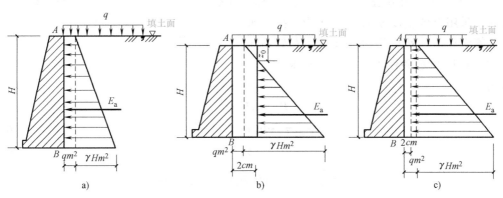

图 6-12　填土表面有连续均布荷载时的主动土压力计算

a）无黏性土　b）黏性土有拉应力区（$z_0>0$）　c）黏性土无拉应力区（$z_0<0$）

$z_0 > 0$ 时有

$$E_a = \frac{1}{2}\left[\gamma H m^2 - (2cm - qm)^2\right](H - z_0) \qquad (6\text{-}13)$$

$z_0 < 0$ 时有

$$E_a = \frac{1}{2}\gamma H^2 m^2 + q H m^2 - 2cHm \qquad (6\text{-}14)$$

（二）成层填土中的朗肯土压力计算

如图 6-13 所示挡土墙后的填土为成层土，仍可按式（6-3）计算主动土压力。但应注意在土层分界面上，由于两层土的抗剪强度指标不同，传递的由于自重引起的土压力不同，土压力的分布有突变，如图 6-13 所示。成层填土中的朗肯土压力计算如下：

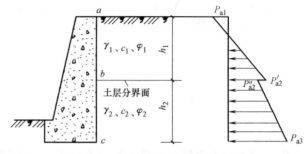

图 6-13 成层填土的主动土压力计算

a 点的主动土压力：$P_{a1} = -2c_1 m$。

b 点上方的主动土压力（在第一层土中）：$P'_{a2} = \gamma_1 h_1 m_1^2 - 2c_1 m_1$。

b 点下方的主动土压力（在第二层土中）：$P''_{a2} = \gamma_1 h_1 m_2^2 - 2c_2 m_2$。

c 点的主动土压力：$P_{a3} = (\gamma_1 h_1 + \gamma_2 h_2) m_2^2 - 2c_2 m_2$。

其中，$m_1 = \tan\left(45° - \dfrac{\varphi_1}{2}\right)$，$m_2 = \tan\left(45° - \dfrac{\varphi_2}{2}\right)$，其余符号意义如图 6-13 所示。

（三）墙后填土中有地下水的朗肯土压力计算

墙后填土常会部分或全部处于地下水位以下，这时作用在墙体上的除了土压力外，还有水压力的作用，在计算墙体受到的总侧向压力时，对地下水位以上部分的土压力计算同前；对地下水位以下部分的水压力和土压力，一般采用"水土分算"的方法。进行"水土分算"计算时，采用有效重度 γ' 计算土压力，按静水压力计算水压力，然后将两者叠加为总侧向压力。如图 6-14 所示砂性土，其主动土压力计算公式为

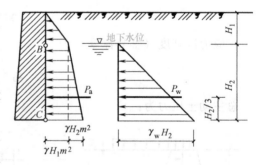

图 6-14 地下水位以下砂性土的主动土压力计算

$$P_{aB} = \gamma H_1 m^2 \qquad (6\text{-}15)$$

$$P_{aC} = (\gamma H_1 + \gamma' H_2) m^2 \qquad (6\text{-}16)$$

$$P_{wC} = \gamma_w H_2 \qquad (6\text{-}17)$$

$$E_a = \frac{1}{2}\gamma H_1^2 m^2 + \gamma H_1 H_2 m^2 + \frac{1}{2}\gamma' H_2^2 m^2 \qquad (6\text{-}18)$$

$$E_w = \frac{1}{2}\gamma_w H_2^2 \qquad (6\text{-}19)$$

$$E = E_a + E_w \tag{6-20}$$

式中 γ'——土的有效重度（kN/m）；

其余符号意义同前。

【例 6-3】 作用于填土面上的荷载和各层土的厚度及物理、力学指标如图 6-15 所示，求作用于图中挡土墙上的主动土压力。

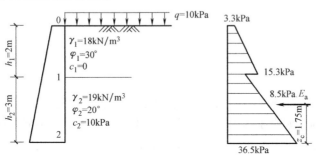

图 6-15 例 6-3 图

解：1）求各特征点的竖向应力：

$$\sigma_{z0} = q = 10\text{kPa}$$

$$\sigma_{z1} = q + \gamma_1 h_1 = 10\text{kPa} + 18 \times 2\text{kPa} = 46\text{kPa}$$

$$\sigma_{z2} = q + \gamma_1 h_1 + \gamma_2 h_2 = 46\text{kPa} + 19 \times 3\text{kPa} = 103\text{kPa}$$

2）求各特征点的土压力强度：

由 $\varphi_1 = 30°$、$\varphi_2 = 20°$ 得 $m_1 = 0.577$，$m_1^2 = 0.333$；$m_2 = 0.70$，$m_2^2 = 0.49$。

① 土层 1　$P_{a0} = \sigma_{z0} m_1^2 - 2c_1 m_1 = 10 \times 0.333\text{kPa} - 0 = 3.3\text{kPa}$

$\qquad\qquad P_{a1} = \sigma_{z1} m_1^2 - 2c_1 m_1 = 46 \times 0.333\text{kPa} - 0 = 15.3\text{kPa}$

② 土层 2　$P_{a1} = \sigma_{z1} m_2^2 - 2c_2 m_2 = 46 \times 0.49\text{kPa} - 2 \times 10 \times 0.7\text{kPa} = 8.5\text{kPa}$

$\qquad\qquad P_{a2} = \sigma_{z2} m_2^2 - 2c_2 m_2 = 103 \times 0.49\text{kPa} - 2 \times 10 \times 0.7\text{kPa} = 36.5\text{kPa}$

按计算结果绘出 P_a 分布图，如图 6-15 所示。

3）求 E_a 值及其作用点高度：

由 P_a 分布图的面积可得

$$E_a = E_{a1} + E_{a2} + E_{a3} + E_{a4}$$

$$= 3.3 \times 2\text{kN/m} + \frac{(15.3 - 3.3) \times 2}{2}\text{kN/m} + 8.5 \times 3\text{kN/m} + \frac{(36.5 - 8.5) \times 3}{2}\text{kN/m}$$

$$= (6.6 + 12.0 + 25.5 + 42.0)\text{kN/m} = 86.1\text{kN/m}$$

E_a 作用点高度为

$$z_c = \frac{\sum E_{ai} z_{ai}}{\sum E_{ai}} = \frac{6.6 \times \left(3 + \dfrac{2}{3}\right) + 12.0 \times \left(3 + \dfrac{2}{3}\right) + 25.5 \times \dfrac{3}{2} + 42.0 \times \dfrac{3}{3}}{86.1}\text{m} = 1.75\text{m}$$

课后训练

1. 某挡土墙高 10m，墙背铅直光滑，墙后填土表面水平，有均布荷载 $q = 15\text{kPa}$ 作用土的重度为 $\gamma = 20\text{kN/m}^3$，$\varphi = 30°$，$c = 0$。试用朗肯土压力理论计算墙背的主动土压力。

2. 某挡土墙高7m，墙背铅直光滑，填土表面水平，作用有均布荷载 $q=25$ kPa。墙后填土分两层，上层厚3m，土的重度为 $\gamma_1 = 19$ kN/m^3，$\varphi_1 = 20°$，$c_1 = 12$ kPa；地下水位在填土表面以下3m处，地下水位以下土的重度为 $\gamma_{sat} = 18.6$ kN/m^3，$\varphi_2 = 25°$，$c_2 = 7$ kPa。试计算墙背的主动土压力。

任务三

库仑土压力理论

1776年，法国的库仑根据墙后土楔处于极限平衡状态时的力系平衡条件，提出了一种土压力分析方法，称为库仑土压力理论，它适用于各种填土面和不同的墙背条件，其计算过程较简便，并有足够的计算精度，因而在工程设计中得到广泛应用。

库仑土压力理论是指刚性挡土墙移动达到极限平衡状态时，假设墙后土体为刚塑性体，并沿某一斜面发生滑动破坏，利用楔体的静力平衡原理求出作用于墙背的土压力。库仑土压力理论与朗肯土压力理论之间有两个区别：

1）挡土墙及填土的边界条件不同，库仑土压力理论考虑的挡土墙，墙背既可以倾斜，如俯斜、仰斜，倾角为 α；墙背也可以粗糙，挡土墙与填土之间存在摩擦力，如摩擦角为 δ，墙后填土面可以有倾角 β。

2）库仑土压力理论不是从研究墙后土体中一点的应力状态出发，求出作用在墙背上的土压力强度 P 的，而是从考虑墙后某个滑动楔体的整体平衡条件出发，直接求出作用在墙背上的总土压力 E。

库仑土压力理论假设：挡土墙的墙后填土是均匀的砂性土；墙体产生位移，使墙后填土达到极限平衡状态时将形成一个滑动土楔体；滑动土楔体的滑动面通过墙脚 A 的平面 AC（图6-16a）；假定滑动土楔体 ABC 是一个刚体。根据滑动土楔体 ABC 的静力平衡条件，可解出墙背上的土压力。

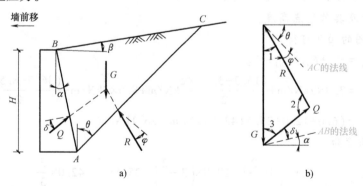

a)   b)

图6-16　库仑主动土压力计算图示

一、主动土压力计算

墙背向前（背离填土）移动一个定值时，如图6-16a所示，墙后填土处于主动极限平衡状态，形成滑动面 AB 和 AC。因此，在 AB、AC 面上均产生摩擦阻力，以阻止土楔体下滑。

此时，作用于土楔体上的力有：土楔体自重 G、墙背 AB 面的反力 Q 和 AC 面的反力 R。G 通过 $\triangle ABC$ 的形心，方向垂直向下；Q 与 AB 面的法线成 δ 角（δ 是墙背与土体间的摩擦角），Q 与水平面的夹角为 $\alpha+\delta$；R 与 AC 面的法线成 φ 角（φ 为土的内摩擦角），AC 面与竖直面成 θ 角，所以 R 与竖直面的夹角为 $90°-\theta-\varphi$。根据力的平衡原理可知：G、Q、R 三个力应交于一点，且应组成闭合的力三角形，如图 6-16b 所示。

在力三角形中，$\angle 1 = 90°-\theta-\varphi$，$\angle 2 = \theta+\varphi+\alpha+\delta$，$\angle 3 = 90°-\alpha-\delta$。由正弦定理得

$$Q = G\frac{\sin(90°-\varphi-\theta)}{\sin(\theta+\varphi+\alpha+\delta)} = G\frac{\cos(\varphi+\theta)}{\sin(\theta+\varphi+\alpha+\delta)} \tag{6-21}$$

将重力代入式（6-21）得

$$Q = \frac{1}{2}\gamma H^2\sec^2\alpha\cos(\alpha-\beta)\frac{\sin(\theta+\alpha)\cos(\theta+\varphi)}{\cos(\theta+\beta)\sin(\varphi+\theta+\delta+\alpha)} \tag{6-22}$$

在上述两式中，α、β、φ、δ 均为常数，Q 是 θ 的函数。最危险滑动面上的 Q 将有一个极大值，这个极大值 Q_{max} 即所求的主动土压力 E_a（E_a 与 Q 是作用力与反作用力的关系）。

在计算 Q_{max} 时，令 $\dfrac{\mathrm{d}Q}{\mathrm{d}\theta}=0$，可求得破裂角 θ，将其代入式（6-22）得

$$E_a = Q_{max} = \frac{1}{2}\gamma H^2\mu_a \tag{6-23}$$

$$\mu_a = \frac{\cos^2(\varphi-\alpha)}{\cos^2\alpha\cos(\alpha+\delta)\left[1+\sqrt{\dfrac{\sin(\delta+\varphi)\sin(\varphi-\beta)}{\cos(\delta+\alpha)\cos(\alpha-\beta)}}\right]^2} \tag{6-24}$$

式中　μ_a——库仑主动土压力系数；

γ——墙后填土的容重（kN/m^3）；

H——挡土墙高度（m）；

φ——填土的内摩擦角（°）；

δ——墙背与土体之间的摩擦角（°）；

α——墙背与竖直面之间的夹角（°），墙背俯斜时为正值，仰斜时为负值；

β——填土面与水平面之间的夹角（°）。

当 $\beta=0$、$\alpha=0$、$\delta=0$ 时，$\mu_a=\left(45°-\dfrac{\varphi}{2}\right)=m^2$，可见在这种特定条件下，库仑土压力公式与朗肯土压力公式的计算结果是相同的。

由式（6-23）可知，库仑主动土压力 E_a 是墙高 H 的二次函数，故主动土压力强度 P_a 是沿墙高按直线规律呈三角形分布的，如图 6-17 所示。值得注意的是，这种分布形式只表示土压力的大小，并不代表实际作用于墙背上的土压力的方向。土压力合力作用线的方向与墙背的法线成 δ 角，与水平面成 $\alpha+\delta$ 角。合力 E_a 的作用点到墙脚的高度就是 P_a 分布图形心的高度，即 $z_c = \dfrac{H}{3}$。

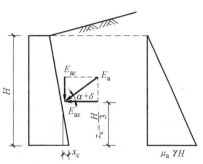

图 6-17　主动土压力

E_a 可分解为水平方向和竖直方向两个分量:

$$E_{ax}=E_a\cos(\alpha+\delta)=\frac{1}{2}\gamma H^2\mu_a\cos(\alpha+\delta) \tag{6-25}$$

$$E_{az}=E_a\sin(\alpha+\delta)=\frac{1}{2}\gamma H^2\mu_a\sin(\alpha+\delta) \tag{6-26}$$

其中, E_{az} 至墙脚的水平距离 $x_c=z_c\tan\alpha$。

二、被动土压力计算

若挡土墙在外力下推向填土,当墙后土体达到极限平衡状态时,如图 6-18 所示,墙后填土中出现滑裂面 AC,土楔体将沿 AB、AC 面向上滑动。因此,在 AB、AC 面上作用于土楔体的摩擦阻力均向下(与主动极限平衡时的方向相反),根据 G、Q、R 三力平衡条件,可推导出被动土压力公式:

$$E_p=\frac{1}{2}\gamma H^2\mu_p \tag{6-27}$$

其中

$$\mu_p=\frac{\cos^2(\varphi+\alpha)}{\cos^2\alpha\cos(\alpha-\delta)\left[1-\sqrt{\dfrac{\sin(\varphi+\delta)\sin(\varphi+\beta)}{\cos(\alpha-\delta)\cos(\alpha-\beta)}}\right]^2} \tag{6-28}$$

式中 μ_p——库仑被动土压力系数;

其他符号意义同前。

库仑被动土压力强度沿墙高的分布也呈三角形,如图 6-18c 所示,合力作用点到墙脚的高度也为 $\dfrac{H}{3}$。

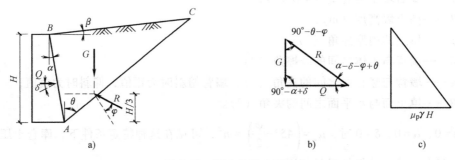

图 6-18 库仑被动土压力

三、库仑土压力公式应用中的几个问题

(一)黏性土的问题

由于库仑土压力理论研究的挡土墙墙后填土是砂土,而在实际运用中有很多的墙后填土是非砂性土,这时可将 φ 值适当提高,采用等值内摩擦角 φ' 来近似计算土压力,以反映黏聚力 c 对土压力的影响,一般取 $\varphi'=30°\sim35°$ 或取 $\varphi'=\varphi+(5°\sim10°)$。采用上述计算来换算内摩擦角,对于矮挡土墙是偏于安全的,对于高挡土墙有时偏于危险。因此,对于高挡土墙,应按墙高酌情降低等值内摩擦角 φ' 的数值。

（二）被动土压力问题

由库仑主动土压力公式算得的结果，一般情况下比较接近实际情况，且计算简便，适用范围较广泛。但库仑土压力理论的被动土压力计算的结果常偏大，δ 值越大，偏差也越大，偏于危险，所以实践中一般不用库仑被动土压力公式。

（三）填土面上有荷载时库仑土压力公式的应用

1. 有均布荷载作用时

挡土墙后的土体表面常作用有不同形式的荷载，这些荷载将使作用在墙背上的土压力增大。当填土表面有连续均布荷载 q 作用时（图6-19），$\sigma_z = q + \gamma z$，$P_a = \mu_a \sigma_z$，仍按前述方法及步骤计算，绘出 P_a 分布图，求出分布图面积即得土压力合力 E_a。

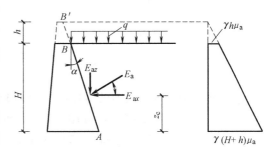

图 6-19　填土面上有均布荷载作用时的库仑土压力

实际应用中常用厚度为 h、重度 γ 与填土相同的等代土层来代替 $q = \gamma h$，于是等代土层的厚度 $h = q/\gamma$。同时，设想墙背为 AB'，因而可绘出三角形的土压力强度分布图。但 BB' 段的墙背是虚设的，高度 h 范围内的侧压力不应计算，因此作用于墙背 AB 上的土压力应为实际墙高 H 范围内的梯形面积，即

$$E_a = \frac{H}{2}[\mu_a \gamma h + \mu_a \gamma (H+h)] = \frac{1}{2}\mu_a \gamma H(H+2h) \tag{6-29}$$

E_a 的作用点高度等于梯形形心的高度，即

$$z_c = \frac{H}{3} \times \frac{(H+3h)}{(H+2h)} \tag{6-30}$$

方向与水平面成 $\alpha+\delta$ 角。

E_a 在水平方向和竖直方向的分量分别为

$$E_{ax} = E_a \cos(\alpha+\delta) \tag{6-31}$$

$$E_{az} = E_a \sin(\alpha+\delta) \tag{6-32}$$

【例6-4】　某挡土墙如图6-20所示，填土为细砂，$\gamma = 19\text{kN/m}^3$，$\varphi = 30°$，取 $\delta = \dfrac{\varphi}{2} = 15°$，试按库仑土压力理论求其主动土压力。

解：1）方法一：

$$\sigma_{zB} = q = 9.5\text{kPa}$$

$$\sigma_{zA} = q + \gamma h = 9.5\text{kPa} + 19 \times 5\text{kPa} = 104.5\text{kPa}$$

由 $\varphi = 30°$、$\alpha = 11°19'$ 得 $\mu_a = 0.390$，则有

$$P_{aB} = \mu_a \sigma_{zB} = 0.390 \times 9.5\text{kPa} = 3.71\text{kPa}$$

$$P_{aA} = \mu_a \sigma_{zA} = 0.390 \times 104.5\text{kPa} = 40.76\text{kPa}$$

P_a 分布图如图6-21所示。

$$E_a = E_{a1} + E_{a2} = 3.71 \times 5\text{kN/m} + \frac{1}{2} \times (40.76 - 3.71) \times 5\text{kN/m}$$

$$= 18.6\text{kN/m} + 92.6\text{kN/m} = 111.2\text{kN/m}$$

$$z_c = \frac{\sum E_{ai} z_{ai}}{\sum E_{ai}} \quad \frac{18.6 \times \frac{5}{2} + 92.6 \times \frac{5}{3}}{111.2} m = 1.81m$$

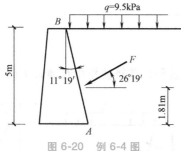

图 6-20 例 6-4 图

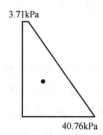

图 6-21 例 6-4 P_a 分布图

E_a 与水平面之间的夹角为 $\alpha + \delta = 11°19' + 15° = 26°19'$，则有

$$E_{ax} = E_a \cos(\alpha + \delta) = 111.2 \times \cos 26°19' \, kN/m = 99.7kN/m$$

$$E_{az} = E_a \sin(\alpha + \delta) = 111.2 \times \sin 26°19' \, kN/m = 49.3kN/m$$

2）方法二：

$$h = \frac{q}{\gamma} = \frac{9.5}{19}m = 0.5m$$

由 $\varphi = 30°$、$\alpha = 11°19'$ 得 $\mu_a = 0.390$，则有

$$E_a = \frac{1}{2}\mu_a \gamma H(H + 2h) = \frac{1}{2} \times 0.390 \times 19 \times 5 \times (5 + 2 \times 0.5) kN/m = 111.2kN/m$$

$$z_c = \frac{H}{3} \times \frac{(H + 3h)}{(H + 2h)} = \frac{5}{3} \times \frac{5 + 3 \times 0.5}{5 + 2 \times 0.5}m = 1.81m$$

E_a 与水平面间夹角及 E_{ax}、E_{ay} 同方法一。

2. 有车辆荷载作用时

填土面上有车辆荷载作用时，一般把滑动土楔体范围内的车辆荷载换算成均布荷载 q（或等代土层厚度 h），再按库仑主动土压力公式计算。

设 l_0 为滑动土楔体长度（图 6-22），B 为桥台的计算宽度或挡土墙的计算长度，$\sum G$ 为布置在 $B \times l_0$ 面积内的车辆轮重之和，γ 为填土容重，则等效均布荷载 q 为

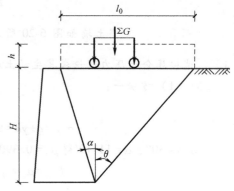

$$q = \frac{\sum G}{Bl_0} = \gamma h \qquad (6\text{-}33)$$

$$h = \frac{q}{\gamma} = \frac{\sum G}{\gamma Bl_0} \qquad (6\text{-}34)$$

桥台的计算宽度或挡土墙的计算长度 B 应符合以下规定：

图 6-22 车辆荷载引起的土压力

1）桥台的计算宽度为桥台的横桥向全宽。

2）挡土墙的计算长度按下列公式计算，但不应超过挡土墙的分段长度：

$$B = 13 + H \tan 30° \qquad (6\text{-}35)$$

式中 H——挡土墙高度（m），对于墙顶以上有填土的挡土墙，为墙顶填土厚度的两倍加墙高。

由图 6-23 可知，滑动土楔体长度 l_0 的计算式为

$$l_0 = H(\tan\theta + \tan\alpha) \tag{6-36}$$

式中 α——墙背倾角，墙背竖直时，$\alpha = 0$；俯斜墙背时（图 6-23a），α 为正值；仰斜墙背时（图 6-23b），α 为负值；

θ——滑裂面与竖直面之间的夹角。

$$\tan\theta = -\tan(\varphi + \alpha + \delta) + \sqrt{[\cot\varphi + \tan(\varphi + \alpha + \delta)][\tan(\varphi + \alpha + \delta) - \tan\alpha]} \tag{6-37}$$

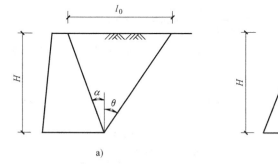

图 6-23 滑动土楔体长度 l_0

当墙背为仰斜时，式（6-36）和式（6-37）中的 α 以负值代入。

在计算挡土墙上的土压力时，填土面上汽车荷载的布置应遵循以下规定：

1）纵向：当 B 取挡土墙的分段长度时，填土面上的汽车荷载应为分段长度内所能布置的轮载之和；当 B 取车辆荷载的扩散长度时，填土面上的汽车荷载为车辆荷载标准值。

2）横向：应考虑在滑动土楔体长度 l_0 范围内可能布置的车轮。

【例 6-5】 某公路梁桥桥台如图 6-24 所示，桥台宽度为 8.5m。汽车荷载为公路-Ⅱ级，土的物理、力学指标为 $\gamma = 18\text{kN/m}^3$、$\varphi = 35°$、$c = 0$，填土与墙背之间的摩擦角 $\delta = 2\varphi/3$，桥台高度 $H = 8.0\text{m}$，求作用于台背（AB）上的主动土压力。

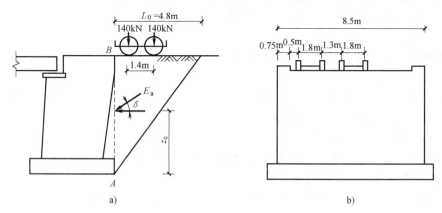

图 6-24 例 6-5 图

解：1）确定 B、l。对于桥台，B 取横桥向宽度，即 $B = 8.5\text{m}$。把 AB 作为台背，$\alpha = 0$；填土面水平，$\beta = 0$；$\delta = 2\varphi/3 = 23.33°$，代入式（6-37），有

$$\tan\theta = -\tan(\varphi+\delta) + \sqrt{\left[\cot\varphi + \tan(\varphi+\delta)\right]\tan(\varphi+\delta)}$$

$$= -\tan(35°+23.33°) + \sqrt{\left[\cot 35° + \tan(35°+23.33°)\right]\tan(35°+23.33°)}$$

$$= -1.62 + 2.22 = 0.60$$

$$L_0 = H\tan\theta = 8 \times 0.6\,\text{m} = 4.8\,\text{m}$$

2）求等代土层厚度 h。对于桥台，l_0 为纵向，B 为横向。由图 6-24a 可知，纵向 l_0 范围内可布置两排后轮；由图 6-24b 可知，横向范围内可布置两列汽车；则 $B \times l_0$ 范围内可布置的车轮总重为

$$\sum G = 2 \times (140 + 140)\,\text{kN} = 560\,\text{kN}$$

$$h = \frac{\sum G}{\gamma B l_0} = \frac{560}{18 \times 8.5 \times 4.8}\,\text{m} = 0.763\,\text{m}$$

3）求主动土压力。根据规范要求，采用库仑土压力公式计算主动土压力。由 $\varphi = 35°$、$\delta = 2\varphi/3$、$\alpha = 0$ 得 $\mu_a = 0.245$，则有

$$E_a = \frac{1}{2}\gamma H(H+2h)\mu_a = \frac{1}{2} \times 18 \times 8 \times (8 + 2 \times 0.763) \times 0.245\,\text{kN/m} = 168.8\,\text{kN/m}$$

E_a 与水平面的夹角为 $23.33°$，E_a 的作用点离台脚的高度为

$$z_c = \frac{H}{3} \times \frac{(H+3h)}{(H+2h)} = \frac{8}{3} \times \frac{8 + 3 \times 0.763}{8 + 2 \times 0.763}\,\text{m} = 2.88\,\text{m}$$

作用于整个桥台上的主动土压力为 $B \times E_a = 8.5 \times 168.8\,\text{kN} = 1434.8\,\text{kN}$

知识链接——挡土墙的设计

挡土墙设计包括墙型选择、稳定性验算、地基承载力验算（参见项目七）、墙身抗压强度验算、墙身抗剪强度验算以及一些设计中的构造要求和措施。

1. 挡土墙的设计原则

1）挡土墙必须保证能安全正常使用。

2）合理地确定挡土墙的类型及截面尺寸。

3）挡土墙平面布置及高度的确定，需满足工程用途的要求。

4）要保证挡土墙设计符合有关规范的要求。

2. 挡土墙设计的基本要求

合理的挡土墙设计，应满足以下基本要求：

（1）选择合理的结构形式

挡土墙的结构形式应根据建筑物的总体布置要求、墙的高度、地基条件、当地的材料及施工条件等因素通过经济技术比较确定。

（2）采用合理的断面设计

在挡土墙设计中，合理的断面设计应考虑以下几个条件：

1）填土及地基强度指标的合理选取。

2）根据挡土墙的结构形式、填土性质、施工开挖及边坡等条件选用合理的土压力计算公式。

3）根据正常使用、设计、校核、施工等情况进行荷载计算和组合，并在稳定验算和强度验算中根据有关规范要求，确定合理的稳定系数和强度安全系数。

课后训练

用库仑土压力理论计算图 6-25 所示挡土墙的主动土压力。已知填土的物理、力学指标为 $\gamma = 20\text{kN/m}^3$、$\varphi = 30°$、$c = 0$；挡土墙高度 $H = 5\text{m}$，墙背倾角 $\alpha = 10°$，墙背摩擦角 $\delta = 15°$。

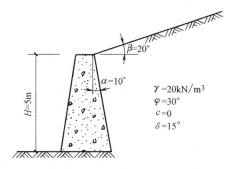

图 6-25 某挡土墙墙后填土物理、力学指标

任务四

土坡稳定分析

在道路、桥梁等土建工程中经常遇到路堑、路堤或是基坑开挖时的边坡稳定性问题，土坡失稳产生滑坡不仅影响工程的正常施工，严重的还会造成人身伤亡，并造成重大财产损失。进行土坡稳定分析的目的是检验所设计的土坡断面是否安全与合理（边坡过陡可能发生坍塌，过缓则使土方量增加），是否需要对边坡进行加固以及采用何种措施。土坡的稳定分析与边坡的稳定性评价结果有关，而边坡的稳定安全系数是岩土工程师评价边坡是否稳定的关键依据。

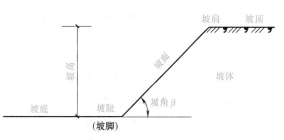

图 6-26 土坡的几何形态及各部位名称

土坡是指具有倾斜坡面的土体，简单土坡的几何形态及各部位名称如图 6-26 所示。土坡分为天然土坡和人工土坡：天然土坡是由于地质作用自然形成的土坡，如山坡、江河的岸坡等；人工土坡是经过人工挖填的土工建筑物，如基坑、渠道、土坝、路堤等的边坡。土体自重以及渗透力等在坡体内会引起剪应力，如果剪应力大于土的抗剪强度，土体就会产生剪切破坏，一部分土体相对于另一部分土体发生滑动的现象，称为滑坡。

一、土坡失稳原因

土坡的失稳受内部和外部两个方面的因素制约，当受力超过土体平衡条件时，土坡便发生失稳现象。简单归纳如下：

1. 产生滑动的内部因素

1）斜坡的土质。各种土质的抗剪强度、防水能力是不一样的，如钙质或石膏质胶结的土、湿陷性黄土等，遇水后软化，使原来的强度降低很多。

2）斜坡的土层结构。如在斜坡上堆有较厚的土层，特别是当下卧土层（或岩层）不透水时，容易在交界面处发生滑动。

3）斜坡的外形。凸肚形的斜坡由于重力作用，比上陡下缓的凹形坡易于下滑；由于黏性土有黏聚力，当土坡不高时尚可直立，但随着时间和气候的变化，也会逐渐塌落。

2. 产生滑动的外部因素

1）降水或地下水的作用。持续的降雨或地下水渗入土层中，使土中含水率增高，土中易溶盐溶解，土质变软，强度降低；还可使土的重度增加，并产生孔隙水压力，使土体作用有动（静）水压力，促使土体失稳。所以，在设计斜坡时应针对这些原因，采用相应的排水措施。

2）振动的作用。在地震的反复作用下，砂土极易发生液化；黏性土在受振动时易使土的结构发生破坏，从而降低土的抗剪强度；在打桩或爆破时，由于振动作用也可使邻近土坡发生变形或失稳等。

3）人为影响。由于人为的不合理的开挖，特别是开挖坡脚；或在开挖基坑、沟渠、道路边坡时将弃土堆在坡顶附近；或是在斜坡上建房或堆放重物时，都可引起斜坡发生变形破坏。

在工程建设中，必须根据场地的工程地质和水文地质条件对边坡进行调查与评价，排除有潜在威胁或有直接危害的整体不稳定山坡地带，并对有害因素进行分析，判断边坡是否存在失稳的可能性，并采取相应的预防措施。

二、土坡稳定分析方法

研究路堑、路堤或基坑开挖时边坡的稳定问题的目的是分析所设计的土坡断面是否安全、合理。通常情况下，缓坡可增强其稳定性，但会使土方量增加；而陡坡虽然可减少土方量，但有可能会发生坍滑，使土坡丧失稳定性。土坡的稳定安全度是用稳定安全系数 K 表示的，它是指土坡中潜在的滑动面上抗滑力（矩）与滑动力（矩）的比值。在土坡稳定问题中，尚有一些不确定因素有待研究，如滑动面形式的确定，抗剪强度指标如何按实际情况合理取用，土的非均匀性和土坡内有水渗流时的影响等。

土坡失稳时滑动面的形状要具体分析，呈散粒体的均质无黏性土土坡，其滑动面常接近平面；而均质黏性土土坡的滑动面通常是光滑的曲面，该曲面底部的曲率较大、形状较平滑，而靠近坡顶处的曲率半径较小，几乎垂直于坡顶。经验表明，在稳定分析中，所假设的滑动面的形状对稳定安全系数的取值影响不大。为方便起见，一般假设均质黏性土土坡发生破坏时的滑动面为圆柱面，它在横断面上的投影是一个圆弧，即滑动面是圆弧。对于非均质的多层土或含软弱夹层的土坡，往往沿着软弱夹层面发生滑动，此时整个土坡的滑动面常常是由直线和曲线组合而成的不规则滑动面。

（一）无黏性土的土坡稳定分析

由于无黏性土颗粒之间无黏聚力存在，故土的抗剪强度 $\tau_f = \sigma \tan \varphi$，如图 6-27 所示，已知土坡高度为 H，坡角为 β，土的重度为 γ。若假定滑动面是通过坡角 A 的平面 AC，AC 的

倾角为 α，则可计算滑动土体 ABC 沿 AC 面上滑动的稳定安全系数 K 值。

沿土坡长度方向截取单位长度土坡，已知滑动土体 ABC 的重力为 W，W 在滑动面 AC 上的法向分力 N 及正应力 σ 为

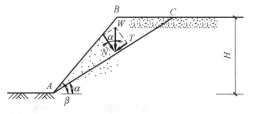

图 6-27　无黏性土的土坡稳定计算

$$N = W\cos\alpha$$

$$\sigma = \frac{N}{\overline{AC}} = \frac{W\cos\alpha}{\overline{AC}}$$

W 在滑动面 AC 上的切向分力 T 及剪应力 τ 为

$$T = W\sin\alpha$$

$$\tau = \frac{T}{\overline{AC}} = \frac{W\sin\alpha}{\overline{AC}}$$

土坡滑动的稳定安全系数 K 为

$$K = \frac{\tau_{\mathrm{f}}}{\tau} = \frac{\sigma\tan\varphi}{\tau} = \frac{\dfrac{W\cos\alpha}{\overline{AC}}}{\dfrac{W\sin\alpha}{\overline{AC}}}\tan\varphi = \frac{\tan\varphi}{\tan\alpha} \tag{6-38}$$

从式（6-38）可知，当 $\alpha = \beta$ 时，土的稳定安全系数最小，即土坡面上的土是最容易滑动的。因此，砂性土的土坡稳定安全系数为

$$K = \frac{\tan\varphi}{\tan\beta} \tag{6-39}$$

一般要求 $K > 1.25$。

【例 6-6】　某砂性土坡，高度 $H = 100\mathrm{m}$，土的物理、力学指标为 $\gamma = 19\mathrm{kN/m^3}$、$c = 0$、$\varphi = 35°$，当土坡的稳定安全系数 $K = 1.3$ 时，求滑动面倾角 α 为何值时，砂性土坡的稳定安全系数最小。

解：因为 $K = \dfrac{\tan\varphi}{\tan\alpha}$，则有 $\tan\alpha = \dfrac{\tan\varphi}{K} = \dfrac{\tan 35°}{1.3} = 0.54$，则 $\alpha = 28.3°$。

当 $\alpha = \beta = 28.3°$ 时，土坡的稳定安全系数最小，即土坡面上的土层最容易滑动。

（二）黏性土的土坡稳定分析

均质黏性土的土坡发生失稳破坏时，其滑动面常是一个曲面，通常近似地假定为圆弧滑动面。圆弧滑动面的形式一般有三种：

1）圆弧滑动面通过坡脚 B 点，如图 6-28a 所示，称为坡脚圆。

2）圆弧滑动面通过坡面 E 点，如图 6-28b 所示，称为坡面圆。

3）圆弧滑动面发生在坡脚以外的 A 点，如图 6-28c 所示，称为中点圆。

上述三种圆弧滑动面的产生，与土坡的坡角 β、土的强度指标以及土中硬层的位置等因素有关。

进行土坡稳定分析时采用圆弧滑动面的想法是由瑞典工程师彼得森首先提出的，此后由费伦纽斯和泰勒做了进一步的研究和改进。他们提出的分析方法可以分成两种：

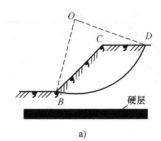 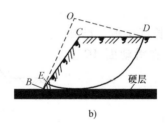 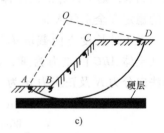

图 6-28 均质黏性土土坡的三种圆弧滑动面

a) 坡脚圆 b) 坡面圆 c) 中点圆

1）土坡圆弧滑动面整体稳定性分析法，主要适用于均质简单土坡。简单土坡是指土坡的上下两个表面是水平的，坡面 BC 是一个平面，如图 6-29 所示。

2）条分法，适用于非均质土坡以及土坡外形复杂、部分土坡在水下等情况。

1. 土坡圆弧滑动面整体稳定性分析法

分析如图 6-29 所示的均质简单土坡，若可能的圆弧滑动面为 AD，其圆心为 O，半径为 R。进行分析时，在土坡长度方向上截取单位长度的土

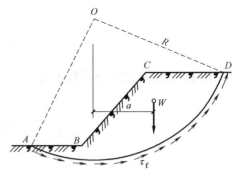

图 6-29 土坡的整体稳定性分析

坡，按平面问题进行分析：滑动土体 $ABCDA$ 的重力为 W，是促使土坡发生滑动的力；沿着滑动面 AD 上分布的土的抗剪强度 τ_f，是抵抗土坡滑动的力。

将滑动力 W 及抗滑力 τ_f 分别对滑动面圆心 O 取矩，得滑动力矩 M_s 及稳定力矩 M_r 分别为

$$M_s = Wa \tag{6-40}$$

$$M_r = \tau_f L_{AD} R \tag{6-41}$$

式中　W——滑动土体 $ABCDA$ 的重力（kN）；

　　　a——W 对 O 点的力臂（m）；

　　　τ_f——土的抗剪强度（kPa），按库仑定律 $\tau_f = \sigma \tan\varphi + c$；

　　L_{AD}——滑动圆弧 AD 的长度（m）；

　　　R——滑动圆弧面的半径（m）。

土坡滑动的稳定安全系数 K 可以用稳定力矩 M_r 与滑动力矩 M_s 的比值表示，即

$$K = \frac{M_r}{M_s} = \frac{\tau_f L_{AD} R}{Wa} \tag{6-42}$$

根据摩尔-库仑强度理论，黏性土的抗剪强度 $\tau_f = \sigma \tan\varphi + c$。因此，对于均质黏性土土坡，其 c、φ 虽然是常数，但滑动面上的法向应力 σ 却是沿滑动面不断改变的，并非常数，只要 $\sigma \tan\varphi \neq 0$，式（6-42）中的 τ_f 就不是常数。所以式（6-42）只能给出一个定义式，并不能确定 K 的大小，至少对于土坡圆弧滑动面整体稳定性分析法是这样的。但对于饱和软黏土，在不排水剪切条件下，其内摩擦角 φ_u 等于 0，τ_f 等于 c_u，即黏聚力 c_u 就是土的抗剪强度，此时的抗滑力为 $c_u L_{AD} R$。于是，式（6-42）可写为

$$K = \frac{cL_{AD}R}{Wa} \tag{6-43}$$

用式（6-43）可直接计算边坡的稳定安全系数，这种方法通常称为 $\varphi_u = 0$ 分析法。或者说，式（6-43）适用于 $\varphi_u = 0$ 的简单黏性土土坡稳定性计算。

以上求出的 K 值是与任意假定的某个滑动面相对应的稳定安全系数，而进行土坡稳定分析要求的是与最危险的滑动面相对应的最小稳定安全系数。为此，通常需要假定一系列滑动面进行多次试算，才能找到所需要的与最危险滑动面相对应的稳定安全系数。

2. 条分法

土坡圆弧滑动面整体稳定性分析法的另一个缺陷是对于外形较复杂，特别是土坡由多层土构成时，要确定滑动体的自重及形心位置就很困难。鉴于上述不足，学者们在土坡圆弧滑动面整体稳定性分析法的基础上，提出了基于刚性极限平衡理论的条分法。其计算比较简单、合理，在工程中应用较广，是一种试算法，具体分析步骤如下：

1）按比例绘制土坡剖面图，如图 6-30 所示。

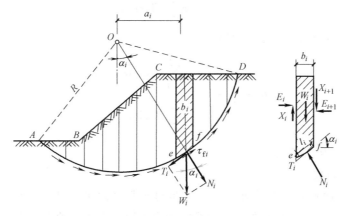

图 6-30 条分法计算土坡稳定

2）任选一点 O 作为圆心，以 OA 为半径（R）作圆弧 AD，AD 即为滑动圆弧面。

3）将滑动面以上的土体在竖直方向分成宽度相等的若干土条，土条的宽度一般取 $b = 0.1R$。

4）计算作用在任一土条 i 上的作用力。

土条的重力 W_i，其大小、方向及作用点位置均为已知。滑动面 ef 上作用有法向力 N_i 及切向反力 T_i，假定 N_i、T_i 作用在滑动面 ef 的中点处，它们的大小均未知。土条两侧作用有法向力 E_i、E_{i+1} 及竖向剪应力 X_i、X_{i+1}，其中 E_i 和 X_i 可由前一个土条的平衡条件求得；而 E_{i+1} 和 X_{i+1} 的大小未知，X_{i+1} 的作用点位置也未知。由此可知，作用在土条 i 上的作用力中有 5 个未知数，但只能建立 3 个平衡方程，故无法直接求解。为了求得 N_i、T_i 值，必须对土条两侧作用力的大小和位置作适当的假定。假设 E_i 和 X_i 的合力等于 E_{i+1} 和 X_{i+1} 的合力，同时它们的作用线也重合，因此土条两侧的作用力相互抵消。这时，土条 i 仅有作用力 W_i、N_i 及 T_i，根据平衡条件可得

$$N_i = W_i \cos \alpha_i$$
$$T_i = W_i \sin \alpha_i$$

滑动面 ef 上土的抗剪强度为

$$\tau_{\mathrm{f}i}=\sigma_i\tan\varphi_i+c_i=\frac{1}{l_i}(N_i\tan\varphi_i+c_il_i)=\frac{1}{l_i}(W_i\cos\alpha_i\tan\varphi_i+c_il_i)$$

式中　　α_i——土条 i 滑动面的法线（亦即半径）与竖直方向的夹角；

　　　　l_i——土条 i 滑动面 ef 的弧长；

　　c_i、φ_i——滑动面上的黏聚力及内摩擦角。

5）计算土坡的稳定安全系数 K（沿整个滑动面上的稳定力矩与滑动力矩之比）。土条 i 上的作用力对圆心 O 产生的滑动力矩 M_s 及稳定力矩 M_r 分别为

$$M_\mathrm{s}=T_il_iR=W_iR\sin\alpha_i \qquad M_\mathrm{r}=\tau_{\mathrm{f}i}l_iR=(W_i\cos\alpha_i\tan\varphi_i+c_il_i)R$$

整个土坡相对于滑动面 AD 的稳定安全系数为

$$K=\frac{M_\mathrm{r}}{M_\mathrm{s}}=\frac{R\sum\limits_{i=1}^{i=n}(W_i\cos\alpha_i\tan\varphi_i+c_il_i)}{R\sum\limits_{i=1}^{i=n}W_i\sin\alpha_i} \tag{6-44}$$

对于均质土坡，$c_i=c$、$\varphi_i=\varphi$，则得

$$K=\frac{M_\mathrm{r}}{M_\mathrm{s}}=\frac{\tan\varphi\sum\limits_{i=1}^{i=n}W_i\cos\alpha_i+c\hat{l}}{\sum\limits_{i=1}^{i=n}W_i\sin\alpha_i} \tag{6-45}$$

式中　　$\hat{l}$——滑动面 AD 的弧长；

　　　　n——土条分条数。

6）最危险滑动面圆心位置的确定。上面是对于某个假定滑动面求得的稳定安全系数，因此需要试算许多个可能的滑动面，其中稳定安全系数最小的滑动面即为最危险滑动面。

三、土坡稳定分析的几个问题

1. 关于挖方边坡和天然边坡

人工挖出和天然存在的土坡都是在天然地层中形成的，但与人工填筑土坡相比，物理、力学指标均有不同。对均质挖方土坡和天然土坡进行稳定性分析时，与人工填筑土坡相比，求得的稳定安全系数更符合实测结果；但对于天然地层中的超固结黏土，算得的稳定安全系数虽远大于1，表面上看起来已稳定，实际上已发生破坏，这是由超固结黏土的特性决定的。并且随着剪切变形的增加，天然地层的抗剪强度增大到峰值强度，随后降至残余值，特别是黏聚力下降较大，甚至接近于零，这些特性对土坡的稳定性有很大影响。

2. 关于土坡圆弧滑动面整体稳定性分析法

土坡圆弧滑动面整体稳定性分析法把滑动面简单地当作圆弧，并认为滑动土体是刚性的，没有考虑分条之间的推力，或只考虑分条之间的水平推力（毕肖普法），故计算结果不能完全符合实际。但由于计算概念明确，且能分析复杂条件下土坡的稳定性，所以在工程实践中普遍使用。由均质黏土组成的土坡，该方法可使用；但由非均质黏土组成的土坡，如坝基下存在软弱夹层或土石坝等情况，其滑动面的形状发生了很大变化，应根据具体情况采用

非圆弧法进行比较计算。注意，不论采用哪种方法，都必须考虑渗流的作用。

3. 土的抗剪强度指标选用问题

选用的土的抗剪强度指标是否合理，对土坡稳定分析的结果有密切关系，如果使用过高的指标值来设计土坝，就有发生滑坡的可能。因此，应尽可能结合边坡的实际加载情况、填料性质和排水条件等，合理选用土的抗剪强度指标。

4. 稳定安全系数选用问题

从理论上讲，处于极限平衡状态的土坡，其稳定安全系数 $K=1$，所以在设计土坡时只要取 $K>1$，就可以满足稳定要求。但实际工程中，有些土坡的稳定安全系数虽大于 1，却发生了滑动；而有些土坡的稳定安全系数小于 1，却是稳定的。这是因为影响稳定安全系数的因素有很多，如抗剪强度指标的选用、计算方法的选择、计算条件的选择等。目前，对土坡稳定安全系数的取值，各部门尚无统一标准，具体计算时要将计算方法、强度指标和稳定安全系数综合起来考虑，并要根据工程的不同情况结合当地经验加以确定。

课后训练

1. 有一个砂性土坡，土的内摩擦角为 28°，坡角为 25°，试问该土坡的稳定安全系数是多少？若要求这个土坡的稳定安全系数为 1.2，计算对应的安全坡角是多少？

2. 有一个 6m 高的黏土边坡，根据最危险滑动面计算得到的沿边坡长度每米的抗滑力矩为 2381.4kN·m，滑动力矩为 2468.75kN·m，为提高边坡的稳定性采用底脚压载的办法，如图 6-31 所示，压载物的重度 $\gamma = 18kN/m^3$，试计算压载前后边坡的稳定安全系数。

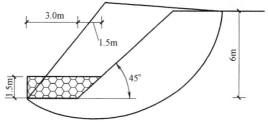

图 6-31 求 6m 高黏土边坡的稳定安全系数

案例小贴士

"地球伤疤"绽放新画卷

江苏省南京市江宁区汤山街道，三环路与孟北路交叉口处的湖山村，从 20 世纪 60 年代开始，这里就是采矿区，东边的一座山叫"棒槌山"，西边的一座山叫"茨山"，1964 年当地的国营水泥厂就在这里开山出矿，一条 14km 的窄轨铁路上每天都跑内燃机车。到了 20世纪 80 年代，江南水泥厂又开出茨山矿，矿山边上有好多小石粉厂、炼灰厂，大货车把马路轧得全是坑，大风吹过扬尘漫天，到处都是灰，植被遭到严重破坏。这里有 9km 长的裸露的崖壁、9 个大大小小的闲置矿坑、最深的泥潭深约 60m，水体黄浊，道路泥泞……青山被毁，满目残山断壁。

2020 年伊始，江苏园博园建设开发有限公司对南京市江宁区汤山街道被废弃的矿坑、水泥厂生态系统进行全面修复。根据《南京市地质灾害防治规划（2017—2025 年）》，该地区属滑坡、崩塌地质灾害易发区，孔山矿片区的孔山矿顶采用喷浆的方式加固，199m 平台已设置截水沟；拟加固的矿坑南侧人工边坡，安全等级为一级；设计坡顶采用抗滑桩及锚索加固，设置扶壁式挡土墙及挡土墙底桩、防护网、喷锚等综合治理方案……

　　如今，附近的居民无不惊叹，眼见着南京地区最大的"地球伤疤"蝶变成为"锦绣江苏、生态慧谷"的实景画卷，他们也成为"世界级山地花园群"里的新居民！园博园为他们开启了幸福、美好的新生活。

　　"绿水青山就是金山银山"，推动绿色发展，促进人与自然和谐共生。开启现代化建设新征程，我们要深入贯彻新发展理念，坚持生态优先、绿色发展，打通"绿水青山、金山银山"间的"转化通道"。

　　从废弃的荒山、矿山到"绿水青山、金山银山"，处在园博园核心区位的湖山村见证了这一巨变。

项目七 桥梁基础应用

项目概述：

桥梁的安危在很大程度上取决于下部基础工程的成败，而影响基础工程的因素多且复杂，稍有不慎，就会给整个工程带来隐患，引发地基基础事故，造成上部结构无法正常使用，甚至发生倒塌和毁坏。在桥梁的设计和施工中，为使基础工程问题得到切合实际的、合理完善的解决，必须通过实地勘探和地基原位测试等方法，取得可靠的地基土层分布及其物理、力学性质指标等资料，并运用土力学的基本理论和基本方法解决浅基础、深基础的工程问题。

学习目标：

1. 能够确定桥梁基础的形式及基础埋置深度；能选择合适的地基基础方案并进行浅基础设计验算。

2. 能够选择桩型，能确定桩基础的尺寸，会验算单桩承载力；能够陈述桩基础的设计原则及设计方法，能够识读桩基础施工方案。

3. 激发爱国情愫，树立专业自信；树立规矩意识，严谨敬业，精益求精。

任务一

天然地基上的刚性浅基础

桥梁上部承受的各种荷载，通过桥台或桥墩传至基础，再由基础传至地基。基础是桥梁下部结构的重要组成部分，因此基础工程在桥梁结构物的设计与施工中占有极为重要的地位，它对结构物的安全使用和工程造价有很大的影响。天然地基上的刚性浅基础是桥梁基础中最简单的一种类型，埋置深度较浅，用料较少，无复杂的施工设备，在开挖完基坑后，只要采取必要的基坑支护和排水疏干措施后就可修建，工期短、造价低，广泛应用于大中型桥梁的桥墩（台）及涵洞的基础工程中。

一、浅基础的设计方法和类型选择

任何结构物都是建造在一定的地层上的，结构物的全部荷载都由下面的地层来承担。受结构物影响的那一部分地层称为地基，结构物与地基接触的部分称为基础。地基可分为天然地基和人工地基。直接修筑基础的天然地层称为天然地基；如天然地层的土质过于软弱或有不良的工程地质问题，则需要经过人工加固或处理后才能修筑基础，这种地基称为人工地基。一般情况下，应尽量采用天然地基。从地基的层次和位置看，它有持力层和下卧层之分。如图7-1所示，持力层即直接承受基础作用的地层；持力层以下的地层称为下卧层，处于被压缩或可能被剪损的状态。

基础根据埋深分为浅基础和深基础。浅基础是指埋置深度小于基础宽度且设计时不考虑基础侧边土体各种抗力作用的基础。浅基础施工方便，通常采用明挖法从地面开挖出基坑后，直接在基坑底面修筑，是桥梁基础的首选方案。如果浅层土质不良，需要基础埋置于较深的良好土层上时，这种基础称为深基础。深基础的设计和施工较复杂，但具有良好的适应性和抗震性，因此在桥梁工程中普遍使用。常见的深基础形式有桩基础、管柱基础和沉井基础。

天然地基上的浅基础，根据受力条件及构造可分为刚性基础和柔性基础两大类。基础受力后，不发生挠曲变形的基础称为刚性基础（图7-2），一般可用抗拉强度较差的圬工材料（浆砌块石、片石，混凝土等）砌筑。这种基础不需要钢材，造价较低，但圬工体积较大，且支撑面积受到一定限制。允许发生较大挠曲变形的基础称为柔性基础，通常采用钢筋混凝土材料砌筑。由于钢筋可以承受较大的拉应力和剪应力，所以当地基承载力较小时，采用柔性基础可以有较大的支撑面积。在桥梁工程中，多数采用刚性基础，包括单独和联合基础、挡土墙下条形基础、柱下条形基础、桥台和桥墩扩大浅基础等，如图7-3~图7-6所示。

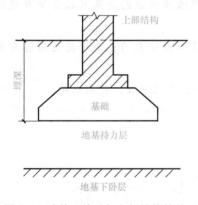

图7-1 地基、基础与上部结构的关系

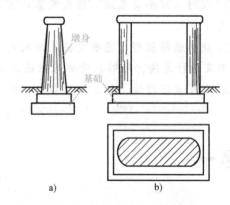

图7-2 桥梁刚性扩大浅基础

地基、基础、墩（台）和上部结构是共同工作且相互影响的，因此在设计基础时应综合考虑上部结构、墩（台）的特性和要求。上部结构的设计也应充分考虑地基的特点，把整个结构物作为一个整体，考虑其整体作用和各个组成部分的共同作用，全面分析结构物整体和各组成部分的设计可行性、安全性和经济性，把强度、变形和稳定性与现场条件、施工

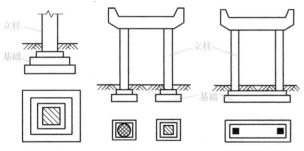

图 7-3　单独和联合基础

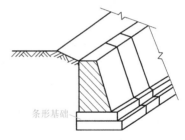

图 7-4　挡土墙下条形基础

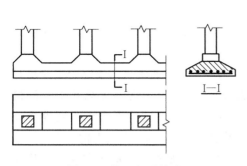

图 7-5　柱下条形基础

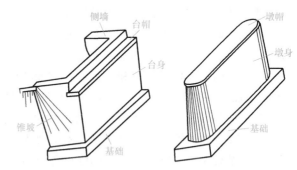

图 7-6　桥台和桥墩扩大浅基础

条件紧密地结合起来进行综合考虑。

对于一般天然地基上的浅基础，常规的设计方法是把上部结构、基础和地基作为独立的单元分开考虑，把上部结构看成是底端固定的结构进行内力计算，把求得的固定端支座反力作为外荷载作用于基础之上，以此对基础进行结构设计；在进行地基计算时，将基底压力视为施加于地基上的外荷载，以此对地基进行承载力验算及必要的变形和稳定性验算。这种常规设计方法满足静力平衡条件，但是没有考虑上部结构、基础和地基之间的共同工作和协调变形条件，使得计算结果与实际情况存在一定误差，但在沉降较小且较均匀、基础刚度较大时，该方法认为是可行的。所以，目前在浅基础中的扩展基础设计中广泛采用这种设计方法。对于大型或复杂的浅基础，宜用常规的设计方法做初步设计，并在此基础上根据具体情况考虑上部结构、基础与地基之间的相互作用。

在设计天然地基上的浅基础时，应分析建筑场地的地质勘查资料和上部结构的设计资料，并进行现场勘察，然后按照上述设计要求对下列内容进行设计：

1）初步选择基础的材料和结构形式。

2）确定基础的埋置深度。

3）确定地基承载力。

4）根据地基承载力和作用在基础上的荷载，初步确定基础的底面尺寸。

5）初步确定基础的高度和剖面形状。

6）进行地基计算，包括地基持力层和软弱下卧层（如果存在）的承载力验算以及按规定需要进行的必要的地基变形验算。对建在斜坡上或有水平荷载作用的建筑物，必要时应验算地基基础的稳定性等。应根据各种验算的结果修改基础设计方案直至全部满足要求。

7）进行基础细部结构和构造的设计，包括必要的基础内力分析和截面验算，应满足构造要求。

8）绘制基础设计施工图，并编制工程设计说明书。

上述设计内容是密切相关、相互制约的，设计时可按上述顺序逐步进行设计与计算，如果发现前面的选择不妥，应修改基础尺寸或埋深，甚至是修改结构形式和基础方案，直至基础设计满足设计要求为止。对规模较大的基础工程，宜对若干可能的方案进行技术经济比较，然后选择最优方案。

桥涵基础类型的选择首先要考虑水文地质条件，例如处于天然河道上的特大、大排洪桥不宜采用明挖施工的浅基础，应考虑桩基础、沉井基础等深基础形式；而位于旱地上或可能形成旱地施工条件（水浅、水的流速较小、便于围水施工）的河流上的桥梁墩（台），只要水文地质条件允许，应优先考虑采用浅基础。

在浅基础的各种类型中，刚性浅基础由于埋置较浅、形式简单、结构稳定、施工简便等特点，适用于在强度较高的地基土上建造桥梁。

从经久耐用、便于施工和就地取材方面考虑，桥梁刚性浅基础通常采用素混凝土或块石（毛石或加工平整的块石）作为砌体材料做成刚性扩大基础，其中素混凝土是常用的一种材料，其抗压强度比块石砌体要高，耐久性也不差。用于墩（台）基础的混凝土强度等级应不低于 C25。对于桥梁浅基础这种大体积砌体，有时允许掺入 15%~20%（砌体体积）的片石。石砌基础用于桥梁时，石料的强度等级应不低于 MU50，水泥砂浆不低于 M20。砖基础由于抗水性和抗冻性较差，一般不用作桥梁基础。

当外荷载较大，地基承载力又较低时，或采用刚性基础需要大幅度加深基础而不经济时，刚性浅基础已经不再适用，可采用钢筋混凝土扩大基础。

当桥较宽、桥下墩柱较多时，有时为了增强墩柱下基础的整体性和承载能力，可将同一排的若干个墩柱的基础联成整体，形成联合基础或柱下条形基础（既可以是圬工刚性基础，也可以是钢筋混凝土基础）。

二、桥涵刚性浅基础的埋置深度

桥涵刚性浅基础的埋置深度，是指从地面或一般冲刷线算起到基底的距离。确定基础埋置深度的原则是，在保证安全可靠的前提下尽量浅埋。设计时一般首先确定基础的可能最小埋深，按构造要求初步拟定基础尺寸，然后进行各种验算，当不能满足要求时再加深基础埋深或增大基底尺寸。在地基分层较复杂的情况下，可作为持力层的土层不止一层，需根据技术经济条件、上部结构形式、邻近建筑物的影响、施工等方面因素的综合比较，选出一个最佳方案。

（一）地基的地质条件

地质条件是确定桥涵基础埋深的重要因素之一。覆盖土层较薄（包括风化岩层）的岩石地基，一般应在清除了覆盖土和风化层后，将基础直接修建在新鲜岩面上；如岩石的风化层很厚，难以全部清除时，基础放在风化层中的深度应根据风化层的风化程度、冲刷深度及相应的地基承载力允许值来确定。如岩层表面倾斜时，不得将基础的一部分置于岩层上，而将另一部分置于土层上，以防止基础因不均匀沉降而发生倾斜甚至断裂。在陡峭山坡上修建桥台时，还应注意岩体的稳定性。

当基础埋置在非岩石地基上时，如受压层范围内为均质土，基础埋置深度除满足冲刷、冻胀、基础最小埋深等要求外，可根据荷载情况由地基土的承载能力和沉降特性来确定。当地质条件较复杂时（如地层由多层土组成等），应通过详细计算或方案比较后确定基础埋置深度。

（二）河流的冲刷深度

在终年有水流的河床上修建基础时，要考虑流水对基础下地基土的冲刷作用。墩（台）修建完成后，河道的过水面积减少，水流流速势必增大，因而会加大水流的冲刷作用，整个河床面被流水冲刷后会下降，这称为一般冲刷，被冲下去的深度称为一般冲刷深度。同时，由于墩的阻水作用，会引起桥墩处河床的局部变形，绕墩的水流在墩的前后端部处会形成立轴漩涡，将桥墩周围的泥沙带走，从而在墩（台）周围产生局部冲刷坑，如图7-7所示，该坑的深度称为局部冲刷深度。某些暴涨暴落的大河，尤其是较大的河流，冲刷深度有时可达一二十米。显然，若基底的埋深小于冲刷深度，则可能一次洪水就把基底下的土全掏光冲走，使墩（台）因失去支撑而倒塌。因此，要求基底一定要埋置在最大冲刷深度以下的一定深度处（基底埋深安全值）。

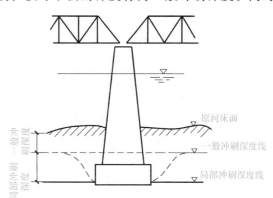

图7-7　河流的冲刷作用

由于影响冲刷深度的因素很多，如河流的类型、河床地层的抗冲刷能力、计算时采用的设计流量的可靠性、桥梁的重要性及修复的难易度等，因此基底埋深安全值不是定值。非岩石河床桥梁墩（台）的基底埋深安全值可按表7-1确定。

表7-1　基底埋深安全值　　　　　　　　　　　（单位：m）

桥 梁 类 别	总冲刷深度				
	0	5	10	15	20
大桥、中桥、小桥（不铺砌）	1.5	2.0	2.5	3.0	3.5
特大桥	2.0	2.5	3.0	3.5	4.0

注：1. 总冲刷深度为自河床面算起的河床自然演变冲刷深度、一般冲刷深度与局部冲刷深度之和。

2. 若对设计流量、水位和原始断面资料无把握或不能获得河床演变的准确资料时，表中数值宜适当加大。

3. 若桥位的上下游有已建桥梁，应调查已建桥梁的特大洪水冲刷情况，新建桥梁墩（台）的基础埋置深度不宜小于已建桥梁的冲刷深度，且应考虑必要的安全值。

4. 如河床上有铺砌层时，基础底面宜设置在铺砌层顶面以下不小于1m处。

位于河槽的桥台，当其总冲刷深度小于桥墩的总冲刷深度时，桥台基底高程应与桥墩相同。当桥台位于河滩时，对于不稳定河流，桥台的基底高程应与桥墩相同；对于稳定河流，桥台的基底高程可按桥台的冲刷计算结果确定。

（三）寒冷地区土的季节性冻胀融陷的影响

在严寒地区，应考虑由于季节性的冰冻和融化对地基土产生的冻胀影响。为保证结构物不受地基土季节性冻胀的影响，除地基为非冻胀性土外，基础底面应埋置在天然最大冻结线以下一定深度处。地基为冻胀土层时，桥涵墩（台）基础底部的埋置深度应符合下列规定：

1）上部结构为超静定结构时，基底应埋入冻结线以下不小于0.25m。

2）当墩（台）基础允许设置在季节性冻胀土层中时，基底的最小埋置深度可按下式计算：

$$d_{min} = z_d - h_{max} \tag{7-1}$$

$$z_d = \psi_{zs}\psi_{zw}\psi_{ze}\psi_{zg}\psi_{zf}z_0 \tag{7-2}$$

式中　d_{min}——基底最小埋置深度（m）；

z_d——设计冻深（m）；

z_0——标准冻深（m）；无实测资料时，可按《桥涵地基规范》附录 E 采用；

ψ_{zs}——土的类别对冻深的影响系数，按表 7-2 采用；

ψ_{zw}——土的冻胀性对冻深的影响系数，按表 7-3 采用；

ψ_{ze}——环境对冻深的影响系数，按表 7-4 采用；

ψ_{zg}——地形坡向对冻深的影响系数，按表 7-5 采用；

ψ_{zf}——基础对冻深的影响系数，取 $\psi_{zf} = 1.1$；

h_{max}——基础底面下允许最大冻层厚度（m），按表 7-6 采用。

表 7-2　土的类别对冻深的影响系数 ψ_{zs}

土 的 类 别	黏 性 土	细砂、粉砂、粉土	中砂、粗砂、砾砂	碎 石 土
ψ_{zs}	1.00	1.20	1.30	1.40

表 7-3　土的冻胀性对冻深的影响系数 ψ_{zw}

冻胀性	不冻胀	弱冻胀	冻胀	强冻胀	特强冻胀	极强冻胀
ψ_{zw}	1.00	0.95	0.90	0.85	0.80	0.75

表 7-4　环境对冻深的影响系数 ψ_{ze}

周 围 环 境	村、镇、旷野	城 市 近 郊	城 市 市 区
ψ_{ze}	1.00	0.95	0.90

注：当城市市区人口为 20 万~50 万时，按城市近郊取值；当城市市区人口大于 50 万小于或等于 100 万时，按城市市区取值；当城市市区人口超过 100 万时，按城市市区取值，5km 以内的郊区应按城市近郊取值。

表 7-5　地形坡向对冻深的影响系数 ψ_{zg}

地 形 坡 向	平 坦	阳 坡	阴 坡
ψ_{zg}	1.0	0.9	1.1

表 7-6　基础底面下允许最大冻层厚度 h_{max}

土的冻胀性类别	弱冻胀	冻胀	强冻胀	特强冻胀	极强冻胀
h_{max}	$0.38z_0$	$0.28z_0$	$0.15z_0$	$0.08z_0$	0

3）涵洞基础设置在季节性冻土地基上时应满足下列要求：

① 出入口和自两端洞口向内各 2~6m 范围内（或可采用不小于 2m 的一段涵节长度）的涵身基底的埋置深度可按式（7-1）计算。

② 涵洞中间部分的基础埋深，可根据地区经验确定。

③ 严寒地区，当涵洞中间部分基础的埋深与洞口埋深相差较大时，其连接处应设置过渡段。

④ 冻结较深的地区，也可采用将基底至冻结线处的地基土换填为粗颗粒土（包括碎石土、砾砂、粗砂、中砂，但其中粉黏粒含量不应大于 15%，或粒径小于 0.1mm 的颗粒含量不应大于 25%）的措施。

4）当墩（台）基底设置在不冻胀土层中时，基底埋深可不受冻深的限制。

（四）上部结构类型和荷载的影响

上部结构的类型不同，对地基土的变形要求就不同，基础的埋置深度也就不同。对于中小跨度的简支梁桥来说，这项因素对确定基础的埋置深度影响不大；但对超静定结构桥梁（拱桥、连续梁桥等）而言，基础产生的任何微小位移，都会使上部结构增加较大的附加内力，此时要选择更好的土层作为持力层，或基础埋深要相对加大。

同样，上部结构荷载的大小，也会影响基础的埋置深度，甚至影响到基础类型的选择。一般情况下，荷载大时基础埋深也大，荷载小时基础埋深也小。

（五）桥位地形及环境条件

位于较陡土坡上的墩（台）、挡土墙基础，若埋置深度较浅时，由于过大的外荷载产生的土侧压力作用可能使基础连同侧坡土体产生滑动而丧失稳定性，在这种情况下，确定基础埋深时要保证基底外缘至坡面有一定的距离。

位于较陡岩石上的墩（台）基础，其基础可制成台阶形，同时要注意斜坡岩体的稳定性。斜坡上基础埋深与侧缘坡面水平距离的关系可参考表 7-7 取值，在具体应用时，应结合桥梁荷载的大小、结构类型、坡体土质情况取值，一般情况应按表中赋值适当增大。

表 7-7 斜坡上基础埋深与侧缘坡面水平距离的关系

持力层土类	h/m	l/m	示 意 图
较完整的坚硬岩石	0.25	0.25~0.50	
一般岩石（如砂页岩互层等）	0.60	0.60~1.50	
松软岩石（如千枚岩等）	1.00	1.00~2.00	
砂类砾石及土层	≥1.00	1.50~2.50	

（六）保证持力层稳定的最小埋深

桥涵基础的基底不应埋置在不稳定表层上，《桥涵地基规范》规定，对涵洞基础，在无冲刷处（岩石地基除外），基础底面应设在地面或河床底以下埋深不小于 1m 处；在有冲刷处，基础底面应设在局部冲刷线以下不小于 1m 处；如河床上有铺砌层时，基础底面宜设置在铺砌层顶面以下不小于 1m 处。

三、刚性浅基础材料的要求和尺寸的拟定

（一）刚性浅基础材料的要求

刚性浅基础一般采用混凝土浇筑或石砌，砌筑材料主要有混凝土、各种石材及砂浆。

1. 混凝土

混凝土是修筑基础的常用材料，它的优点是抗压强度高、耐久性和抗冻性好，可浇筑成任意形状。公路桥涵的混凝土强度等级一般不宜小于 C20。对于大体积混凝土基础，为了节约水泥用量，可掺入不多于砌体体积 20% 的片石（称为片石混凝土），但片石的强度等级不

应低于混凝土强度等级和有关规范规定的石材最低强度等级要求。

2. 石材

刚性基础常用的石材主要有各种料石、块石和片石，常用于小桥涵基础。采用石材砌筑时应错缝，并用水泥砂浆填缝。

1）料石要求外形大致方正，厚度为20~30cm，宽度和长度分别为厚度的1.0~1.5倍和2.5~4.0倍，根据表面平整情况可分为细料石、半细料石和粗料石。

2）块石要求外形大致方正，厚度和宽度要求与料石相同，长度为厚度的1.5~3.0倍。

3）片石为不规则石块，使用时形状不受限制，厚度不得小于15cm，不得采用卵石和薄片形状的片石。

桥涵基础圬工材料最低强度等级见表7-8。

表7-8 桥涵基础圬工材料最低强度等级

结构物种类	圬工材料最低强度等级	砌筑砂浆最低强度等级
大桥、中桥的墩(台)及基础,轻型桥台	MU40 石材 C25 混凝土(现浇) C30 混凝土(预制块)	M7.5
小桥涵的墩(台)及基础	MU30 石材 C20 混凝土(现浇) C25 混凝土(预制块)	M5

一般情况下，地基土的强度比基础墩（台）圬工材料的强度要低，基底的平面尺寸需要稍大于基础墩（台）底平面的尺寸。通常按刚性角限制要求采用台阶形分级递增，每边扩大的尺寸最小为0.2~0.5m，可在纵、横剖面上以0.5m或1.0m的台阶高度取值，以便于施工，同时又能节省材料，减少基础自重。

（二）刚性浅基础尺寸的拟定

基础尺寸的拟定是基础设计中的关键环节，基础尺寸一般应在满足最基本的构造要求的情况下，参考已有的设计经验，拟定出初步的较小尺寸（如果尺寸拟定适当，可以减少重复的计算工作），然后通过验算进行调整。一个经济合理的基础尺寸需要通过反复验算、综合分析才能确定。刚性浅基础尺寸的拟定包括基础高度、基础平面形状和尺寸、基础剖面尺寸三个内容。

1. 基础高度

基础高度（基础厚度）按基础底面和顶面的标高求得。基础底面的标高应按基础埋深的要求确定；基础顶面的标高宜根据桥位情况、施工难易程度，并考虑美观和与整体的协调进行确定。水中基础的顶面一般不高于最低水位浅，位于季节性流水的河流或旱地上的桥梁墩（台）基础，其顶面不宜高出地面，基础顶面一般应低于设计地面1.0m以上，以免基础外露，遭受外界影响而破坏。在一般情况下，大桥、中桥的墩（台）混凝土基础的高度在1.0~5.0m范围取值。

2. 基础平面形状和尺寸

基础平面形状一般应考虑墩（台）底面的形状确定，基底形状一般应大致和墩（台）形状相符，例如墙下基础可用条形基础、圆墩下基础可用圆形或八角形基础，矩形墩下基础可用矩形基础等。为便于施工，圆形墩和圆端形墩以及形状较为复杂的墩（台），也多采用矩形基础。

一般情况下，地基土的强度比基础墩（台）圬工材料的强度要低，上述各种形状基底的平面尺寸都需要稍大于墩（台）底截面尺寸。所以，基础平面尺寸主要依据墩（台）底截面尺寸和刚性角控制要求确定。

当基础顶面标高确定后，墩（台）高度即可确定，从而可确定墩（台）底截面尺寸；再根据刚性角和基础高度，即可求得基础底面尺寸。对常用的矩形基础，基础底面尺寸与高度有如下的关系式（如图 7-8）：

长度（横桥向） $\qquad a = l + 2H\tan\alpha$ (7-3)

宽度（顺桥向） $\qquad b = d + 2H\tan\alpha$ (7-4)

式中 l——墩（台）底截面横桥向长度（m）；

$\quad\ d$——墩（台）底截面宽度（m）；

$\quad\ H$——基础高度（m）；

$\quad\ \alpha$——墩（台）底截面边缘至基础底面边缘与垂线之间的夹角。

3. 基础剖面尺寸

刚性浅基础的剖面形式一般做成矩形或台阶形，如图 7-8 所示。自墩（台）身底面边缘至基础顶面边缘的距离 c_1 称为襟边，其作用是扩大基底面积、增加基础承载力，同时也便于调整基础施工时在平面尺寸上可能发生的误差，这也是为了支立墩（台）身模板的需要。其值应根据基底面积的要求、基础厚度及施工方法确定。桥梁墩（台）基础的襟边最小值一般为 20~30cm。

基础较厚（超过 1m 以上）时，可将基础的剖面浇砌成台阶形，如图 7-8b 所示。基础每层台阶的高度通常为 0.5~1.0m，在一般情况下各层台阶宜采取相同高度。

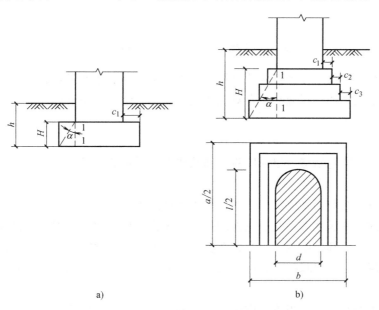

图 7-8 刚性浅基础剖面图、平面图

基础悬出总长度（包括襟边与台阶宽度之和），按刚性基础的定义，应使悬出部分在基底反力作用下，在 1—1 截面（图 7-8）处所产生的弯曲拉应力和剪应力不超过基础圬工的强度限值。满足上述要求时，就可得到自墩（台）身边缘处的垂线与基底边缘的连线间的

最大夹角 α_{max}，称为刚性角。在设计时，应使每个台阶的宽度 c_i 与厚度保持在一定比例内，使其夹角 $\alpha_i \leqslant \alpha_{max}$，这时可认为基础属刚性基础，不必对基础进行弯曲拉应力和剪应力的强度验算，在基础中也可不设置受力钢筋。

刚性角 α_{max} 的数值与基础所用的圬工材料的强度有关。根据试验，常用的基础材料的刚性角 α_{max} 值可按下面提供的数值取用：

1）砖、片石、块石、粗料石砌体，当用 M5 砂浆砌筑时，$\alpha_{max} \leqslant 30°$。

2）砖、片石、块石、粗料石砌体，当用 M7.5 砂浆砌筑时，$\alpha_{max} \leqslant 35°$。

3）使用混凝土浇筑时，$\alpha_{max} \leqslant 40°$。

所拟定的基础尺寸，应是在可能的最不利荷载组合的条件下，能保证基础本身有足够的结构强度，并能使地基与基础的承载力和稳定性均能满足规定要求，并且是经济合理的。

刚性浅基础立面一般设计成对称形式，但有时为改善受力状态，减小合力偏心距，也可设计不对称襟边。如拱桥不等跨时，为了使基底应力分布尽量均匀，有时做成如图 7-9a 所示的立面不对称基础；还可根据地形和受力情况，做成基底不为平面而呈台阶状的基础，如图 7-9b 所示。

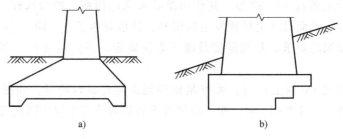

a)   b)

图 7-9 不对称基础形式

a）立面不对称基础 b）底面呈台阶状基础

对于以上初拟的尺寸需进行各项验算，其中基础本身的强度只要满足刚性角的要求即可得到保证，其他验算项目则应在各自对应的最不利荷载组合作用下进行。

四、地基承载力验算

地基承载力验算包括持力层强度验算和软弱下卧层承载力验算。

（一）持力层强度验算

持力层是直接与基底相接触的土层，持力层承载力验算要求荷载在基底产生的地基应力不超过持力层的地基承载力。基底应力的分布在理论上可采用弹性理论求得较精确的解，在项目三中的土中应力部分已做了介绍，在实践中一般采用简化方法，即按材料力学的偏心受压公式进行计算。由于浅基础埋置深度浅，在计算中可不计算基础四周土的摩阻力和弹性抗力的作用。

基础底面土的承载力，当不考虑嵌固作用时，可按以下方法验算：

1）当基底只承受轴心荷载时：

$$P = \frac{N}{A} \leqslant f_a \tag{7-5}$$

式中 P——基底平均压应力（kPa）；

N——作用组合下基底产生的竖向力（kN）；

A——基础底面面积（m²）；

f_a——修正后的地基承载力特征值（kPa）。

2）当基底单向偏心受压，承受竖向力 N 和弯矩 M 共同作用，且基底合力偏心距 $e_0 = \dfrac{M}{N} \leqslant \rho$ 时，应符合下列条件：

$$P_{\max} = \frac{N}{A} + \frac{M}{W} \leqslant \gamma_R f_a \tag{7-6}$$

式中　$P_{\max}$——基底最大压应力（kPa）；

　　　　M——作用组合下墩（台）的水平力和竖向力对基底重心轴的弯矩（kN·m）；

　　　　W——基础底面偏心方向的面积抵抗矩（m³）；

　　　　γ_R——抗力系数。

3）当基底双向偏心受压，承受竖向力 N、绕 x 轴弯矩 M_x、绕 y 轴弯矩 M_y 的共同作用时（如曲线桥），计算基底压力时应符合下列条件：

$$P_{\max} = \frac{N}{A} + \frac{M_x}{W_x} + \frac{M_y}{W_y} \leqslant \gamma_R f_a \tag{7-7}$$

式中　M_x、M_y——作用于基底的水平力和竖向力绕 x 轴和 y 轴的对基底的弯矩；

　　　　W_x、W_y——基础底面偏心方向边缘绕 x 轴和 y 轴的面积抵抗矩。

当设置在基岩上的墩（台）基底承受单向偏心荷载，且其偏心距 e_0 超过相应的截面核心半径 ρ 时，宜仅按受压区计算基底最大压应力（不考虑基底承受拉力）。基底为矩形截面时，其最大压应力 $P_{\max}$ 可按下式计算：

$$P_{\max} = \frac{2N}{3\left(\dfrac{b}{2} - e_0\right)a} \leqslant \gamma_R f_a \tag{7-8}$$

式中　b——偏心方向基础底面的边长（m）；

　　　　a——垂直于 b 边基础底面的边长（m）；

　　　　e_0——N 作用点距截面重心的距离（m）；

　　　　N——墩（台）基础承受的单向偏心荷载（kN）。

对于桥梁，通常基础的横桥向长度比顺桥向宽度要大得多，同时上部结构在横桥向的布置常是对称的，故一般由顺桥向控制基底应力计算。但对于通航河流或河流中有漂流物时，应计算船舶撞击力或漂流物撞击力在横桥向产生的基底应力，并与顺桥向的基底应力相比较，取最大值。

（二）软弱下卧层承载力验算

当受压层范围内地基为多层土（主要是指地基承载力有差异时）结构，且持力层以下有软弱下卧层（是指承载力特征值小于持力层承载力特征值的土层）时，如图 7-10 所示，这时还应验算软弱下卧层的承载

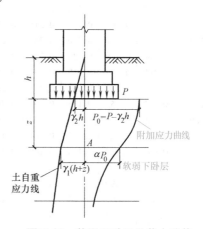

图 7-10　软弱下卧层承载力验算

力。验算时，先计算软弱下卧层顶面 A（在基底形心轴下）的总应力（包括自重应力及附加应力）不得大于该处修正后的下卧层的承载力，即

$$P_z = \gamma_1(h+z) + \alpha(P - \gamma_2 h) \leqslant \gamma_R f_a \tag{7-9}$$

式中　P_z——软弱地基或软土层的压应力（kPa）；

$\qquad h$——基底的埋置深度（m）；当基础受水流冲刷时，由一般冲刷线算起；当基础不受水流冲刷时，由天然地面算起；如基础位于挖方内，则由开挖后地面算起；

$\qquad z$——从基底到软弱地基或软土层地基顶面的距离（m）；

$\qquad \gamma_1$——深度 $h+z$ 范围内各土层的换算重度（kN/m^3）；

$\qquad \gamma_2$——深度 h 范围内各土层的换算重度（kN/m^3）；

$\qquad \alpha$——土中附加压应力系数，参见表 7-9；

$\qquad P$——基底压应力（kPa）；当 $z/b > 1$ 时，P 采用基底平均压应力；当 $z/b \leqslant 1$ 时，P 按基底压应力图形采用距最大压应力点 $b/4 \sim b/3$ 处的压应力（对梯形图形中前后端压应力差值较大时，可采用上述 $b/4$ 点处的压应力值；反之，则采用上述 $b/3$ 处的压应力值）；以上 b 为矩形基底的宽度；

$\qquad f_a$——软弱地基或软土层地基顶面土的承载力特征值。

表 7-9　桥涵基底中点下卧层附加压应力系数 α

z/b \ l/b	1.0	1.2	1.4	1.6	1.8	2.0	2.4	2.8	3.2	3.6	4.0	5.0	$\geqslant 10$（条形）
0.0	1.000	1.000	1.000	1.000	1.000	1.000	1.000	1.000	1.000	1.000	1.000	1.000	1.000
0.1	0.980	0.984	0.986	0.987	0.987	0.988	0.988	0.989	0.989	0.989	0.989	0.989	0.989
0.2	0.960	0.968	0.972	0.974	0.975	0.976	0.976	0.977	0.977	0.977	0.977	0.977	0.977
0.3	0.880	0.899	0.910	0.917	0.920	0.923	0.925	0.928	0.928	0.929	0.929	0.929	0.929
0.4	0.800	0.830	0.848	0.859	0.866	0.870	0.875	0.878	0.879	0.880	0.880	0.881	0.881
0.5	0.703	0.741	0.765	0.781	0.791	0.799	0.810	0.812	0.814	0.816	0.817	0.818	0.818
0.6	0.606	0.651	0.682	0.703	0.717	0.727	0.737	0.746	0.749	0.751	0.753	0.754	0.755
0.7	0.527	0.574	0.607	0.630	0.648	0.660	0.674	0.685	0.690	0.692	0.694	0.697	0.698
0.8	0.449	0.496	0.532	0.558	0.578	0.593	0.612	0.623	0.630	0.633	0.636	0.639	0.642
0.9	0.392	0.437	0.473	0.499	0.520	0.536	0.559	0.572	0.579	0.584	0.588	0.592	0.596
1.0	0.334	0.378	0.414	0.441	0.463	0.482	0.505	0.520	0.529	0.536	0.540	0.545	0.550
1.1	0.295	0.336	0.369	0.396	0.418	0.436	0.462	0.479	0.489	0.496	0.501	0.508	0.513
1.2	0.257	0.294	0.325	0.352	0.374	0.392	0.419	0.437	0.449	0.457	0.462	0.470	0.477
1.3	0.229	0.263	0.292	0.318	0.339	0.357	0.384	0.403	0.416	0.424	0.431	0.440	0.448
1.4	0.201	0.232	0.260	0.284	0.304	0.321	0.350	0.369	0.383	0.393	0.400	0.410	0.420
1.5	0.180	0.209	0.235	0.258	0.277	0.294	0.322	0.341	0.356	0.366	0.374	0.385	0.397
1.6	0.160	0.187	0.210	0.232	0.251	0.267	0.294	0.314	0.329	0.340	0.348	0.360	0.374
1.7	0.145	0.170	0.191	0.212	0.230	0.245	0.272	0.292	0.307	0.317	0.326	0.340	0.355
1.8	0.130	0.153	0.173	0.192	0.209	0.224	0.250	0.270	0.285	0.296	0.305	0.320	0.337
1.9	0.119	0.140	0.159	0.177	0.192	0.207	0.233	0.251	0.263	0.278	0.288	0.303	0.320
2.0	0.108	0.127	0.145	0.161	0.176	0.189	0.214	0.233	0.241	0.260	0.270	0.285	0.304
2.1	0.099	0.116	0.133	0.148	0.163	0.176	0.199	0.220	0.230	0.244	0.255	0.270	0.292
2.2	0.090	0.107	0.122	0.137	0.150	0.163	0.185	0.208	0.218	0.230	0.239	0.256	0.280
2.3	0.083	0.099	0.113	0.127	0.139	0.151	0.173	0.193	0.205	0.216	0.226	0.243	0.269
2.4	0.077	0.092	0.105	0.118	0.130	0.141	0.161	0.178	0.192	0.204	0.213	0.230	0.258
2.5	0.072	0.085	0.097	0.109	0.121	0.131	0.151	0.167	0.181	0.192	0.202	0.219	0.249
2.6	0.066	0.079	0.091	0.102	0.112	0.123	0.141	0.157	0.170	0.184	0.191	0.208	0.239

（续）

z/b \ l/b	1.0	1.2	1.4	1.6	1.8	2.0	2.4	2.8	3.2	3.6	4.0	5.0	≥10（条形）
2.7	0.062	0.073	0.084	0.095	0.105	0.115	0.132	0.148	0.161	0.174	0.182	0.199	0.234
2.8	0.058	0.069	0.079	0.089	0.099	0.108	0.124	0.139	0.152	0.163	0.172	0.189	0.228
2.9	0.054	0.064	0.074	0.083	0.093	0.101	0.177	0.132	0.144	0.155	0.163	0.180	0.218
3.0	0.051	0.060	0.070	0.078	0.087	0.095	0.110	0.124	0.136	0.146	0.155	0.172	0.208
3.2	0.045	0.053	0.062	0.070	0.077	0.085	0.098	0.111	0.122	0.133	0.141	0.158	0.190
3.4	0.040	0.048	0.055	0.062	0.069	0.076	0.088	0.100	0.110	0.120	0.128	0.144	0.184
3.6	0.036	0.042	0.049	0.056	0.062	0.068	0.080	0.090	0.100	0.109	0.117	0.133	0.175
3.8	0.032	0.038	0.044	0.050	0.056	0.062	0.072	0.082	0.091	0.100	0.107	0.123	0.166
4.0	0.029	0.035	0.040	0.046	0.051	0.056	0.066	0.075	0.084	0.090	0.095	0.113	0.158
4.2	0.026	0.031	0.037	0.042	0.048	0.051	0.060	0.069	0.077	0.084	0.091	0.105	0.150
4.4	0.024	0.029	0.034	0.038	0.042	0.047	0.055	0.063	0.070	0.077	0.084	0.098	0.144
4.6	0.022	0.026	0.031	0.035	0.039	0.043	0.051	0.058	0.065	0.072	0.078	0.091	0.137
4.8	0.020	0.024	0.028	0.032	0.036	0.040	0.047	0.054	0.060	0.067	0.072	0.085	0.132
5.0	0.019	0.022	0.026	0.030	0.033	0.037	0.044	0.050	0.056	0.062	0.067	0.079	0.126

注：l、b 分别为矩形基础边缘的长边和短边（m）；z 为基底至下卧层土面的距离（m）。

五、基底合力偏心距验算

墩（台）基础的设计计算必须控制基底合力偏心距，其目的是尽可能使基底应力分布比较均匀，以免基底两侧应力相差过大使基础产生较大的不均匀沉降，导致墩（台）发生倾斜，影响正常使用。在设计时，应对基底合力偏心距 e_0 加以控制，使其不超过某一数值。

桥涵墩（台）应验算作用于基底的合力偏心距，并应满足下列规定：

1）桥涵墩（台）基底的合力偏心距允许值 $[e_0]$ 应符合表 7-10 的规定。

表 7-10　桥涵墩（台）基底的合力偏心距允许值 $[e_0]$

作用情况	地基条件	$[e_0]$	备注
仅承受永久作用标准值组合	非岩石地基	桥墩，0.1ρ	拱桥、刚构桥墩（台），其合力作用点应尽量保持在基底重心附近
		桥台，0.75ρ	
承受作用标准值组合或偶然作用标准值组合	非岩石地基	ρ	拱桥单向推力墩不受限制，但应符合规范规定的抗倾覆稳定系数
	较破碎～极破碎岩石地基	1.2ρ	
	完整、较完整岩石地基	1.5ρ	

2）基底以上外力作用点对基底重心轴的偏心距 e_0 可按式（7-10）计算：

$$e_0 = \frac{M}{N} \leqslant [e_0] \tag{7-10}$$

式中　M——所有外力（竖向力、水平力）对基底截面重心的弯矩（kN·m）；

N——作用于基底的竖向力（kN）。

3）基底承受单向或双向偏心受压的截面核心半径 ρ 值可按下式计算：

$$\rho = \frac{e_0}{1 - \dfrac{P_{\min} A}{N}} \tag{7-11}$$

式中 $P_{\min}$——基底最小压应力（kPa），当为负值时表示拉应力。

式（7-11）中的其他符号意义同前，但要注意 N 和 $P_{\min}$ 应在同一种作用组合情况下求得。在验算基底偏心距时，应采用与计算基底应力相同的最不利作用组合。

【例 7-1】 公路桥台基础埋深为 5.0m，基底以上土的重度 $\gamma_1 = 19.8 \mathrm{kN/m^3}$，孔隙比 $e = 0.75$，液性指数 $I_L = 0.15$，持力层为硬塑黏土。设计基础底面为矩形，基础底面边长 $a = 9.0\mathrm{m}$，$b = 4.0\mathrm{m}$。考虑永久作用时，基底形心处受力为竖向力 $N_1 = 7800\mathrm{kN}$，力矩 $M_1 = 1800\mathrm{kN \cdot m}$，顺短边方向作用，水平剪力 $H_1 = 0\mathrm{kN}$；考虑永久作用和汽车作用组合时，基底形心处受力为竖向力 $N_2 = 8000\mathrm{kN}$，力矩 $M_2 = 2800\mathrm{kN \cdot m}$，水平剪力 $H_2 = 120\mathrm{kN}$，水平剪力和弯矩均顺短边方向，如图 7-11 所示，试验算基底合力偏心距。

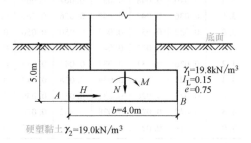

图 7-11 例 7-1 图

解：1）桥台仅承受永久作用标准值组合时，竖向力 $N_1 = 7800\mathrm{kN}$，力矩 $M_1 = 1800\mathrm{kN \cdot m}$，桥台合力偏心距为 $e_0 = \dfrac{M}{N} = \dfrac{1800}{7800}\mathrm{m} = 0.23\mathrm{m}$。

矩形桥台基础的核心半径为 $\rho = \dfrac{W}{A} = \dfrac{b}{6} = \dfrac{4}{6}\mathrm{m} = 0.67\mathrm{m}$。

查表 7-10 得 $[e_0] = 0.75\rho = 0.50\mathrm{m}$，$e_0 = \dfrac{M}{N} = 0.23\mathrm{m} < [e_0] = 0.50\mathrm{m}$，所以基底偏心距满足要求。

2）桥台承受永久作用和汽车作用组合时，竖向力 $N_2 = 8000\mathrm{kN}$，力矩 $M_2 = 2800\mathrm{kN \cdot m}$，桥台合力偏心距为 $e_0 = \dfrac{M}{N} = \dfrac{2800}{8000}\mathrm{m} = 0.35\mathrm{m}$。

矩形桥台基础的核心半径为 $\rho = \dfrac{W}{A} = \dfrac{b}{6} = \dfrac{4}{6}\mathrm{m} = 0.67\mathrm{m}$。

查表 7-10 得 $[e_0] = \rho = 0.67\mathrm{m}$，$e_0 = 0.35\mathrm{m} < [e_0] = 0.67\mathrm{m}$，所以基底偏心距满足要求。

六、基础稳定性和地基稳定性验算

在进行基础设计计算时，必须保证基础本身具有足够的稳定性。基础稳定性验算包括基础抗倾覆稳定性验算和基础抗滑动稳定性验算。此外，对某些土质条件下的桥台、挡土墙还要验算地基的稳定性，以防桥台、挡土墙下地基发生滑动。

（一）基础抗倾覆稳定性验算

桥涵墩（台）基础的抗倾覆稳定应按下式计算（图 7-12）：

$$k_0 = \frac{s}{e_0} \tag{7-12}$$

$$e_0 = \frac{\sum P_i e_i + \sum H_i h_i}{\sum P_i} \tag{7-13}$$

式中 k_0——墩（台）基础抗倾覆稳定性系数；

s——在截面重心至合力作用点的延长线上，自截面重心至验算倾覆轴的距离（m）；

e_0——所有外力的合力 R 在验算截面的作用点对基底重心轴的偏心距（m）；

P_i——不考虑其分项系数和组合系数的作用标准值组合或偶然作用标准值组合引起的竖向力（kN）；

e_i——竖向力 P_i 对验算截面重心的力臂（m）；

H_i——不考虑其分项系数和组合系数的作用标准值组合或偶然作用标准值组合引起的水平力（kN）；

h_i——水平力对验算截面的力臂（m）。

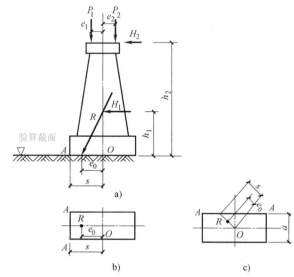

图 7-12　桥涵墩（台）基础的抗倾覆稳定验算示意
a）立面　b）平面（单向偏心）　c）平面（双向偏心）
O—截面重心　R—合力作用点　$A—A$—验算倾覆轴

注意：弯矩应视其绕验算截面重心轴的不同方向取正负号；对于矩形凹缺的多边形基础，其倾覆轴应取基底截面的外包线。

（二）基础抗滑动稳定性验算

桥涵墩（台）基础的抗滑动稳定性系数 k_c 按下式计算：

$$k_c = \frac{\mu \sum P_i + \sum H_{iP}}{\sum H_{ia}} \tag{7-14}$$

式中　k_c——桥涵墩（台）基础的抗滑动稳定性系数；

$\sum P_i$——竖向力总和（kN）；

$\sum H_{iP}$——抗滑稳定水平力总和（kN）；

$\sum H_{ia}$——滑动水平力总和（kN）；

μ——基础底面与地基土之间的摩擦系数，通过试验确定；当缺少实际资料时，可参照表 7-11 采用。

注意：$\sum H_{iP}$ 和 $\sum H_{ia}$ 分别为两个相对方向的各自水平力总和，绝对值较大的为滑动水平力总和 $\sum H_{ia}$，另一值为抗滑稳定水平力总和 $\sum H_{iP}$；$\mu \sum P_i$ 为抗滑动力。

表 7-11　基础底面与地基土之间的摩擦系数

地基土分类	μ	地基土分类	μ
黏土（流塑~坚硬）、粉土	0.25~0.35	软岩（极软岩~较软岩）	0.40~0.60
砂土（粉砂~砾砂）	0.30~0.40	硬岩（较硬岩~坚硬岩）	0.60、0.70
碎石土（松散~密实）	0.40~0.50		

验算墩（台）抗倾覆和抗滑动的稳定性时，稳定性系数不应小于表 7-12 的规定。

表 7-12　抗倾覆和抗滑动的稳定性系数限值

作 用 组 合		验 算 项 目	稳定性系数限值
使用阶段	永久作用(不计混凝土收缩及徐变、浮力)和汽车、人群作用的标准值组合	抗倾覆	1.5
		抗滑动	1.3
	各种作用的标准值组合	抗倾覆	1.3
		抗滑动	1.2
施工阶段作用的标准值组合		抗倾覆	1.2
		抗滑动	

(三) 地基稳定性验算

位于软土地基上较高的桥台需验算桥台沿滑裂曲面滑动的稳定性，基底下地基如在不深处有软弱夹层时，在台后土推力作用下，基础也有可能沿软弱夹层 Ⅱ 的层面滑动，如图 7-13a 所示；在较陡的土质斜坡上的桥台、挡土墙也有滑动的可能，如图 7-13b 所示。这种地基稳定性验算可按土坡稳定分析方法，即用圆弧滑动面法来进行。在验算时，一般假定滑动面通过填土一侧基础的剖面角点 A（图 7-13）。但在计算滑动力矩时，应计入桥台上作用的外荷载（包括上部结构自重和活荷载等）以及桥台和基础的自重影响，然后求出稳定系数满足规定的要求值。

以上对地基与基础的验算均应满足设计规定的要求；达不到要求时，必须采取设计措施，如梁桥桥台基础在台后土压力引起的倾覆力矩比较大，而基础的抗倾覆稳定性不能满足要求时，可将台身做成不对称的形式，如图 7-14 所示的后倾形式，这样可以增加由台身自重产生的抗倾覆力矩，提高抗倾覆能力。如采用图 7-14 所示的外形，则在砌筑台身时，应及时在台后填土并夯实，以防台身发生向后的倾覆和转动；也可在台后一定长度范围内填碎石、干砌片石或填石灰土，以增大填料的内摩擦角并减小压力，达到减小倾覆力矩、提高抗倾覆能力的目的。

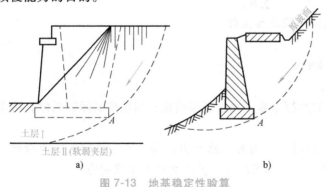

图 7-13　地基稳定性验算

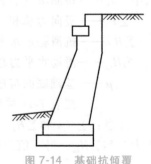

图 7-14　基础抗倾覆
措施（后倾形式）

拱桥桥台在拱脚水平推力作用下，基础的滑动稳定性不能满足要求时，可在基底四周做成如图 7-15a 所示的齿槛，其受力状态由基底与土层之间的摩擦滑动变为土层的剪切破坏，从而提高了基础的抗滑能力。如仅受单向水平推力时，也可将基底设计成如图 7-15b 所示的倾斜形式，以减小滑动力，同时增加在斜面上的压力。由图 7-15b 可见滑动力随 α 角的增大而减小，从安全考虑，α 角不宜大于 10°，同时要保持基底以下土层在施工时不受扰动。

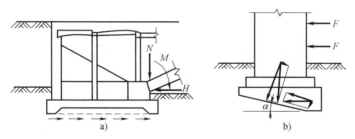

图 7-15　基础抗滑动措施

当高填土的桥台基础或土坡上的挡土墙地基可能出现滑动或在土坡上出现裂缝时，可以增加基础的埋置深度或改用桩基础，以提高墩（台）基础下地基的稳定性；或者在土坡上设置地面排水系统，拦截和引走滑坡体以外的地表水，以减少因渗水引起的土坡滑动的不稳定因素。

七、基础沉降验算

墩（台）基础的沉降必然引起上部结构下沉，从而影响桥下净高和伸缩装置、支座、简支梁连续桥面的使用。一般情况下，有下列情况时要验算墩（台）基底的沉降：

1）两相邻跨径差别很大。

2）确定跨线桥或跨线渡槽下的净高时，需要预先计算其墩（台）沉降值。

3）当墩（台）建在地质复杂、地层不均匀及承载力较差的地基上时。

4）桥梁改建或拓宽。

墩（台）的沉降应符合下列规定：

1）相邻墩（台）间的不均匀沉降差值（不包括施工中的沉降），不应使桥面形成大于0.2%的附加纵坡（折角）。

2）超静定结构桥梁墩（台）之间的不均匀沉降差值，还应满足结构的受力要求。

墩（台）基础的最终沉降量，可按下列公式计算：

$$S = \psi_s \sum_{i=1}^{n} \Delta S_i = \psi_s \sum_{i=1}^{n} \frac{P_0}{E_{si}} (z_i \overline{\alpha}_i - z_{i-1} \overline{\alpha}_{i-1}) \tag{7-15}$$

地基沉降计算时设定计算深度 z_n 应符合式（7-16）的要求；当计算深度下面仍有较软土层时，应继续计算。

$$\Delta s_n \leqslant 0.025 \sum_{i=1}^{n} \Delta s_i \tag{7-16}$$

当无相邻荷载影响且基底宽度在 1~30m 范围内时，基底中心的地基沉降计算深度 z_n 也可按下列简化公式计算：

$$z_n = b(2.5 - 0.4\ln b) \tag{7-17}$$

上述各公式中的符号含义具体见项目四任务二。

【例 7-2】　某桥墩为混凝土实体墩，刚性浅基础，作用频遇组合产生作用力：支座反力为 840kN 及 930kN；桥墩及基础自重为 5480kN；设计水位以下墩身及基础浮力为 1200kN；制动力为 84kN；墩帽与墩身风力分别为 2.1kN 和 16.8kN。结构尺寸及地质、水文资料如图 7-16 所示，基础宽 3.1m，长 9.9m。要求验算：①地基强度；②基底合力偏心距；③基础稳定性。

解： 1）地基强度验算。

① 持力层强度验算。持力层为中砂，$f_{a0}=370\text{kPa}$，宽度、深度修正系数分别为 $k_1=2.0$，$k_2=4.0$。则修正后的地基承载力特征值 f_a 为

$$f_a=f_{a0}+k_1\gamma_1(b-2)+k_2\gamma_2(h-3)$$
$$=370\text{kPa}+2.0\times(20.5-10)\times(3.1-2)\text{kPa}+$$
$$4.0\times(20.5-10)\times(4.1-3)\text{kPa}$$
$$=439.3\text{kPa}$$

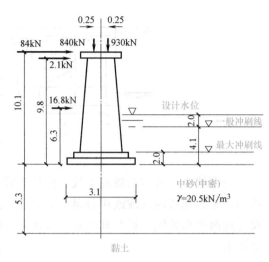

图 7-16　例 7-2 图（尺寸单位：m）

根据规范规定，基础底面位于透水性地基上的桥梁墩（台），当验算稳定时，应考虑设计水位的浮力；当验算地基应力时，可仅考虑低水位的浮力，或不考虑水的浮力。

基底竖向力 $N=840\text{kN}+930\text{kN}+5480\text{kN}=7250\text{kN}$

水平力 $T=84\text{kN}+2.1\text{kN}+16.8\text{kN}=102.9\text{kN}$

基底重心轴弯矩 $M=84\times10.1\text{kN}\cdot\text{m}+2.1\times9.8\text{kN}\cdot\text{m}+16.8\times6.3\text{kN}\cdot\text{m}+930\times0.25\text{kN}\cdot\text{m}-840\times0.25\text{kN}\cdot\text{m}=997.32\text{kN}\cdot\text{m}$

基底最大压应力 $P_{max}=N/A+M/W=7250/(3.1\times9.9)\text{kPa}+997.32/(9.9\times3.1\times3.1\div6)\text{kPa}=299.11\text{kPa}$

$299.11\text{kPa}\leqslant1.25\times439.3\text{kPa}$，则 $P_{max}\leqslant\gamma_R f_a$，满足要求。

② 软弱下卧层强度验算。下卧层为黏土，$I_L=1.0$，$e_0=0.8$，查表 5-6 得 $f_{a0}=150\text{kPa}$，小于持力层的 $f_{a0}=370\text{kPa}$，故为软弱下卧层。

$I_L=1.0>0.5$，宽度、深度修正系数分别为 $k_1=0$、$k_2=1.5$，则修正后的软弱下卧层的承载力为

$$f_a=f_{a0}+k_1\gamma_1(b-2)+k_2\gamma_2(h+z-3)$$
$$=150\text{kPa}+1.5\times(20.5-10)(4.1+5.3-3)\text{kPa}=250.8\text{kPa}$$

下卧层顶面应力为 $P_z=\gamma_1(h+z)+\alpha(p-\gamma_2 h)$，其中 γ_1 为 $(h+z)$ 范围内的重度，且为浮重度，故 $\gamma_1=10.5\text{kN/m}^3$；$\gamma_2$ 为 h 范围内的重度，则 $\gamma_2=10.5\text{kN/m}^3$。

因 $z/b=5.3/3.1=1.71>1$，则 P 为基底平均压应力，为 236.23kPa；$a/b=9.9/3.1=3.194$，查表 7-9 经内插得 $\alpha=0.305$，则有

$$P_z=10.5\times(4.1+5.3)\text{kPa}+0.305\times(236.23-10.5\times4.1)\text{kPa}=157.62\text{kPa}$$

$P_z\leqslant1.25f_a$，因此软弱下卧层满足要求。

2）基底合力偏心距验算。基底合力偏心距 $e_0=M/N$，其中 N 考虑了墩身和基础浮力作用影响，$N=(7250-1200)\text{kN}=6050\text{kN}$，又有

$$e_0=997.32/6050=0.16$$
$$\rho=1/6\times b=3.1/6=0.52$$

$e_0=M/N\leqslant[e_0]=\rho$，满足要求。

3）基础稳定性验算。基础稳定性验算分为以下两种情况：

① 抗倾覆稳定性验算

$$k_0 = \frac{s}{e_0}$$

$$e_0 = \frac{\sum P_i e_i + \sum H_i h_i}{\sum P_i}$$

其中 $s = b/2 = 3.1/2 = 1.55$，$e_0 = 997.32/6.50 = 0.16$，查表 7-12 得抗倾覆稳定性系数为 1.3，$k_0 = 1.55/0.16 = 9.69 > 1.3$，符合要求。

② 抗滑动稳定性验算

$$k_c = \frac{\mu \sum P_i + \sum H_{iP}}{\sum H_{ia}}$$

其中 $\sum P_i = 6050 \text{kN}$，$\sum H_{iP} = 0$，$\sum H_{ia} = 102.9 \text{kN}$，查表 7-11 得 $\mu = 0.4$；查表 7-12 得抗滑动稳定性系数为 1.2，$k_c = 0.4 \times 6050/102.9 = 23.52 > 1.2$，符合要求。

课后训练

对一桥梁的中墩刚性浅基础进行设计，确定基础的埋置深度和尺寸，并进行验算。设计资料：有一桥墩墩底为矩形（2m×8m），刚性浅基础顶面设在河床下 1m，频遇组合的作用力为轴力 $N = 5200 \text{kN}$，弯矩 $M = 840 \text{kN} \cdot \text{m}$，水平力 $H = 96 \text{kN}$。地基土为一般黏性土，第一层厚 2m（自河床算起），$\gamma_1 = 19.0 \text{kN/m}^3$，$e_1 = 0.9$，$I_{L1} = 0.8$；第二层厚 5m，$\gamma_2 = 19.5 \text{kN/m}^3$，$e_2 = 0.45$，$I_{L2} = 0.35$，低水位在河床以上 1m（第二层下为泥质页岩），要求确定桥墩基础埋置深度及尺寸，并进行验算。

任务二

桩基础

桩基础是十分古老的基础形式之一，在古代，建筑工人经常采用木桩来解决软土地基上的基础工程问题。在工程实践中，当地基的浅层土质不良，采用浅基础无法满足建筑物对地基承载力、变形和稳定性方面的要求时，可以利用地基下方的坚硬土层或岩层作为地基的持力层，这就是桩基础。桩基础是一种常用的深基础形式。

一、桩基础的适用性

桩基础可以分为单桩基础和群桩基础两种。单桩基础由上部墩柱与单根桩直接连接构成，如图 7-17a 所示，墩柱的荷载直接传给桩，再由桩传到岩土层中。而群桩基础通过承台（或盖梁）把若干根桩的顶部连接成整体，如图 7-17b、c 所示，上部荷载首先传给承台，通过承台的分配和调整，荷载再传到其下的各根单桩，最后由各根单桩将荷载传给地基。群桩基础中的单桩称为基桩，由基桩和承台下的地基土共同承担荷载的桩基础称为复合桩基础，由基桩及其对应面积的承台下地基土组成的复合承载基桩称为复合基桩。

桩基础按承台位置可以分为低承台桩基础（图 7-17b）和高承台桩基础。低承台桩基础的承台底面位于地面以下（无冲刷）或局部冲刷线以下，在计算桩基础受力时，要考虑承

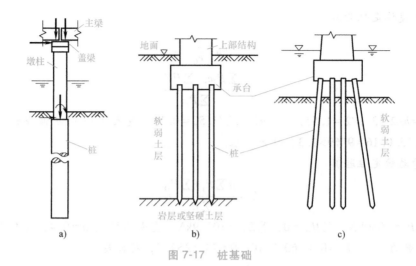

图 7-17 桩基础

台的作用；高承台桩基础的承台底面位于地面（或冲刷线）以上，还可进一步细分为露出水面以上的高承台桩基础和埋藏在水面以下的高承台桩基础（图 7-17c）。高承台桩基础的结构特点是基桩的部分桩身沉入土中，另一部分桩身外露在地面以上成为桩的自由长度，进行桩的受力计算时要考虑自由长度的影响。在工业与民用建筑中，绝大多数采用低承台桩基础，高承台桩基础则多用于桥梁工程、港口工程或海洋结构。

桩基础的优点：桩基础具有较高的承载能力与稳定性，是减少建筑物沉降与不均匀沉降的良好技术措施；桩基础能克服复杂条件下的不良地质危害，且有良好的抗震、抗爆性能；桩基础在深水河道中可避免或减少水下工程施工，简化施工步骤，加快施工速度，并可改善工作条件；桩基础具有很强的灵活性，对结构体系、作业范围及荷载变化等有较强的适应能力。

桩基础的缺点：桩基础的造价一般较高；桩基础施工比一般的浅基础施工要复杂（但比沉井、沉箱等深基础施工要简单）；以打入等方式成桩存在振动及噪声等环境问题，而以成孔灌注等方式成桩常给场地的环境卫生带来影响；桩基础的工作机理比较复杂，其设计、计算方法还不完善。

桩基础主要用于以下几个方面：

1）软弱地基或某些特殊土质上的各类永久性建筑物，不允许地基有过大的沉降和不均匀沉降时。

2）对于高度大、荷载大的建筑物，如高层建筑、重型工业厂房和仓库、料仓等，地基承载力不能满足设计需要时。

3）对桥梁、码头、烟囱、输电塔等结构，宜采用桩基础以承受较大的水平力和上拔力时。

4）对放置精密设备或大型设备的建筑基础，需要减小基础振幅、减弱基础振动对结构的影响时。

5）在地震区，以桩基础作为地震区结构的抗震措施或穿越可液化地基时。

6）水上基础，当施工水位较高或河床冲刷较大，采用浅基础施工困难或不能保证基础的安全时。

7）建筑场地为湿陷性黄土、膨胀土、人工填土、垃圾土和可液化土层时。

以上情况也可以采用其他形式的深基础，但桩基础往往是优先考虑的深基础方案。要注意的是，在某些情况下不宜采用桩基础形式（如一些挡水构筑物若采用桩基础，则沿桩表面可能会产生渗流路径，加速对上层软弱土的冲刷，所以此时采用桩基础不合适），而应经过多方比较之后再确定正确的基础设计方案。

二、桩和桩基础的类型

桩和桩基础种类繁多，按桩径可分为小直径桩（$d \leqslant 250mm$）、中等直径桩（$250mm < d < 800mm$）、大直径桩（$d \geqslant 800mm$）；按桩轴方向可分为竖直桩、单向斜桩、多向斜桩以及桩架等；按桩的使用功能可分为竖向抗压桩、竖向抗拔桩、水平受荷桩和复合受荷桩。在桩基础的设计和施工中，还常根据桩的材料、承载性状、成桩效应及施工方法等划分为各种类型。

（一）按桩的材料分类

桩按材料可分为木桩、混凝土桩、钢桩及组合材料桩等。目前，应用最多的是钢筋混凝土桩、预应力混凝土桩。

1. 木桩

木桩是一种古老的桩基础形式，常采用坚韧耐久的木材（如杉木、松木、橡木等）制成，其桩径一般为 $160 \sim 360mm$，桩长为 $4 \sim 18m$。木桩具有制造简单、质量小、运输和成桩方便等优点；但木桩长度较小、不易接桩、承载力较低，在干湿交替的环境中极易腐烂，现一般很少使用，仅在乡村小桥和临时抢险等工程中使用。

2. 混凝土桩

混凝土桩是土建工程中大量应用的一类桩型，混凝土桩可进一步分为素混凝土桩、钢筋混凝土桩及预应力钢筋混凝土桩。

1）素混凝土桩。素混凝土桩受到混凝土抗压强度高而抗拉强度低的特点的限制，一般通过地基成孔、灌注的方式成桩，只在桩承压条件下采用，不适用于荷载条件复杂多变的情况，因而其应用已很少。

2）钢筋混凝土桩。钢筋混凝土桩的长度主要受到成桩方法的限制，其截面形式可以是方形、圆形或三角形等；既可以是实心的，也可以是空心的。近年来，还出现了截面为矩形、T形等的壁板桩，承载力很高。钢筋混凝土桩常见截面形式如图 7-18 所示。钢筋混凝土桩一般做成等截面形式，也有因土层性质变化而采用变截面的桩体。钢筋混凝土桩具有以下特点：配筋率较低（一般为 $0.3\% \sim 1.0\%$）；混凝土取材方便、价格便宜、耐久性好；可用于有承压、抗拔、抗弯（抵抗水平力等）等要求的环境；既可预制又可现浇（灌注桩），还可采用预制与现浇的组合形式；适用于各种地层；成桩直径和长度的取值范围较大。

3）预应力钢筋混凝土桩。预应力钢筋混凝土桩通常在工厂中预制，其截面多是圆形的

a)　　　　b)　　　　c)　　　　d)　　　　e)　　　　f)

图 7-18　钢筋混凝土桩常见截面形式

a）方桩　b）空心方桩　c）管桩　d）三角形桩　e）矩形桩　f）T形桩

管桩。由于在预制过程中对钢筋及混凝土施加预应力，桩体在抗弯、抗拉及抗裂等方面比普通的钢筋混凝土桩要好，适用于受冲击与振动荷载的环境，在海港、码头等工程中已有普遍使用，在工业与民用建筑工程中也在逐步推广。

3. 钢桩

钢桩可根据荷载特征制成各种有利于提高承载力的截面形式，钢桩常用的截面形式有管状截面、宽翼工字形截面和板状截面等。钢桩具有穿透能力强、承载力高、自重小、锤击沉桩效果好、节头易于处理、运输方便等特点；而且质量容易保证，桩长可任意调整，还可根据弯矩沿桩身的变化情况而在局部加强截面的刚度和强度。钢桩存在价格高、易锈蚀等缺点。

4. 组合材料桩

组合材料桩是指一根桩由两种或两种以上的材料组成的桩，如钢管内填充混凝土；水位以下采用预制混凝土，而桩的上段采用现浇混凝土；中间为预制混凝土，外包灌注桩（在水泥搅拌桩中插入型钢或小截面预制钢筋混凝土桩）等。组合材料桩一般应用于特殊地质环境及采用特殊的施工技术等情况。

（二）按桩的承载性状分类

桩基础在竖向下压荷载作用下，桩顶荷载由桩侧阻力和桩端阻力共同承受。但由于桩的尺寸、施工方法不同，桩侧土和桩端土的物理、力学性质等因素不同，桩侧土和桩端土分担荷载的比例是不同的，据此可按土对桩的支撑特点将桩分为摩擦桩和端承桩（柱桩），如图 7-19 所示。摩擦桩是指桩底位于较软的土层内，其轴向荷载全部或主要由桩侧的摩擦阻力来支撑；端承桩是指桩底支立于坚硬土层（岩层）上，其轴向荷载全部或主要由桩底土的反力来支撑。

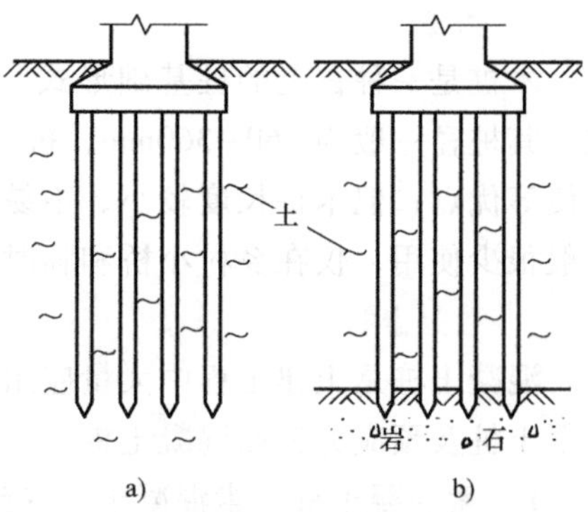

图 7-19　摩擦桩和端承桩

a）摩擦桩　b）端承桩

由摩擦桩组成的桩基础称为摩擦桩桩基础，而由端承桩（柱桩）组成的桩基础则称为端承桩桩基础或柱桩桩基础。由于摩擦桩和端承桩在支撑力、桩的沉降及荷载传递等方面存在明显的差异，因此在同一桩基础中不应同时采用端承桩和摩擦桩。

（三）按成桩效应分类

桩的施工方法不同，对桩周土体的排挤作用就不同，进而影响到桩周土体的天然结构和应力状态，使土的性质发生变化，从而影响桩的承载力和沉降量，这种影响称为成桩效应（挤土效应）。大量工程实践表明，成桩效应对桩的承载力、成桩质量控制及地质环境等有很大影响，因此根据成桩方法和成桩过程的成桩效应，将桩分为挤土桩、部分挤土桩和非挤土桩。

1. 挤土桩

挤土桩又称为沉桩，包括预制桩、闭口预应力混凝土管桩和闭口钢管桩等在内的沉桩在锤击或振入过程中，都要将桩位处的土大量排挤开，使得土的结构发生扰动破坏，黏性土的抗剪强度因此降低（一段时间后可以恢复部分强度），而原来处于疏松和稍密状态的无黏性土的抗剪强度则可提高。挤土桩除施工噪声较大外，不存在废泥浆及弃土污染问题，当施工质量好、施工方法得当时，其桩身混凝土材料所提供的承载力较非挤土桩及部分挤土桩要高。

2. 部分挤土桩

当挤土桩无法施工时，可采用预钻小孔后再打较大尺寸预制桩或灌注桩的施工方法，也可只打入敞口桩，制成部分挤土桩。部分挤土桩包括预钻孔沉桩、敞口预应力混凝土管桩、敞口钢管桩、根式灌注桩等。部分挤土桩在施工时，对桩周土稍有排挤作用，但对土的强度及变形性质影响不大，由原状土测得的土的物理、力学性质指标一般仍可用于估算桩基础的承载力和沉降量。

3. 非挤土桩

非挤土桩包括干作业法钻（挖）孔灌注桩、挤扩孔灌注桩、泥浆护壁法钻孔灌注桩、套管护壁法钻孔灌注桩等。非挤土桩在成桩过程中对桩周土基本不产生成桩效应，施工噪声较挤土桩要小；但废泥浆、弃土等可能会对周围环境造成影响。另外，非挤土桩在成桩过程中，桩周土可能向桩孔内移动，使得非挤土桩的承载力有所减小。

（四）按施工方法分类

桩的施工方法不同，不仅采用的机具、设备和工艺不同，而且还会影响桩与桩周土接触边界处的状态，进而影响桩与土的共同作用。桩的施工方法种类较多，基本形式为预制桩（沉桩）和灌注桩两大类。

1. 预制桩

预制桩是指借助专用机械设备将预先制作好的具有一定形状、刚度与构造的桩杆设置于土中的桩。预制桩除木桩、钢桩外，目前大量应用的有预制钢筋混凝土桩、预应力钢筋混凝土桩。预制桩根据成桩方法不同可分为打入桩、静压桩、振沉桩等，如图 7-20 所示。

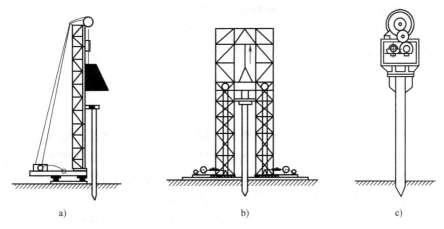

图 7-20　预制桩的施工方法

a）打入桩　b）静压桩　c）振沉桩

预制桩有如下特点：

1）一般情况下，预制桩是按设计要求在地面良好的条件下制作的（制作长桩时，可在桩端设置钢板、法兰盘等接桩构造，分节制作），桩体质量高，可在工厂中大量生产，可加快施工速度。

2）预制桩打入松散的粉土、砂砾层中时，由于桩周土和桩端土受到挤密，桩侧表面的法向应力提高，桩侧的摩擦阻力和桩端阻力也相应提高。

3）不易穿透较厚的砂土等硬夹层（除非采用预钻孔、射水等辅助沉桩措施），只能进入砂、砾、硬黏土、强风化岩层等坚实持力层不厚的土层中。

4）施工过程中产生的振动、噪声等污染必须加以考虑。

5）施工过程中产生的成桩效应，可能导致周围的建筑物、道路、管线等发生损失。

6）由于桩的贯入能力受多种因素制约，常出现因桩打不到设计高程而截桩的情况，造成浪费。

7）预制桩由于要经历运输、起吊、锤击等过程，受力十分复杂，需要配置较多的钢筋，混凝土强度等级也要相应提高，因此其造价往往高于灌注桩。

2. 灌注桩

灌注桩是在施工现场的桩位处先制成桩孔，然后在孔内设置钢筋笼等加劲材料，再灌注混凝土制成。灌注桩没有预制桩那样的运输、起吊、锤击的过程，因而经济性较好；但施工技术较复杂，成桩质量控制比较困难，在成孔过程中需采取相应的措施来保证孔壁稳定和桩体质量。

针对不同类型的地基土可选择适当的钻具设备和施工方法，依照成孔方法不同，灌注桩可分为钻孔灌注桩、挖孔灌注桩、沉管灌注桩及爆扩桩等几大类。各类灌注桩有如下共同优点：

1）除沉管灌注桩外，施工过程无大的噪声和振动。

2）灵活性强，可根据建筑物荷载和土层分布情况任意变化桩长、桩径。对于承受侧向荷载的桩，可设计成有利于提高横向承载力的异型桩，还可根据弯矩设计成变截面桩。

3）适应各种地质条件，可穿过各种软、硬夹层后将桩端置于坚实土层中或嵌入基岩；还可扩大桩底，以充分利用桩身强度和持力层的承载力。

4）桩身钢筋可根据荷载性质及荷载沿深度的传递特征以及土层的变化灵活配置，并且无需像预制桩那样配置过多的钢筋。灌注桩的配筋率远低于预制桩，而且造价为预制桩的40%~70%。

三、单桩轴向受压承载力特征值

桩基础由若干根桩组成，在设计桩基础时，应先从单桩入手确定单桩的受力状态，然后结合桩基础的结构和构造形式进行受力分析和计算。单桩在竖向荷载作用下达到破坏状态前或出现不适于继续承载的变形时所对应的最大荷载，称为单桩轴向受压极限承载力，它取决于桩周土对桩的支撑阻力和桩身材料的强度。在设计时，不应使桩在极限状态下工作，必须有一定的安全储备，桥梁桩基础设计一般采用单桩轴向受压承载力特征值。

确定单桩轴向受压承载力特征值的方法可分为以下几类：①由原位试验确定，包括静载荷试验法、静力触探法、高应变动测法等；②用经验公式计算的经验公式法；③用理论公式计算的理论公式法。本书根据工程实际应用的情况，介绍静载荷试验法和经验公式法。

（一）静载荷试验法

静载荷试验法是指在施工现场对一根沉入设计深度的桩在桩顶逐级施加轴向荷载，直至桩达到破坏状态为止，同时在试验过程中测量每级荷载下的桩顶沉降，根据沉降与荷载及时间的关系，分析确定单桩轴向受压承载力特征值。静载荷试验可在现场做试桩或利用基础中已筑好的基桩进行试验。试桩数目应不少于基桩总数的 2%，且不应少于 2 根；试桩的施工方法以及试桩材料和尺寸、入土深度均应与设计桩相同。

1. 试验装置

静载荷试验装置是常用的一种加载装置，主要设备由主梁、次梁和液压千斤顶组成，如图 7-21 所示。锚桩可根据需要布设 4~6 根，锚桩的入土深度等于或大于试桩的入土深度。锚桩与试桩的间距应大于试桩桩径的 3 倍，以减小对试桩的影响。桩顶沉降常用百分表或位移计测量。观测装置的固定点（如基准桩）应与试桩、锚桩保持适当的距离，并满足表 7-13 的要求。

2. 测试方法

试桩加载应分级进行，每级荷载约为极限荷载预估值的 1/15~1/10；有时也采用递变加载方式，开始阶段每级荷载取极限荷载预估值的 1/5~1/2.5，终了阶段取 1/15~1/10。

测读沉降时间时，在每级加载后的第一个小时内每隔 15min 测读一次，以后每隔 30min 测读一次，至沉降稳定为止。沉降稳定的标准通常规定为：对砂性土为 30min 内不超过 0.1mm 沉降；对黏性土为 1h 内不超过 0.1mm 沉降。待沉降稳定后，方可施加下一级荷载。按此要求加载、观测，直至桩达到破坏状态，终止试验。

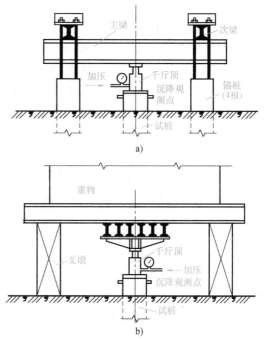

图 7-21　静载荷试验的加载装置
a）锚桩横梁反力装置　b）压重平台反力装置

表 7-13　观测装置的固定点与试桩、锚桩的最小距离

锚 桩 数 目	观测装置的固定点与试桩、锚桩的最小距离/m	
	与试桩	与锚桩
4	2.4	1.6
6	1.7	1.0

当出现下列情况之一时，一般认为桩已达破坏状态，所施加的荷载即为破坏荷载：

1）桩的沉降量突然增大，总沉降量大于 40mm，且本级荷载下的沉降量为前一级荷载下沉降量的 5 倍以上。

2）总位移量大于或等于 40mm，本级荷载加载后 24h，桩的沉降未趋稳定。

3. 极限荷载和轴向受压承载力特征值的确定

破坏荷载求得以后，可将其前一级荷载作为极限荷载，单桩轴向受压承载力特征值等于极限荷载除以安全系数（一般取 2）。

对于大块碎石类土、密实砂类土及硬黏性土，总沉降量值小于 40mm，但荷载已大于或等于设计荷载与设计规定的安全系数的乘积时，可取终止加载时的总荷载作为极限荷载。

一般根据试验测得的资料制成试桩曲线，以此分析和确定试桩的破坏荷载。可以在静载试验绘制的 $P\text{-}s$ 曲线上，以曲线出现明显下弯转折点所对应的作用荷载作为极限荷载，但有时 $P\text{-}s$ 曲线的转折点不明显，此时极限荷载就难以确定，需借助其他方法加以辅助判定。例如，绘制各级荷载下的沉降-时间（$s\text{-}t$）曲线或用对数坐标绘制 $\lg P\text{-}\lg s$ 曲线，可使转折点显得明确些。

采用静载荷试验法确定单桩轴向受压承载力特征值比较符合实际情况，是较可靠的方法，但需要较多的人力、物力和较长的试验时间，工程投资较大，因此《桥涵地基规范》规定，具有下列情况的大桥、特大桥，应通过静载荷试验法确定单桩轴向受压承载力特征值：①桩的入土深度远超过常用桩；②地质情况复杂，难以确定桩的承载力；③有其他特殊要求的桥梁用桩。

(二) 经验公式法

《桥涵地基规范》规定了以经验公式计算单桩轴向受压承载力特征值的方法，即经验公式法。这种方法具有一定的理论根据和实践基础，可在一般的桥梁基础设计中直接应用。

1）对支撑在土层中的钻（挖）孔灌注桩，其单桩轴向受压承载力特征值 R_a 可按下列公式计算：

$$R_a = \frac{1}{2}u\sum_{i=1}^{n}q_{ik}l_i + A_p q_r \tag{7-18}$$

$$q_r = m_0\lambda\left[f_{a0}+k_2\gamma_2(h-3)\right] \tag{7-19}$$

式中 R_a——单桩轴向受压承载力特征值（kN），桩身自重与置换土重（当自重计入浮力时，置换土重也计入浮力）的差值计入作用效应；

　　u——桩身周长（m）；

　　A_p——桩端截面面积（m²），对于扩底桩，取扩底截面面积；

　　n——桩所穿过的土的层数；

　　l_i——承台底面或局部冲刷线以下各土层的厚度（m），扩孔部分及变截面以上 $2d$ 长度范围内不计，d 为桩径；

　　q_{ik}——与 l_i 对应的各土层与桩侧的摩阻力标准值（kPa），宜采用单桩摩阻力试验确定，当无试验条件时按表 7-14 选用，扩孔部分及变截面以上 $2d$ 长度范围内不计摩阻力；

　　q_r——修正后的桩端土承载力特征值（kPa），当持力层为砂土、碎石土时，若计算值超过下列值，宜按下列值采用：粉砂为 1000kPa；细砂为 1150kPa；中砂、粗砂、砾砂为 1450kPa；碎石土为 2750kPa；

　　f_{a0}——桩端土的承载力特征值（kPa），可查表 5-1～表 5-7 确定；

　　h——桩端的埋置深度（m），对有冲刷的桩基础，埋深由局部冲刷线起算；对无冲刷的桩基础，埋深由天然地面线或实际开挖后的地面线算起，h 的计算值不大于 40m；大于 40m 时，取 40m；

　　k_2——承载力特征值的深度修正系数，根据桩端持力层土的类别查表 5-8 确定；

　　γ_2——桩端以上各层土的加权平均重度（kN/m³），若持力层在水位面以下且不透水时，均应取饱和重度；当持力层透水时，水中部分土层取浮重度；

λ——修正系数，按表 7-15 选用；

m_0——清底系数，按表 7-16 选用。

表 7-14　钻孔桩桩侧土的摩阻力标准值 q_{ik}

土　类		q_{ik}/kPa	土　类		q_{ik}/kPa
中密炉渣、粉煤灰		40~60	中砂	中密	45~60
黏性土	流塑	20~30		密实	60~80
	软塑	30~50	粗砂、砾砂	中密	60~90
	可塑、硬塑	50~80		密实	90~140
	坚硬	80~120	圆砾、角砾	中密	120~150
粉土	中密	30~55		密实	150~180
	密实	55~80	碎石、卵石	中密	160~220
粉砂、细砂	中密	35~55		密实	220~400
	密实	55~70	漂石、块石	—	400~600

注：挖孔桩的摩阻力标准值可参照本表采用。

表 7-15　修正系数 λ 值

桩端土情况 \ l/d	4~20	20~25	>25
透水性土	0.70	0.70~0.85	0.85
不透水性土	0.65	0.65~0.72	0.72

表 7-16　清底系数 m_0 值

t_0/d	0.1~0.3
m_0	0.7~1.0

注：1. t_0、d 分别为桩端沉渣厚度和桩的直径。

　　2. $d \leqslant 1.5\text{m}$ 时，$t_0 \leqslant 300\text{mm}$；$d > 1.5\text{m}$ 时，$t_0 \leqslant 500\text{mm}$；同时应满足条件 $0.1 < t_0/d < 0.3$。

2）支撑在土层中的沉桩的单桩的轴向受压承载力特征值 R_a 可按下式计算：

$$R_a = \frac{1}{2}\left(u \sum_{i=1}^{n} \alpha_i l_i q_{ik} + \alpha_r \lambda_p A_p q_{rk} \right) \tag{7-20}$$

式中　R_a——单桩轴向受压承载力特征值（kN），桩身自重与置换土重（当自重计入浮力时，置换土重也计入浮力）的差值计入作用效应；

　　　u——桩身周长（m）；

　　　n——桩所穿过的土的层数；

　　　l_i——承台底面或局部冲刷线以下各土层的厚度（m）；

　　　q_{ik}——与 l_i 对应的各土层与桩侧摩阻力标准值（kPa），宜采用单桩摩阻力试验或静力触探试验测定，当无试验条件时按表 7-17 选用；

　　　q_{rk}——桩端土的承载力标准值（kPa），宜采用单桩试验或静力触探试验测定，当无试验条件时按表 7-18 选用；

　　　α_i、α_r——分别为振动沉桩对各土层中的桩侧摩阻力和桩端承载力的影响系数，按

表 7-19 取用；对锤击沉桩、静压沉桩均取 1.0；

λ_p——桩端土塞效应系数，对闭口桩取 1.0；对开口桩，1.2m$<d\leqslant$1.5m 时取 0.3~0.4，$d>$1.5m 时取 0.2~0.3，d 为桩的直径。

表 7-17　沉桩桩侧土的摩阻力标准值 q_{ik}

土类	状　态	摩阻力标准值/kPa	土类	状　态	摩阻力标准值/kPa
黏性土	流塑($1.5\geqslant I_L\geqslant 1$)	15~30	粉砂、细砂	稍密	20~35
	软塑($1>I_L\geqslant 0.75$)	30~45		中密	35~65
	可塑($0.75>I_L\geqslant 0.5$)	45~60		密实	65~80
	可塑($0.5>I_L\geqslant 0.25$)	60~75	中砂	中密	55~75
	硬塑($0.25>I_L\geqslant 0$)	75~85		密实	75~90
	坚硬($0>I_L$)	85~95	粗砂	中密	70~90
粉土	稍密	20~35		密实	90~105
	中密	35~65	—	—	—
	密实	65~80			

注：1. 表中土的液性指数 I_L 为按 76g 平衡锥测定的数值。

　　2. 对钢管桩宜取较小值。

表 7-18　沉桩桩端处土的承载力标准值 q_{rk}

土　类	状　态	桩端承载力标准值 q_{rk}/kPa		
黏性土	$1\leqslant I_L$	1000		
	$0.65\leqslant I_L<1$	1600		
	$0.35\leqslant I_L<0.65$	2200		
	$I_L<0.35$	3000		
—		桩尖进入持力层的相对深度		
		$1>\dfrac{h_e}{d}$	$4>\dfrac{h_e}{d}\geqslant 1$	$\dfrac{h_e}{d}\geqslant 4$
粉土	中密	1700	2000	2300
	密实	2500	3000	3500
粉砂	中密	2500	3000	3500
	密实	5000	6000	7000
细砂	中密	3000	3500	4000
	密实	5500	6500	7500
中砂、粗砂	中密	3500	4000	4500
	密实	6000	7000	8000
圆砾石	中密	4000	4500	5000
	密实	7000	8000	9000

注：表中 h_e 为桩端进入持力层的深度（不包括桩靴），d 为桩的直径或边长。

表 7-19　影响系数 α_i、α_r

桩径或边长 d/m	黏　土	粉质黏土	粉　　土	砂　　土
$d \leqslant 0.8$	0.6	0.7	0.9	1.1
$0.8 < d \leqslant 2.0$	0.6	0.7	0.9	1.0
$d > 2.0$	0.5	0.6	0.7	0.9

3）对支撑在基岩上或嵌入基岩中的钻（挖）孔桩、沉桩，其单桩轴向受压承载力特征值 R_a 可按下式计算：

$$R_a = c_1 A_p f_{rk} + u \sum_{i=1}^{m} c_{2i} h_i f_{rki} + \frac{1}{2} \zeta_s u \sum_{i=1}^{n} l_i q_{ik} \tag{7-21}$$

式中　R_a——单桩轴向受压承载力特征值（kN），桩身自重与置换土重（当自重计入浮力时，置换土重也计入浮力）的差值作为荷载考虑；

c_1——根据岩石强度、岩石破碎程度等因素确定的端阻力发挥系数，按表 7-20 采用；

A_p——桩端截面面积（m^2），对扩底桩，取扩底截面面积；

f_{rk}——桩端岩石饱和单轴抗压强度标准值（kPa），黏土岩取天然湿度的单轴抗压强度标准值，f_{rk} 小于 2MPa 时按支撑在土层中的桩计算；

f_{rki}——第 i 层的 f_{rk} 值；

c_{2i}——根据岩石强度、岩石破碎程度等因素确定的第 i 层岩层的侧阻力发挥系数，按表 7-20 采用；

u——各土层或各岩层部分的桩身周长（m）；

h_i——桩嵌入各岩层部分的厚度（m），不包括强风化层、全风化层及局部冲刷线以上的基岩；

m——岩层的层数，不包括强风化层和全风化层；

ζ_s——覆盖层土的侧阻力发挥系数，其值应根据桩端 f_{rk} 确定，见表 7-21；

l_i——承台底面或局部冲刷线以下各土层的厚度（m）；

q_{ik}——桩侧第 i 层土的侧阻力标准值（kPa），应采用单桩摩阻力试验值，当无试验条件时，对于钻（挖）孔桩按表 7-14 选用，对于沉桩按表 7-17 选用，扩孔部分不计摩阻力；

n——桩所穿过的土的层数，强风化和全风化岩层按土层考虑。

表 7-20　发挥系数 c_1、c_2

岩石层情况	c_1	c_2
完整、较完整	0.6	0.05
较破碎	0.5	0.04
破碎、极破碎	0.4	0.03

注：1. 入岩深度小于或等于 0.5m 时，c_1 乘以 0.75 的折减系数，$c_2 = 0$；

2. 对钻孔桩，系数 c_1、c_2 降低 20% 采用；对桩端沉渣厚度 t，桩径 $d < 1.5\mathrm{m}$ 时 $t \leqslant 50\mathrm{mm}$，桩径 $d > 1.5\mathrm{m}$ 时 $t \leqslant 100\mathrm{mm}$。

3. 对中风化层作为持力层的情况，c_1、c_2 应分别乘以 0.75 的折减系数。

表 7-21　覆盖层土的侧阻力发挥系数 ζ_s

f_{rk}/MPa	2	15	30	60
侧阻力发挥系数 ζ_s	1.0	0.8	0.5	0.2

注：ζ_s 值可内插计算。当 $f_{rk}>60MPa$ 时，ζ_s 可按 $f_{rk}=60MPa$ 取值。

【例 7-3】　桥台基础采用钻孔灌注桩基础，设计桩径 d 为 1.20m，采用冲抓锥成孔，桩穿过土层情况如图 7-22 所示，桩长 $L=20$m，桩身材料重度为 25kN/m³，试按土的阻力求单桩轴向受压承载力特征值。

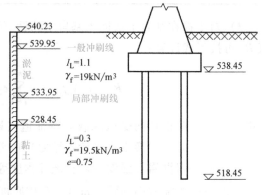

图 7-22　例 7-3 图

解：桩身周长 $u=\pi\times1.2m=3.77m$；桩的截面面积 $A=\dfrac{\pi\times1.2^2}{4}m^2=1.13m^2$；桩穿过各土层的厚度：$l_1=10m$，$l_2=10m$。

桩侧土的摩阻力标准值查表 7-14 可知，淤泥的 $I_L=1.1>1$ 处于流塑状态，取 $q_{1k}=28kPa$；黏土的 $I_L=0.3$ 属于硬塑状态，取 $q_{2k}=68kPa$。桩端处黏土的承载力特征值 f_{a0} 按 $I_L=0.3$、$e=0.75$ 查表 5-6 与表 5-8 得 $f_{a0}=$ 305kPa、$k_2=2.5$。桩尖埋置深度应从一般冲刷线算起，桩尖埋深 l 为 539.95m−518.45m＝21.5m。桩径为 1.2m，若桩端沉渣厚度取 0.3m，则清底系数 m_0 按 $t_0/d=0.3/1.2=0.25$ 查表 7-16 得 $m_0=0.78$；$l/d=21.5/1.2=17.9$，属于 4～20 范围，由于桩底土不透水，查表 7-15 得 $\lambda=0.65$。由式（7-18）得单桩轴向受压承载力特征值为

$$R_a=\frac{1}{2}u\sum_{i=1}^{n}q_{ik}l_i+A_pq_r=\frac{1}{2}u\sum_{i=1}^{n}q_{ik}l_i+A_pm_0\lambda\left[f_{a0}+k_2\gamma_2(h-3)\right]$$

$$=0.5\times3.77\times(10\times28+10\times68)+1.13\times0.78\times0.65\times\left[305+2.5\times\frac{11.5\times19+10\times19.5}{11.5+10}\times(21.5-3)\right]kN$$

$$=2493.94kN$$

四、桩的负摩擦阻力

在一般情况下，桩受轴向荷载作用后，桩相对于桩侧土体发生向下的位移，使土对桩产生向上作用的摩擦阻力，称为正摩擦阻力（图 7-23a）。但是，当桩周土体因某种原因发生下沉，其沉降量大于桩身的下沉量时，则桩侧土就相对于桩发生向下的位移，使土对桩产生向下作用的摩擦阻力，称为负摩的阻力（图 7-23b）。

负摩擦阻力的存在不但不能成为桩承载力的一部分，反而变成施加在桩上的外荷载，使桩基础的沉降加大，实际承载能力降低，这在桩基础设计中应予以注意。桩的负摩擦阻力产生的原因有以下几个：

1）桩基础附近地面有大面积的堆载，引起地面沉降，对桩产生负摩擦阻力。对于有高填土的桥台桩基础，地坪上大面积堆放重物的车间、仓库建筑的桩基础，均要特别注意负摩擦阻力问题。

2）土层中抽取地下水或其他原因，地下水位下降，使土层产生自重固结下沉。

3）桩穿过欠固结土层（如填土）进入硬持力层，土层产生自重固结下沉。

4）桩数很多的密集群桩施工时，在桩周土中产生很大的超孔隙水压力，施工停止后桩周土的再固结作用引起下沉。

5）在黄土、冻土中的桩，因黄土湿陷、冻土融化产生地面下沉。

从上述可知，当桩穿过软弱高压缩性土层而支撑在坚硬的持力层上时，最易发生桩的负摩擦阻力问题，在确定桩的承载力和桩基础设计中应予以注意。如何降低和克服桩的负摩擦阻力？以下措施在进行桩基础设计时可予以考虑：

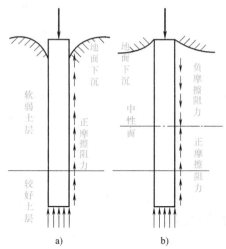

图 7-23 桩的正、负摩擦阻力

1）对于填土场地，应保证填土的密实度，且要待填土地面沉降基本稳定后才可进行成桩施工。

2）对于地面上有大面积堆载的建筑物，应采取预压等处理措施，以减少地面堆载引起的地面沉降。

3）可采用桩周换土法：在松砂或其他粗粒土内设置桩基础时，可在桩施工完成后挖去桩周的粗粒土，换成摩擦角偏小的土。

4）可采用涂层法：在桩上涂抹具有黏弹性质的特殊沥青或聚氯乙烯作为滑动层，也可涂抹 $1.8 \sim 2mm$ 厚的合成树脂作为保护层。这种方法可以有效地降低负摩擦阻力，施工时的材料消耗和施工费用均可节约 20% 左右。

五、桥梁桩基础设计

（一）桥梁桩基础设计的步骤

桥梁桩基础设计包括方案设计与施工图设计，为取得良好的技术经济效果，通常（尤其是对大桥或特大桥）需进行方案比较，或对拟订的方案进行修正，从中选出最优方案。桥梁桩基础设计的步骤如下：

1）进行现场勘察与原位试验，将勘察报告与设计资料进行综合分析。

2）确定桩基础持力层。

3）确定基桩的类型、尺寸、构造及施工工艺。

4）确定单桩允许承载力。

5）确定桩基础的形式以及承台的尺寸、标高，计算承台底面作用力。

6）确定桩的数量，进行桩的平面布置和参数计算。

7）桩顶作用力计算，地面处位移 x_0 的验算，桩身内力计算。若不能满足设计要求，回到步骤 6）重新开始。

8）验算单桩承载力。若不能满足设计要求，回到步骤 6）重新开始。

9）验算群桩基础承载力，必要时应验算群桩基础的沉降量。若不能满足设计要求，回到步骤 6）重新开始。

10）桩身强度设计（配筋）。

11）验算桩身强度、桩身稳定性、裂缝宽度及桩顶或墩（台）顶的水平位移。若不能满足设计要求，回到步骤3）重新开始。

12）承台结构强度计算与校核，检查已确定的承台形式和尺寸是否满足设计要求。

13）进行方案的技术经济比较，若不能做出最优选择，回到步骤1）重新进行勘察报告与设计资料的综合分析，并按步骤完成后续内容。

14）核对桩的数量和布置方案以及承台的结构，做出技术上的必要的调整，绘制施工图。

（二）桥梁桩基础方案的拟订

1. 桩基础类型的选择

在选择桩基础的类型时，应根据设计要求和现场的条件，同时考虑各种类型桩和桩基础的不同特点，经过综合分析后做出选择。

（1）承台高程的考虑

在选择桩基础的类型时，首先根据荷载、水文及地质资料等情况确定是采用低承台桩基础还是高承台桩基础。承台低则稳定性好，但在水中施工难度大，因而对水深较浅的河流、季节性河流或冲刷深度较小的河流，大多采用低承台桩基础。低承台桩基础的承台底面位于冻胀土层中时，承台底面应低于冻结线下不少于 0.25m。对于常年有水、水位较高、冲刷深度大且施工时不易排水的河流，在受力条件允许时，应尽可能采用高承台桩基础。设计中在综合各方面条件的基础上，承台应尽量放低一些。在有流冰的河道上，承台底面标高应低于最低冰层面下不少于 0.25m。当有强大的流冰、流筏或其他漂流物时，承台底面也应适当放低，以保证基桩不会直接受到撞击，否则应设置防撞装置。当作用在桩基础上的水平力和弯矩较大，或桩侧土质较差时，为减少桩身所受的内力，可适当降低承台底面高程。有时为减少墩（台）的坞工工程量，可适当提高承台的底面高程。

承台的顶面标高，作为隐蔽的基础工程，应在地面以下或最低水位以下。承台的平面尺寸主要依据墩（台）尺寸或桩的数量和平面布置确定。

（2）柱桩桩基础和摩擦桩桩基础的考虑

柱桩和摩擦桩的选择主要根据地质和受力情况确定。柱桩桩基础承载力大，沉降量小，较为安全可靠，因此当基岩埋深较浅时，应考虑采用柱桩桩基础。若基岩埋置较深或受施工条件的限制不宜采用柱桩时，则可采用摩擦桩。但在同一组桩基础中不宜同时采用柱桩和摩擦桩，同时也不宜采用不同材料、不同直径、不同长度的混合桩，以避免桩基础产生不均匀沉降或丧失稳定性。

当采用柱桩时，除桩底支撑在基岩上（端承桩）外，如覆盖层较薄，或水平荷载较大，还需将桩底端嵌入基岩中一定深度成为嵌岩桩，以增加桩基础的稳定性和承载能力。为保证嵌岩桩在横向荷载作用下的稳定性，应将嵌入基岩的深度与桩嵌固处的内力及桩周岩石的强度综合起来考虑，应分别考虑弯矩和轴力的要求，由要求最高的因素来控制桩底端嵌入基岩的深度。

（3）桩型与施工方法的考虑

桩型与施工方法的选择应按照基础工程的方案，并根据地质情况、上部结构要求、桩的使用功能、材料供应和施工技术设备等条件来确定，可选用钢筋混凝土预制桩、预应力混凝土桩、钻（挖）孔灌注桩或钢管桩等。

（4）竖直桩与斜桩的考虑

竖直桩的水平承载力远小于其竖向承载力，对高承台码头等以承受水平荷载为主的桩基础，仅用竖直桩既不合适也不经济，这时可考虑采用斜桩或叉桩来承担水平荷载，其作用实际上是将由竖直桩产生的弯矩转换为压力或拉力。一般认为：外荷载合力 R 与竖直线所成的夹角 $\theta \leqslant 5°$ 时用竖直桩；当 $5° < \theta \leqslant 15°$ 时用斜桩；当 $\theta > 15°$ 或受双向荷载时宜采用叉桩。

2. 桩径、桩长的确定

（1）桩径确定

当桩的类型确定以后，桩的直径可根据各类桩的特点及常用尺寸来确定。预制桩通常采用外径为 400mm 和 500mm 的空心管桩；钻孔灌注桩的直径一般以钻头直径作为设计桩径，桥梁桩基础施工用的钻头常有 800mm、1000mm、1250mm、1500mm 等规格。

（2）桩长确定

桩长可先根据地质条件和桩的类型确定。确定桩长的关键在于选择桩端持力层，因为桩端持力层对于桩的承载力和沉降量有着重要影响。设计时，可先根据地质条件和施工可行性（如钻孔灌注桩施工时钻机钻进的最大深度等）选择适宜的桩端持力层，以初步确定桩长。

对于端承桩，应选择浅层范围内的坚实岩层或坚硬土层作为桩端持力层，以初步确定桩长，从而得到较大的承载力和较小的沉降量。如施工条件允许的深度内没有坚硬土层存在，应尽可能选择压缩性低、强度高的土层作为持力层。对于摩擦桩，有时桩端持力层有多种选择，此时要综合考虑桩长和桩的数量问题，遇此情况，可通过试算进行比较，选择合理的桩长。摩擦桩的桩长不应太短，一般不应小于 4m，因为桩长过短达不到把荷载传递到深层或减小基础下沉量的目的，且必然会增加桩的数量，并扩大承台尺寸，同时也会影响施工进度。此外，为保证发挥摩擦桩桩底土层的支撑作用，桩底端部应尽可能到达该土层桩端阻力的临界深度，且不宜小于 1m。当河床岩层有冲刷时，桩基础应嵌入基岩，嵌岩桩按桩底嵌固进行设计。

3. 确定基桩的数量及平面布置

（1）估算桩的数量

一个桩基础所需桩的数量 n，可根据承台底面上的竖向荷载 P 和单桩轴向受压承载力特征值按下列公式估算：

$$n = \mu \times \frac{P}{R_a} \qquad (7\text{-}22)$$

式中　n——桩的数量；

　　P——作用在承台底面上的竖向荷载（kN）；

　　R_a——单桩轴向受压承载力特征值（kN）；

　　μ——考虑偏心荷载时各桩受力不均而适当增加桩数的经验系数，可取 1.1 或 1.2。

估算的桩数是否合适，在验算各桩的受力状况时即可确定。

（2）桩中心距即桩间距的确定

为了避免桩基础施工的成桩效应对相邻基桩的不利影响以及群桩效应对基桩承载力的不利影响，应根据桩的类型、施工工艺和排列方式确定桩的中心距。

一般情况下，钻（挖）孔灌注桩的摩擦桩，中心距不得小于 2.5 倍的成孔直径；支撑或嵌固在岩层的柱桩（端承桩），中心距不得小于 2.0 倍的成孔直径。打入桩的桩尖中心距不应小于 $3d$（d 为桩径）；振动下沉于砂土内的桩，桩尖中心距不应小于 $4d$。

各类桩的最外一排至承台座板边缘的净距应满足下列要求（盖梁不受此限）：当桩径 $d \leqslant 1m$ 时，不得小于 $0.5d$，且不得小于 $0.25m$；当桩径 $d > 1m$ 时，不得小于 $0.3d$，且不得小于 $0.5m$（对于钻孔灌注桩，d 为设计桩径；对于矩形截面的桩，d 为桩的短边宽）。

（3）桩的平面布置

桩数确定后，可根据桩基础的受力情况选用单排桩或多排桩的桩基础。多排桩稳定性好，抗弯刚度较大，能承受较大的水平荷载，水平位移小；但多排桩的设置将会增大承台的尺寸，施工较困难，尤其是深水中的多排桩，承台的施工会增加很大的工程量，有时还影响航道。单排桩与此相反，能较好地与柱式墩（台）结构配用，可节省圬工工程量，减小作用在桩基础的竖向荷载。因此，当桥跨不大、桥高较矮时，或单桩承载力较大、需用桩数不多时，常采用单排排架式桩基础。公路桥梁自从采用了具有较大刚度的钻孔灌注桩后，选用盖梁式承台双柱式或多柱式单排墩（台）桩柱基础的工程越来越多。多排桩一般应用于上部结构较大的桥梁中，有时对一些中等跨径的桥台，当承受较大的土压力时，也常使用多排桩基础。对基础变形反应敏感、要求高的外超静定结构，如拱桥桥台、制动墩或单向推力墩等，也可采用多排桩基础。对一些荷载大且集中的桥梁基础，如连续梁桥（T 构）及索体系桥梁的塔墩基础，必须采用大型的多排桩基础。

多排桩的排列形式常采用行列式（图 7-24a）和梅花式（图 7-24b），在相同的承台底面面积下，后者可排列较多的基桩，而前者有利于施工。桩

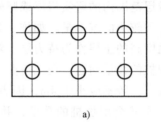
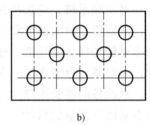

a)　　　　　　　　　　b)

图 7-24　多排桩的排列形式

的平面布置除应满足桩中心距等构造要求外，还应考虑基桩布置对桩基础受力有利。为使各桩受力均匀，充分发挥每根桩的承载能力，设计时应尽可能使桩群横截面的重心与荷载合力的作用点重合或接近。通常，桥墩桩基础中的基桩采取对称布置，而桥台的多排桩基础一般根据受力情况在纵桥向采用非对称布置。当作用于桩基础的弯矩较大时，宜尽量将桩布置在离承台形心较远处，并采用外密内疏的布置方式，以增大基桩对承台形心或合力作用点的惯性矩，提高桩基础的抗弯能力。

此外，基桩布置还应考虑使承台受力较为有利，例如桩柱式墩（台）应尽量使墩柱轴线与基桩轴线重合；盖梁式承台的桩柱布置应使承台产生的正（负）弯矩接近或相等，以减小承台所承受的弯曲应力。

课后训练

1. 什么是桩的负摩擦阻力？它产生的条件是什么？对基桩有什么影响？

2. 某一桩基础工程，每根基桩顶（齐地面）受轴向荷载 $P = 1500kN$，地基土第一层为塑性黏性土，厚 2m，天然含水率 $\omega = 28.8\%$，$\omega_L = 36\%$，$\omega_P = 18\%$，$\gamma = 19kN/m^3$；第二层为中密中砂，$\gamma = 20kN/m^3$，砂层厚数十米，地下水在地面下 20m，现采用打入桩（预制钢筋混凝土方桩，45cm×45cm），请确定其入土深度。

任务三

其他深基础

除桩基础外，深基础还包括沉井基础、沉箱基础、墩基础、地下连续墙等。

一、沉井基础

沉井一般是上下敞口带刃脚的空心井筒状构筑物（图7-25），依靠自重或配以辅助下沉措施下沉至设计标高，作为结构物的基础。在其施工中，一般先在地面上制作井筒，然后用机械或人工方法清除井筒内的土石，筒身靠自重而逐渐下沉。当筒身大部分沉入土中后，再接筑另一段井筒，并接长筒身，再继续挖土下沉，一直到井底到达设计标高时为止。然后将井底封塞密

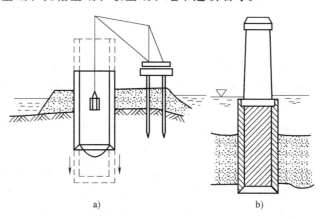

图7-25 沉井基础示意
a）沉井下沉 b）沉进基础

实，再用土、石或混凝土将筒内空间填实，使整个筒体成为一个建筑物基础。如果需要利用井筒内的空间作为地下结构使用，则只要密封井底，做成空心沉井，然后在顶部浇筑钢筋混凝土盖板，即可在盖板上建造上部结构。

沉井基础的优点是：埋置深度可以很大，整体性和稳定性较好，有较大的承载面积，能承受较大的垂直荷载和水平荷载；沉井既是基础，又是施工时的挡土和挡水围堰结构物，施工技术比较稳妥可靠，操作简便；同时，沉井还可作为组合基础的一部分来使用。沉井基础在桥梁工程中有较广泛的应用，尤其在深水中有较大的卵石不便于桩基础施工时，或需要承受巨大的水平力和上拔力时，多采用沉井基础。同时，沉井基础在施工时对邻近建筑物的影响较小且内部空间可以利用，因而常用作工业建筑物尤其是软土中地下建筑物的基础，如矿用竖井、地下泵房、水池、油库、地下厂房等的基础以及盾构隧道、顶管的工作井和接收井等的基础。

沉井基础的缺点是：施工周期较长；对粉细砂类土质，在井内抽水易发生流砂现象，造成沉井倾斜；沉井下沉过程中遇到大孤石、树干以及井底岩层表面倾斜过大等情况，均会给施工带来一定困难。

选择沉井基础时，一定要对地质情况进行详细勘察，根据"经济合理、施工可行"的原则进行分析比较，一般在下列情况中可以采用沉井基础：

1）上部荷载较大，而表层地基土的允许承载力不足，如做扩大基础会导致开挖工作量很大时。

2）支撑困难，但在一定深度下有好的持力层，采用沉井基础与其他深基础相比较经济上较为合理时。

3）在山区河流中，虽然土质较好，但冲刷大，或河中有较大的卵石不便桩基础施工时。

4）岩层表面较平坦且覆盖层较薄，但河水较深，采用扩大基础施工设置围堰有困难时。

沉井基础刚性大，稳定性好，与桩基础相比在荷载作用下位移（沉降）甚微，且具有较好的抗震性能，尤其适用于对基础承载力要求较高、对基础位移（沉降）十分敏感的桥梁。如大跨度悬索桥、拱桥、连续梁桥等。

应用链接——沪通长江大桥28号主墩沉井基础成功封底

2016年4月20日2时45分，采用沉井基础的沪通长江大桥28号主墩沉井封底圆满完成，标志着大桥沉井基础施工进入了一个新的里程碑。

沪通长江大桥全长11072m，按四线铁路、六车道公路合建桥梁设计，正桥主航道桥为钢桁梁斜拉桥，主跨1092m。主航道桥6个桥墩均为沉井基础，其中28号墩为主塔墩，沉井基础分为24个井孔，横截面长86.9m、宽58.7m，相当于12个篮球场大小；沉井高105m，相当于35层楼高，总质量达30万t，是当时世界上最大的公铁两用斜拉桥沉井基础。自2015年9月23日开始，28号主墩沉井基础进入最后阶段的下沉施工，至2016年2月24日结束，历经了150个昼夜的艰苦卓绝的奋战，大桥建设者克服了江底地质复杂、主航道船舶穿梭如织、施工条件艰苦、江上多发恶劣气候等多重不利因素的影响，终于将28号主墩沉井基础下沉到位。

二、沉箱基础

沉井如果在下沉前先封闭井筒的底部或顶部，则称为沉箱，也有学者把沉井称作开口沉箱。沉箱基础如图7-26所示，顶盖上面装有特制的井管和气闸，当工作室位于水下时，可通过气闸和井管打入压缩空气，把工作室内的水排出，工人仍能在工作室里面工作。在工作室内不断挖土的同时在箱顶上不停地砌筑坞工结构；直到下沉到设计标高后用混凝土密封工作室，并撤去气闸和井管，即可建成沉箱基础。桥梁工程中的沉箱基础主要是指气压沉箱基础，它主要用于大型桥梁。当水下土层中有障碍物而沉井无法下沉、桩无法穿透时；或地基为不平整的基岩且风化严重，需要人员直接检验或处理时，常采用沉箱基础。

沉箱基础的主要优点有：

1）压缩空气能有效防止地下水的涌入，施工安全性好。

2）适用于各种地质条件，对于密实砂层、砂卵层、卵石层等涌水量较大的地层，当下沉深度较大时，沉井的效果不是很理想，而采用沉箱可收到很好的效果，沉箱在下沉过程中能处理任何障碍物。

3）对地下水影响极小，地表沉降极小，适用于近接施工。

4）可以直接鉴定和处理基底，可直接进行地层承载力试验。

5）不用水下混凝土封底，基础质量较为可靠。

6）对容易液化的土层而言，比沉井施工的抗震性能更好。

沉箱基础的缺点有：工人要在高压空气中工作，不但工作效率较低，而且易引起沉箱病

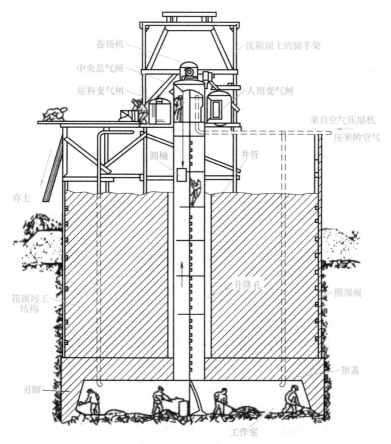

图 7-26　沉箱基础的构成及施工

（一种严重的职业病）；因为人体对大气压耐受能力的限制，为安全考虑，沉箱的最大下沉深度是在水下 35m，使用范围受到限制；沉箱作业需要许多复杂的施工设备（如气闸、空气压缩机站等），其施工组织比较复杂，施工速度较慢，故造价较高。

应用链接——组合沉箱在海上桥梁基础中的应用

大连南部滨海大道跨海大桥长约 8.5km，在主线与星海广场中线的相对处设置跨度为 180m+460m+180m＝820m 的双层钢桁架地锚式悬索主桥，悬索桥的锚碇采用重力式沉箱结构，基础尺寸（长×宽×高）为 69m×44m×17m，总重约 4 万 t。锚碇处水深约 10m，覆盖层厚 5~20m 不等，由于受锚碇区水深、吊装设备和桥位附近预制场地限制，基础无法实现整体预制安装，故采用组合沉箱施工方法。组合沉箱基础施工流程：基槽经挖泥抛石后整平→沉箱预制、拖运、安装→沉箱内填石→基床及舱格内升浆→沉箱企口浇筑水下混凝土→已升浆的舱格封顶部混凝土，工字钢预埋→胸墙混凝土浇筑→抽水后沉箱之间工字钢安装及混凝土浇筑→胸墙中部混凝土浇筑。

随着桥梁建造海洋化、装配化、工厂化进程的加快，组合沉箱施工技术能有效解决浅海区大型基础的施工难题，有效减少海上作业和施工的风险，降低对预制场地、吊装设备的要求，可有效控制工程造价，在海上桥梁基础施工中具有较大的借鉴意义和推广价值。

三、墩基础

墩基础是一种采用机械或人工方式在地基中开挖成孔，然后灌注混凝土制成的长径比较小的大直径桩基础，由于其直径粗大如墩（直径一般大于1.8m），常以单个桩墩代替群桩及承台，故称为墩基础。其功能与桩基础相似，底面可扩大成钟形。随着施工机具及施工技术的发展，墩基础的墩底直径最大已达7.5m，深度可达80m。

墩基础能较好地适应复杂的地质条件，墩身可穿过浅层的不良地基到达深层的基岩或坚实土层，并可通过扩底工艺获得很高的单墩承载力。当支撑于基岩上时，竖向承载力可达60~70MN，且沉降量极小。与沉井、沉箱等深基础相比，墩基础施工一般只需轻型机具，所以在适当的地基与环境条件下，常有较大的经济优势。另外，墩基础的施工没有强烈的噪声，可以减少噪声污染。

墩基础适应性很强，在港口码头、公路及铁路桥梁、海洋钻井平台、堤坝与岸坡以及高层建筑等结构中应用十分广泛，尤其在高层建筑及重型构筑物设计中，单墩支持单柱的方案越来越多。

一般而言，对于上部结构传递的荷载较大且要求基础的墩身面积较小的情况，可考虑墩基础方案。墩基础的优点在于墩身面积小、外形美观、施工方便、经济性好；但其混凝土用量较大，施工工艺要求较高，并且外力太大时的纵向稳定性较差，对地基的要求也高，尤其在可能受较大船只撞击的河流中应用此类基础时更应注意。所以，墩基础不宜用于荷载较小、地下水位较高、水量较大的小型工程以及相当深度内无坚硬持力层的地区。另外，墩成孔施工中遇到地下水位以下的砂层时可能会引起流砂等现象，应特别注意。

四、地下连续墙

地下连续墙是指采用专用的成槽机械，沿深基坑或地下构筑物周边开挖出具有一定宽度和深度的沟槽，并灌注钢筋混凝土或插入钢筋混凝土预制构件，形成具有防渗、挡土或承重功能的连续地下墙体。地下连续墙适用于公路桥梁基坑的临时支护或作为永久基础，通常采用现浇混凝土结构，筑成的地下连续墙体作为土中支撑单元的桥梁基础。它的形式大致可分为两种：一种是采用分散的板墙，平面上根据墩（台）的外形如荷载状态将板墙排列成适当的形式，板墙顶接钢筋混凝土承台；另一种是用板墙围成闭合结构，其平面呈四边形或多边形，板墙顶接钢筋混凝土盖板。用板墙围成闭合结构的地下连续墙在大型桥基础中使用较多，与其他形式的深基础相比，它的用料较少，施工速度更快，而且具有较大的刚度。地下连续墙的厚度一般为0.3~2.0m，随深度而异；最大深度可达100m。

我国于1958年开始，在北京密云水库的白河主坝等水利工程中采用地下连续墙作为防渗墙。1976年后，逐渐推广到房屋建筑、地铁和矿山等工程建设项目的施工中。20世纪90年代修建虎门大桥开始在桥梁基础中应用地下连续墙，获得了良好效果，后在润扬长江公路大桥中也采用了地下连续墙基础。近些年，地下连续墙在我国广州、上海、南京等地广泛应用于地铁车站施工中，发挥了巨大的作用。地下连续墙施工技术已经成为我国基础工程施工技术中的一种重要类型，广泛应用于水库大坝地基、泵房基础、水处理设施基础、桥梁墩（台）、高架道路基础、工业厂房设备基础、高层建筑深基础、地下室等工程。

地下连续墙的优点是：结构刚度大；整体性、防渗性和耐久性好；无需放坡、工程土方量小；施工时基本无噪声、无振动，全盘机械化施工，施工速度快，建造深度大，能适应较复杂的地质条件；无需降低地下水位，可节省挡土结构的造价，还可以作为地下主体结构的一部分。

地下连续墙的缺点是：施工工序多，施工专业化程度高，地下连续墙施工用的机械设备价格昂贵，工程造价较高，使该项技术的推广受到一定限制；有大量弃土及废泥浆需妥善处理；如施工不当或土层条件特殊，还可能出现不规则超挖或槽壁坍塌，引发相邻地面发生沉降、坍塌，危害邻近建筑和地下管线的安全。

应用链接——地下连续墙基础的桥梁施工应用

武汉鹦鹉洲长江大桥的主桥采用 200m+850m+850m+200m 的三塔四跨悬索桥结构，其中南锚碇基础采用外径 68m、厚 1.5m 的圆形地下连续墙。地下连续墙槽段的接头采用"铣接头"，经实践证明在基坑开挖过程中无渗漏现象，墙体具有很好的整体性和防水效果。地下连续墙槽段在岩层中采用"冲铣法"（冲击钻配合液压铣槽机）成槽，成槽精度高、速度快，实现了地下连续墙槽段的快速施工，平均成槽速度达到 1.96d/个。基坑开挖过程中充分利用了信息化监测手段，及时监测地下连续墙的应力和位移，确保了基坑开挖和结构物的安全。

课后训练

1. 叙述沉井基础的使用范围及特点。
2. 简述地下连续墙基础的优缺点。

案例小贴士

引人深思的"8·28"深圳楼房倒塌事故

2019 年 8 月 28 日上午，深圳市罗湖区和平新居一栋六层居民楼倒塌，附近楼上居民拍摄的视频以"分钟级"扩散至全国，让观者揪心，人们想象着各种人命关天的画面。万幸的是，居民在楼房出现异响后已经提前撤离，无人员伤亡报告！楼里仅有物业留守人员，由于疏散及时，没有人员伤亡的消息传来。

　　经过专家组鉴定，该建筑采用沉管灌注桩基础，属于摩擦桩型，且建筑下方有暗渠，由于房屋基底土层较差，建筑下方的暗渠造成桩周水土流失和桩身腐蚀，桩基础发生脆性破坏，导致楼体局部倾斜下沉。某结构工程师称，跨暗渠建房，水流长期侵蚀会导致房屋桩基础受损导致不稳，通常只有在土地资源极其紧张的地方才会采取这种方案。根据当地居民回忆，在1990年前后，开发商为了在这片寸土寸金的土地上盖楼，不得已征用了渔民的地，因此才在暗渠上盖了这栋楼。

　　深圳市是海滨城市，西临珠江口和伶仃洋，东靠大亚湾和大鹏湾；南边的深圳河与香港相连。深圳全境地势东南高、西北低，大部分为低丘陵地，间以平缓的台地；西部为滨海平原。深圳地处南海之滨，属亚热带季风气候，长夏短冬，雨量丰沛，降雨主要集中在夏季，大量的雨水易对地基造成影响，使得土层含水率增大，可能会带来地基安全问题，尤其对施工影响较大。

　　深圳经济发展的速度不容小觑，而高速发展经济的同时难免就会引发一些问题——城市人口高度集中，城市人口密度日渐增大，为了提供更多的居住环境和交通环境，农村土地就被腾出投入建设。其中，原先农村地区的河道、排水渠大量覆盖形成暗渠，这些暗渠普遍存在建设标准低、年久老化、日常维护管理困难等问题。建在暗渠上的建筑物，由于建筑物自身荷载或是其他荷载等不利因素的叠加下，增大了安全隐患，加剧了安全风险，对城市的地面安全构成严重威胁。又因为城市化建设速度快、强度高、数量多，建设过程中又多发资料缺失，导致水务工程设施管理养护工作在暗渠方面出现空白区，造成养护不当，埋下了安全隐患。

　　基础埋深持力层的选择要考虑相邻基础埋深、水文地质条件、荷载大小、建筑物用途等诸多因素，这就需要对当地的土质以及周边环境进行详细勘察，无论设计还是施工都要做到前瞻后望，要提高准确度，明白责任重于泰山的道理，工作要一丝不苟，容不得丝毫的马马虎虎。

参 考 文 献

［1］ 盛海洋，胡雪梅. 土力学与地基基础 ［M］. 武汉：武汉大学出版社，2017.

［2］ 李广信. 漫话土力学 ［M］. 北京：人民交通出版社，2019.

［3］ 务新超，魏明. 土力学与基础工程 ［M］. 北京：机械工业出版社，2016.

［4］ 沈扬. 土力学原理十记 ［M］. 2版. 北京：中国建筑工业出版社，2021.

［5］ 赵晖，刘辉. 基础工程 ［M］. 2版. 北京：人民交通出版社，2015.

土工技术与应用

实训指导报告

姓名：_____

学号：_____

班级：_____

土工试验概述

目　录

实训任务一

测定土的基本物理性质指标

📂 学习情境

在道桥工程中，土既是修筑路堤的基本材料，同时又是支撑桥梁的地基，工程中材料的选用、边坡的稳定性计算、桥梁基础的持力层选择都离不开对土的类别、性质指标的测定。土的物理性质在一定程度上影响着土的力学性质，是土的最基本的工程特性，通过对土的基本物理性质指标的测定可以加深对土的物理、力学性质的理解。

📂 资讯

一、土的密度试验

土的密度试验一般采用环刀法（T 0107—1993）

1. 适用范围

本试验方法适用于测定细粒土的密度。

土的密度试验

2. 仪器设备

1）环刀：内径 6~8cm，高 2~5.4cm，壁厚 1.5~2.2mm。

2）天平：感量 0.01g。

3）其他：削土刀、钢丝锯、矿脂（凡士林）等。

3. 试验步骤

1）按工程需要取原状土或制备所需状态的扰动土样，整平两端，环刀内壁涂薄层矿脂，刀口向下放在土样上。

2）用削土刀或钢丝锯将土样上部削成略大于环刀直径的土柱，然后将环刀垂直下压，边压边削，至土样伸出环刀上部为止。然后削去两端余土，使土样与环刀口面齐平，并用剩余土样测定含水率。

3）擦净环刀外壁，称取环刀与土的总质量 m_1，准确至 0.01g。

4. 结果整理

1）按下列公式计算湿密度及干密度：

$$\rho = \frac{m_1 - m_2}{V}$$

$$\rho_d = \frac{\rho}{1 + 0.01w}$$

式中　ρ——湿密度（g/cm³），计算至 0.01g/cm³；

　　m_1——环刀与土的总质量（g）；

　　m_2——环刀质量（g）；

　　V——环刀容积（cm³）；

ρ_d——干密度（g/cm³），计算至 0.01g/cm³；

w——含水率（%）。

2）本试验记录格式见表1-1。

表 1-1　密度试验记录（环刀法）

土样编号			1		2		3	
环刀号			1	2	3	4	5	6
环刀容积/cm³	(1)		100	100	100	100	100	100
环刀质量/g	(2)							
土+环刀质量/g	(3)							
土样质量/g	(4)	(3)-(2)	178.60	181.40	193.60	194.80	205.80	207.20
湿密度/(g/cm³)	(5)	$\frac{(4)}{(1)}$	1.79	1.81	1.94	1.95	2.06	2.07
含水率(%)	(6)		13.5	14.2	18.2	19.4	20.5	21.2
干密度/(g/cm³)	(7)	$\frac{(5)}{1+0.01(6)}$	1.58	1.58	1.64	1.63	1.71	1.71
平均干密度/(g/cm³)	(8)		1.58		1.64		1.71	

3）精度和允许差。本试验应进行二次平行测定，其平行差值不得大于 0.03g/cm³，否则应重做试验。密度取其算术平均值，精确至 0.01g/cm³。

5. 《公路土工试验规程》（JTG 3430—2020）（以下简称《土工规程》）条文说明

在室内做密度试验时，考虑到与剪切、固结等项试验所用环刀相配合，规定室内环刀容积为 60~150cm³。在施工现场检查填土的压实密度时，由于每层土的压实度上下不均匀，为提高试验结果的精度，可增大环刀容积，一般采用的环刀容积为 200~500cm³。

环刀高度与内径之比，对试验结果有影响。一般根据钻探机具、取土器（筒高和直径尺寸不同）的不同，室内试验使用的环刀内径为 6~8cm，高度为 2~5.4cm；野外试验时采用的环刀规格尚不统一，径高比一般以 1~1.5 为宜。

环刀壁越厚，压入时土样的扰动程度也越大，所以环刀壁越薄越好。但环刀在压入土中时，须承受相当的压力，环刀壁过薄的话，环刀容易破损和变形。因此，环刀壁厚度一般为 1.5~2.2mm。

二、土的含水率试验

含水率试验

土的含水率试验一般采用烘干法（T 0103—2019）和酒精燃烧法（T 0104—2019）。

（一）烘干法（T 0103—2019）

1. 适用范围

本试验方法适用于测定黏质土、粉质土、砂类土、砾类土、有机质土和冻土等土类的含水率。

2. 仪器设备

1）烘箱。

2）天平：称量 200g，感量 0.01g；称量 5000g，感量 1g。

3）其他：干燥器、称量盒等。

3. 试验步骤

1）取具有代表性试样（细粒土不小于 50g，砂类土、有机质土不小于 100g，砾类土不小于 1kg）放入称量盒内，立即盖好盒盖，称取质量。

2）揭开盒盖，将试样和称量盒放入烘箱内，在温度 105~110℃ 恒温下烘干[⊖]。烘干时间对细粒土不得少于 8h；对砂类土和砾类土不得少于 6h；对含有机质超过 5% 的土或含石膏的土，应将温度控制在 60~70℃ 的范围内，烘干时间不宜小于 24h。

3）将烘干后的试样和称量盒取出，放入干燥器内冷却（一般需 0.5~1h）[⊖]。冷却后盖好盒盖，称取质量，细粒土、砂类土和有机质土准确至 0.01g；砾类土准确至 1g。

4. 结果整理

1）按下式计算含水率：

$$w = \frac{m - m_s}{m_s} \times 100$$

式中　w——含水率（%），计算至 0.1%；

　　　m——湿土质量（g）；

　　　m_s——干土质量（g）。

2）本试验记录格式见表 1-2。

表 1-2　含水率试验记录

工程编号＿＿＿＿＿＿＿＿＿＿＿＿＿＿　　　　试验者＿＿＿＿＿＿＿＿＿＿＿＿＿＿＿＿

土样说明＿＿＿＿＿＿＿＿＿＿＿＿＿＿　　　　计算者＿＿＿＿＿＿＿＿＿＿＿＿＿＿＿＿

试验日期＿＿＿＿＿＿＿＿＿＿＿＿＿＿　　　　校核者＿＿＿＿＿＿＿＿＿＿＿＿＿＿＿＿

盒号		1	2	3	4
盒质量/g	(1)	20.00	20.00	20.00	20.00
盒+湿土质量/g	(2)	71.65	70.54	70.65	70.45
盒+干土质量/g	(3)	62.30	61.23	59.63	59.32
水分质量/g	(4)=(2)-(3)	9.35	9.31	11.02	11.13
干土质量/g	(5)=(3)-(1)	42.30	41.23	39.63	39.32
含水率(%)	(6)=(4)/(5)	22.1	22.6	27.8	28.3
平均含水率(%)	(7)	22.4		28.1	

3）精度和允许差。本试验应进行二次平行测定，取其算术平均值，准确至 0.1%，允许平行差值应符合表 1-3 的规定。

表 1-3　含水率测定的允许平行差值

含水率(%)	允许平行差值(%)	含水率(%)	允许平行差值(%)
$w \leq 5.0$	≤0.3	$w > 40.0$	≤2.0
$5.0 < w \leq 40.0$	≤1.0		

⊖　一般土样烘干 16~24h 就足够。但是，有些土或试样数量过多或试样很潮湿时，可能需要烘更长的时间。烘干的时间也与烘箱内试样的总质量、烘箱的尺寸及其通风系统的效率有关。

⊖　如称量盒的盖是密闭的，而且试样在称量前放置时间较短，可以不放在干燥器中冷却。

5.《土工规程》条文说明

本试验对烘干土的数量进行了修改，目的是确保试验结果具有代表性。一般而言，越是均质的土样（如充分拌和均匀的土样），所需的烘干试样越少，反之亦然。

目前，国内外主要土工试验的温度多数以 105~110℃ 为标准。试样烘至恒量所需的时间与土的类别及取土数量有关，一般而言，细粒土较粗粒土的烘干时间要长，土的数量越多，所需烘干时间越长。

有机质土在 105~110℃ 温度下经长时间烘干后，有机质特别是腐殖酸会在烘干过程中逐渐分解而不断损失质量，使测得的含水率比实际的含水率要大，土中有机质含量越高，误差越大。所以，本试验对有机质含量超过 5% 的土，在 60~70℃ 的恒温下进行烘干。

某些含有石膏的土在烘干时会损失结晶水，用本方法测定其含水率有影响，每 1% 石膏对含水率的影响约为 0.2%。如果土中有石膏，则试样在不超过 80℃ 的温度下烘干，并可能要烘更长的时间。

（二）酒精燃烧法（T 0104—2019）

1. 适用范围

本试验方法适用于快速简易测定土（含有机质的土和盐渍土除外）的含水率。

2. 仪器设备

1）天平：感量 0.01g。

2）酒精：纯度 95% 以上。

3）其他：滴管、调土刀、称量盒（定期调整为恒定质量）等。

3. 试验步骤

1）称取空称量盒的质量，准确至 0.01g。

2）取代表性试样不小于 10g 放入称量盒内，称取称量盒与湿土的总质量，准确至 0.01g。

3）用滴管将酒精注入放有试样的称量盒中，直至称量盒中出现自由液面为止。为使酒精在试样中充分混合均匀，可将称量盒底在桌面上轻轻敲击。

4）点燃称量盒中酒精，燃烧至火焰熄灭。

5）火焰熄灭并冷却数分钟后，再次用滴管滴入酒精，注意不得用容器装酒精直接往称量盒里倒酒精，以防意外。重复此操作再燃烧两次。

6）待第三次火焰熄灭后，盖好盒盖，立即称取干土质量，准确至 0.01g。

4. 结果整理

结果整理同烘干法。

5.《土工规程》条文说明

在试样中加入酒精后，利用酒精在土中的燃烧使土中水分蒸发，将土样烘干，是一种快速测定土的含水率的方法，适用于在没有烘箱的情况下对土的含水率进行快速测定。当烘干法与酒精燃烧法的试验结果有差异时，以烘干法为准。

三、土的比重试验

土的比重试验一般采用比重瓶法（T 0112—1993）。

土的比重试验

1. 适用范围

本试验方法适用于测定粒径小于 5mm 的土的比重。

2. 仪器设备

1）比重瓶：容量 100mL 或 50mL。

2）天平：称量 200g，感量 0.001g。

3）恒温水槽：灵敏度 ±1℃。

4）砂浴。

5）真空抽气设备。

6）温度计：刻度为 0~50℃，分度值为 0.5℃。

7）其他：烘箱、纯水、中性液体（煤油）、孔径 2mm 及 5mm 的筛、漏斗、滴管等。

8）比重瓶校正：

① 将比重瓶洗净、烘干，称取比重瓶质量，准确至 0.001g。

② 将煮沸后经冷却的纯水注入比重瓶，对长颈比重瓶注水至刻度处；对短颈比重瓶应注满纯水，塞紧瓶塞，多余水分自瓶塞的毛细管中溢出。调节恒温水槽温度至 5℃ 或 10℃，将比重瓶放入恒温水槽内，直至瓶内水温稳定；然后取出比重瓶，擦干外壁，称取比重瓶、水总质量，准确至 0.001g。

③ 以 5℃ 的级差调节恒温水槽的水温，逐级测定不同温度下的比重瓶、水总质量，直至水温达到本地区最高自然气温为止。在每个温度级差区间内均应进行两次平行测定，两次测定的差值不得大于 0.002g，取两次测值的平均值。最后绘制温度与比重瓶、水总质量的关系曲线。

3. 试验步骤

1）将比重瓶烘干，将 15g 烘干土装入 100mL 的比重瓶内（若用 50mL 的比重瓶，可装烘干土约 12g），称量。

2）为排除土中空气，向已装有干土的比重瓶中注纯水至瓶的一半高度处，摇动比重瓶，土样浸泡 20h 以上；再将比重瓶在砂浴中煮沸，煮沸时间自悬液沸腾时算起，砂及低液限黏土应不少于 30min，高液限黏土应不少于 1h，应使土粒分散开。沸腾后要调节砂浴的温度，不要使含有土的液体溢出瓶外。

3）如用长颈比重瓶，用滴管调整液面至刻度处（以弯月面上缘为准），擦干瓶外及瓶内壁刻度以上部分的水，称取比重瓶、水、土总质量。如用短颈比重瓶，将纯水注满比重瓶，使多余水分自瓶塞的毛细管中溢出，将瓶外水分擦干后，称取比重瓶、水、土的总质量，称量后立即测出瓶内水的温度，准确至 0.5℃。

4）根据测得的温度，从已绘制的温度与比重瓶、水总质量关系曲线中查得比重瓶、水总质量。如比重瓶体积预先未经温度校正，则立即倒掉悬液，洗净比重瓶，注入预先煮沸过且与试验时同温度的纯水至同一体积刻度处。如果用短颈比重瓶，则注水至满，按上述步骤 3）调整液面后，将瓶外水分擦干，称取比重瓶、水总质量。

5）如果土样是砂土，煮沸时砂易跳出，可用真空抽气法代替煮沸法排除土中空气，其余步骤与上述步骤 3）、4）相同。

6）对含有某量值的可溶盐、不亲性胶体或有机质的土，必须用中性液体（煤油）测定，并用真空抽气法排除土中气体。真空抽气法的真空压力表读数宜为 100kPa，抽气时间为 1~2h（直至悬液内无气泡为止），其余步骤同上述步骤 3）、4）。

7）本试验称量应准确至 0.001g。

4. 结果整理

1）用纯水测定时，按下式计算比重：

$$G_s = \frac{m_s}{m_1 + m_s - m_2} \times G_{wt}$$

式中　G_s——土的比重，计算至 0.001；

　　　m_s——干土质量（g）；

　　　m_1——比重瓶、水总质量（g）；

　　　m_2——比重瓶、水、土总质量（g）；

　　　G_{wt}——t℃时纯水的比重（水的比重可查物理手册），准确至 0.001。

2）用中性液体测定时，按下式计算比重：

$$G_s = \frac{m_s}{m_1' + m_s - m_2'} \times G_{kt}$$

式中　G_s——土的比重，计算至 0.001；

　　　m_1'——比重瓶、中性液体总质量（g）；

　　　m_2'——比重瓶、土、中性液体总质量（g）；

　　　G_{kt}——t℃时中性液体比重（应实测），准确至 0.001。

3）本试验记录格式见表 1-4。

表 1-4　比重试验记录（比重瓶法）

工程名称＿＿＿＿＿＿＿＿＿＿　　试验方法＿＿＿＿＿＿＿＿＿＿　　试验日期＿＿＿＿＿＿＿＿＿＿

试　验　者＿＿＿＿＿＿＿＿＿＿　　计　算　者＿＿＿＿＿＿＿＿＿＿　　校　核　者＿＿＿＿＿＿＿＿＿＿

试验编号	比重瓶号	温度/℃	液体比重	比重瓶质量/g	比重瓶、干土总质量/g	干土质量/g	比重瓶、液总质量/g	比重瓶、液、土总质量/g	与干土同体积的液体质量/g	比重	平均比重值	备注
		(1)	(2)	(3)	(4)	(5)	(6)	(7)	(8)	(9)		
						(4)-(3)			$(5)+(6)-$ (7)	$\frac{(5)}{(8)}\times(2)$		
	1	15.2	0.999	34.886	49.831	14.945	134.714	144.225	5.434	2.746	2.74	
	2	15.2	0.999	34.287	49.227	14.940	134.696	144.191	5.445	2.741		

4）精度和允许差。本试验应进行二次平行测定，其平行差值不得大于 0.02，否则应重做试验。比重取其算术平均值，以两位小数表示。

5. 《土工规程》条文说明

1）土粒比重是土的基本物理性质指标之一，是计算孔隙比和评价土的类别的主要指标。

关于比重的定义，以前的相关土工试验规程和常见教科书上一般将比重定义为：土粒在温度 100~105℃情况下烘至恒重时的重量与同体积 4℃时蒸馏水重量的比值。近年来，国外某些书刊中给出这样的定义：给定体积材料的质量（或密度）与等体积水的质量（或密度）的比值。

各类科技词典中，多取物理学的定义来解释比重这个词，即物理上的重量与其体积的比值。《现代科学技术词典》将材料的比重定义为：材料的密度和其标准材料密度之比——这一定义更具有科学性和一般性。实际上，国外的某些书刊上已直接用材料比重来定义土的比重了。鉴于以上情况，并考虑到我国法定计量单位中有关"比重"概念给土工试验的一些基本公式和计算造成不便的现实，《土工规程》仍沿袭使用"比重"这个无量纲名词作为土工试验中的专用名词。但它有明确的定义：土粒比重是指土粒在温度105~110℃情况下烘至恒量时的质量与同体积4℃时纯水质量的比值。这样既照顾了习惯用法，又有明确的科学定义，符合法定计量的有关规定。

颗粒小于5mm的土用比重瓶法测定比重，然后根据土的分散程度、矿物成分、可溶盐和有机质的含量又分别规定用纯水和中性液体测定；排气方法也根据介质的不同分别采用煮沸法和真空抽气法。

2）目前各单位多用100mL的比重瓶，也有采用50mL比重瓶的。比较试验表明，比重瓶的大小对比重结果影响不大，但因100mL的比重瓶可以多取试样，使试样的代表性和试验的精度提高，所以本规程建议采用100mL的比重瓶，但也允许采用50mL的比重瓶。

比重瓶校正一般有两种方法：称量校正法和计算校正法。前一种方法的精度比较高；后一种方法引入了某些假设，但一般认为对比重影响不大。本试验以称量校正法为准。

3）关于试样状态，规定用烘干土，但考虑到烘焙对土中胶粒有机质的影响尚无一致意见，所以规定一般应使用烘干试样，但也可使用风干试样或天然湿度试样。一般规定有机质含量小于5%时，可以用纯水测定。

从资料上看，可溶盐含量小于0.5%时，用纯水和中性液体测得的比重几乎无差异；可溶盐含量大于0.5%时，比重值可差出1%以上。因此，规定可溶盐含量大于0.5%时，用中性液体测定。

排气方法在《土工规程》中仍选用煮沸法。如需用中性液体，则采用真空抽气法。

粗粒土、细粒土混合料比重的测定，《土工规程》规定分别测定粗粒土、细粒土的比重，然后取加权平均值。

⊡》 下达工作任务

测定土的基本物理性质指标
工作任务：使用相关的试验仪器，通过学生小组的分工协作，按试验步骤进行操作试验，完成土的密度、含水率和比重的测定任务，完成表1-5~表1-7，并写出相应的试验报告。
实训方式：教师先示范，学生以小组为单位认真听取教师讲解试验的目的、方法、步骤，然后学生作为试验员进行试验。
实训目的：土的基本物理性质指标的测定是不可缺少的教学环节，同时也是地基基础施工现场的一项重要工作。通过试验，可以加深学生对基本理论的理解，同时也是学生学习试验方法、试验技能以及培养试验结果分析能力的重要途径。
实训内容和要求：进行土的密度、含水率、比重测定试验，掌握试验的适用范围、仪器设备、操作步骤、成果整理等知识。土工试验方法应遵循《土工规程》的规定。
实训成果：试验完成后，将试验数据填入试验记录表，并写出试验过程。各小组之间交流成果，进行分析讨论，由指导教师进行讲评，以提高学生的实际动手能力。

实施计划

表1-5 密度试验记录（环刀法）（学生实测）

土样说明＿＿＿＿＿＿＿＿＿＿　　　　　　试验者＿＿＿＿＿＿＿＿＿＿

试验日期＿＿＿＿＿＿＿＿＿＿　　　　　　校核者＿＿＿＿＿＿＿＿＿＿

土样编号			1		2	
环刀号						
环刀容积/cm³	(1)					
环刀质量/g	(2)					
土+环刀质量/g	(3)					
土样质量/g	(4)	(3)-(2)				
湿密度/(g/cm³)	(5)	$\dfrac{(4)}{(1)}$				
含水率(%)	(6)					
干密度/(g/cm³)	(7)	$\dfrac{(5)}{[1+0.01(6)]}$				
平均干密度/(g/cm³)	(8)					

表1-6 含水率试验记录（烘干法/酒精燃烧法）（学生实测）

土样说明＿＿＿＿＿＿＿＿＿＿　　　　　　试验者＿＿＿＿＿＿＿＿＿＿

试验日期＿＿＿＿＿＿＿＿＿＿　　　　　　校核者＿＿＿＿＿＿＿＿＿＿

盒号		1	2	3	4
盒质量/g	(1)				
盒+湿土质量/g	(2)				
盒+干土质量/g	(3)				
水分质量/g	(4)=(2)-(3)				
干土质量/g	(5)=(3)-(1)				
含水率(%)	(6)=(4)/(5)				
平均含水率(%)	(7)				

表1-7 比重试验记录（比重瓶法）（学生实测）

试验方法＿＿＿＿＿＿＿＿＿＿　　　　　　试验日期＿＿＿＿＿＿＿＿＿＿

试 验 者＿＿＿＿＿＿＿＿＿＿　　　　　　校 核 者＿＿＿＿＿＿＿＿＿＿

试验编号	比重瓶号	温度/℃	液体比重	比重瓶质量/g	比重瓶、干土总质量/g	干土质量/g	比重瓶、液总质量/g	比重瓶、液、土总质量/g	与干土同体积的液体质量/g	比重	平均比重值
	(1)	(2)	(3)	(4)	(5)	(6)	(7)	(8)	(9)		
					(4)-(3)				$(5)+(6)-$ (7)	$\dfrac{(5)}{(8)}\times(2)$	

⮊ 评定反馈

试验报告及讨论：

1）根据分组试验情况及相关数据记录，完成本次任务的试验报告，并填写表 1-8。

2）各组比较试验成果，看是否存在差异，并讨论差异形成的原因。

表 1-8　实训任务—评定反馈

任务内容								
小组号			学生姓名			学号		
序号	检查项目	分数权重	评分要求			自评分	组长评分	教师评分
1	任务完成情况	40	按要求完成任务					
2	试验记录	20	记录、计算规范					
3	学习纪律	20	服从指挥、无安全事故					
4	团队合作	20	服从组长安排,能配合他人工作					

学习心得与反思：

存在问题：

时间：_____

学生自评分占 20%	组长评分占 20%	教师评分占 60%	最后得分

实训任务二

测定砂的相对密度

相对密度是无黏聚性粗粒土（砂土）紧密程度的指标之一，砂土的紧密程度不能只以它的孔隙比的大小来衡量。对于颗粒级配、形状及不均匀系数都不同的两种砂土，即使孔隙比完全相同，但其紧密程度却可能有很大差别；反之，紧密程度相同的两种砂土所具有的孔隙比却可能相差悬殊。这主要是由于不同的砂土，在各自的最松和最紧的状态下所具有的最大和最小孔隙比不同，因此需要根据砂土孔隙比与其最大孔隙比和最小孔隙比的相对关系来表示砂土的紧密程度。即当孔隙比接近于最小孔隙比时，砂土处于紧密状态；反之，当孔隙比接近最大孔隙比时，则砂土处于疏松状态。所以，通常用相对密度的指标来表示砂土的紧密程度。

资讯

用于测定砂的相对密实度的试验是砂的相对密度试验（T 0123—1993）。

1. 适用范围

本试验的目的是测定砂的最大孔隙比与最小孔隙比，并计算砂的相对密度。本试验适用于最大颗粒直径小于 5mm，且粒径 2~5mm 范围内的试样质量不大于试样总质量 15% 的砂土。

2. 仪器设备

1）量筒：容积为 500mL 及 1000mL 两种，后者内径应大于 60mm。

2）长颈漏斗：颈管内径约为 12mm，颈口应磨平（图 2-1）。

3）锥形塞：直径约 15mm 的圆锥体镶于铁杆上（图 2-1）。

4）砂面拂平器（图 2-1）。

5）电动最小孔隙比仪，如无此种仪器，可用下列 6）~8）中设备。

6）金属容器，有以下两种：容积 250mL，内径 50mm，高度 127mm；容积 1000mL，内径 100mm，高度 127mm。

7）振动仪（图 2-2）。

8）击锤：锤重 1.25kg，高度 150mm，锤座直径 50mm（图 2-3）。

9）天平：感量 1g。

3. 试验步骤

（1）最大孔隙比的测定

1）取代表性试样约 1.5kg，充分风干（或烘干），用手搓揉或用圆木棍在橡胶板上碾散，并拌和均匀。

2）将锥形塞自漏斗下口穿入，并向上提起，使锥体堵住漏斗管口，一并放入容积为 1000mL 的量筒中，使其下端与量筒底相接。

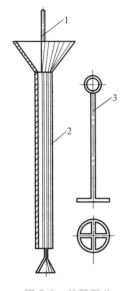

图 2-1　长颈漏斗

1—锥形塞　2—长颈漏斗　3—砂面拂平器

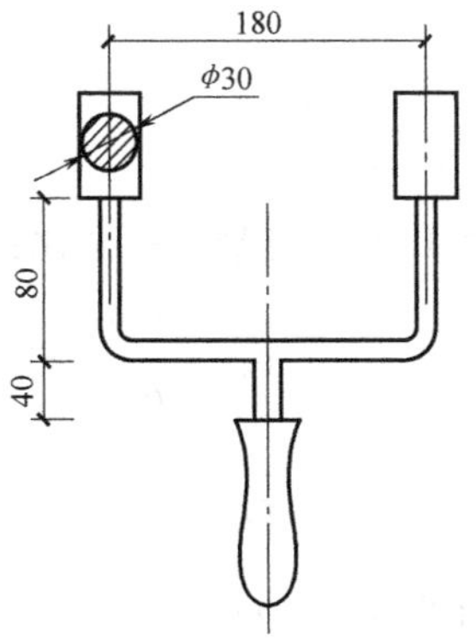

图 2-2　振动仪

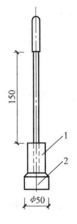

图 2-3　击锤

1—击锤　2—锤座

3）称取试样 700g（准确至 1g）均匀倒入漏斗中，将漏斗与锥形塞同时提起，移动锥形塞使锥体略离开管口，管口应始终保持高出砂面 1~2cm，使试样缓慢且均匀分布地落入量筒中。

4）试样全部落入量筒后取出漏斗与锥形塞，用砂面拂平器将砂面拂平，注意不得使量筒振动；然后测读砂样体积，估读至 5mL。

5）以手掌或橡胶塞堵住量筒口，将量筒倒转，缓慢地转动量筒内的试样，并回到初始位置，如此重复几次，记下体积的最大值，估读至 5mL。

6）取上述步骤测得的较大体积值，计算最大孔隙比。

（2）最小孔隙比的测定

1）取代表性试样约 4kg，按最大孔隙比的测定中的步骤 1）处理。

2）试样分三次倒入容器进行振击。第一次时先取上述试样 600~800g（其数量应使振击后的体积略大于容器容积的 1/3）倒入 1000mL 容器内，用振动仪以 150~200 次/min 的速度敲打容器两侧，并同时用击锤以 30~60 次/min 的频率锤击试样顶面，直至砂样体积不变为止（每层需敲打、锤击 5~10min）。敲打时要用足够的力量使试样处于振动状态。振击时，粗砂可用较少击数，细砂应用较多击数。

3）如用电动最小孔隙比仪进行试验，当试样采用上述方法装入容器后，开动电动机，即可进行振击。

4）按步骤 2）进行后两次加土的振击，注意第三次加土时应先在容器口上安装套环。

5）最后一次振击完毕，取下套环，用削土刀齐容器顶面削去多余试样；然后称量，准确至 1g，计算其最小孔隙比。

4. 结果整理

1）按下列计算式计算最小干密度与最大干密度：

$$\rho_{d\min}=\frac{m}{V_{\max}}$$

$$\rho_{dmax} = \frac{m}{V_{min}}$$

式中　ρ_{dmin}——最小干密度（g/cm³），计算至 0.01g/cm³；

ρ_{dmax}——最大干密度（g/cm³），计算至 0.01g/cm³；

m——试样质量（g）；

V_{max}——试样最大体积（cm³）；

V_{min}——试样最小体积（cm³）。

2）按下列计算式计算最大孔隙比与最小孔隙比：

$$e_{max} = \frac{\rho_w G_s}{\rho_{dmin}} - 1$$

$$e_{min} = \frac{\rho_w G_s}{\rho_{dmax}} - 1$$

式中　e_{max}——最大孔隙比，计算至 0.01；

e_{min}——最小孔隙比，计算至 0.01；

G_s——土粒比重；

ρ_w——水的密度，取 1g/cm³。

3）按下列计算式计算相对密实度：

$$D_r = \frac{e_{max} - e_0}{e_{max} - e_{min}}$$

式中　D_r——相对密实度，计算至 0.01；

e_0——天然孔隙比或填土的相应孔隙比。

4）本试验记录格式见表 2-1。

表 2-1　砂的相对密实度试验记录

工程名称_____　　试验者_____

土样编号_____　　计算者_____

试验日期_____　　校核者_____

试验项目		最大孔隙比		最小孔隙比		备注
试验方法		漏斗法		振击法		
试样+容器质量/g	(1)	2150	2170	2162	2165	
容器质量/g	(2)	1750		1750		
试样质量/g	(3)	(1)-(2)	400	420	412	415	
试样体积/cm³	(4)	335	350	250		
干密度/(g/cm³)	(5)	(3)÷(4)	1.20		1.20		
平均干密度/(g/cm³)	(6)	1.20		1.66		
比重 G_s	(7)	2.65				
孔隙比 e	(8)	1.21		0.59		
天然干密度/(g/cm³)	(9)	1.30				
天然孔隙比 e_0	(10)	1.04				
相对密实度 D_r	(11)	0.27				

5）精度和允许差。最小干密度与最大干密度均须进行两次平行测定，其平行差值不得超过 $0.03g/cm^3$，否则应重做试验，取其算术平均值。

5.《土工规程》条文说明

1）相对密实度是无黏聚性粗粒土紧密程度的指标，对于土质建筑物的地基稳定性，特别是在抗震稳定性方面具有重要的意义。

2）相对密度试验中的三个参数——最大干密度、最小干密度及现场干密度对相对密实度值都很敏感。因此，试验方法和仪器设备的标准化是十分重要的。然而，目前工程界还没有统一而完善的测求最大孔隙比、最小孔隙比的方法，天然孔隙比的测定也存在不少问题。从国外情况看，美国对相对密度试验研究较多，最大干密度试验方法也基本上统一用振动台法。

3）测定砂的最大孔隙比（即最小干密度）的方法常见的有漏斗法、慢速倒转法、量筒法和松砂器法。我国水电部门的对比试验结果表明，上述几种方法所得结果相差不大，但各种方法本身尚存在不同的问题。漏斗法是用小的管径来控制砂样，使其均匀缓慢地落入量筒，以达到很疏松的堆积。但由于受漏斗管径的限制，有些粗颗粒会受到阻塞；加大管径又不易控制砂样的缓慢流出，故只适用于较小颗粒的砂样。慢速倒转法由于细颗粒下落较慢，粗颗粒下落较快，会产生粗细颗粒分层的现象。采用慢速倒转法虽然存在一些缺点，但能达到较松的密度，可测得较合理的最大孔隙比。

4）测定砂的最小孔隙比（即最大干密度）的方法，国外一般采用振动台法；国内通常采用的方法按加力性质分为三大类：锤击法、振动法、锤击与振动或静荷载与振动联合使用的方法。锤击法主要适用于略具黏性的砂土，与击实试验的作用相同。振动法是一种较好的方法，因能产生不同的惯性力而引起密度的增加，所以美国材料与试验协会将其列为标准试验方法。锤击与振动或静荷载与振动联合使用的方法，兼有振动与锤击的优点。

⏩ 下达工作任务

砂的相对密度试验

工作任务：根据《土工规程》中砂的相对密度试验，确定砂的最大孔隙比、最小孔隙比和相对密实度，完成表 2-2。

实训方式：课前备料，学生分为 8 组，每组配有量筒、长颈漏斗，合用一台电动最小孔隙比仪。小组内统筹安排时间，要求在两节课时间内获得实测数据，结果处理可在课后完成。

实训目的：进行砂的最大孔隙比（或最小干密度）试验和最小孔隙比（或最大干密度）试验。

实训内容和要求：完成砂的相对密度试验，掌握试验各环节，试验方法遵循《土工规程》。

实训成果：试验完成后，将试验数据填入试验记录表，并写出试验过程。各小组之间交流成果，进行分析讨论，由指导教师进行讲评，以提高学生的实际动手能力。

实施计划

表 2-2　砂的相对密度试验记录（学生实测）

工程名称＿＿＿＿＿＿＿＿＿＿＿＿＿＿＿＿　　试验者＿＿＿＿＿＿＿＿＿＿＿＿＿＿＿

土样编号＿＿＿＿＿＿＿＿＿＿＿＿＿＿＿＿　　计算者＿＿＿＿＿＿＿＿＿＿＿＿＿＿＿

试验日期＿＿＿＿＿＿＿＿＿＿＿＿＿＿＿＿　　校核者＿＿＿＿＿＿＿＿＿＿＿＿＿＿＿

试验项目		最大孔隙比	最小孔隙比	备注
试验方法		漏斗法	振击法	
试样+容器质量/g	(1)			
容器质量/g	(2)			
试样质量/g	(3) (1)-(2)			
试样体积/cm³	(4)			
干密度/(g/cm³)	(5) (3)÷(4)			
平均干密度/(g/cm³)	(6)			
比重 G_s	(7)			
孔隙比 e	(8)			
天然干密度/(g/cm³)	(9)			
天然孔隙比 e_0	(10)			
相对密实度 D_r	(11)			

评定反馈

试验报告及讨论：

1）根据分组试验情况及相关数据记录，完成本次任务的试验报告，并填写表 2-3。

2）各组比较试验成果，看是否存在差异，并讨论差异形成的原因。

表 2-3　实训任务二评定反馈

任务内容							
小组号			学生姓名		学号		
序号	检查项目	分数权重	评分要求		自评分	组长评分	教师评分
1	任务完成情况	40	按要求完成任务				
2	试验记录	20	记录、计算规范				
3	学习纪律	20	服从指挥、无安全事故				
4	团队合作	20	服从组长安排，能配合他人工作				

学习心得与反思：

存在问题：

时间：＿＿＿＿＿＿＿＿＿＿

学生自评分占 20%	组长评分占 20%	教师评分占 60%	最后得分

实训任务三

测定土的液限和塑限

学习情境

土的状态随着土中含水率的变化而变化，各种土都有一个处于塑性状态的含水率范围，其中的界限含水率就是这个范围的量度值。对工程来说，具有实用意义的土的界限含水率是液限、塑限和缩限，其中液限和塑限分别表示土可塑状态的上限和下限。由于液限能很好地反映土的某些物理、力学性质，所以一般通过界限含水率试验来确定土的塑性指数与液限，再根据塑性图分类法来判断土是粉土还是黏土以及土的稠度。

资讯

用于测定土的液限和塑限的试验是界限含水率试验，一般采用液限和塑限联合测定法（T 0118—2007）。

1. 适用范围

本试验方法适用于测定粒径不大于 0.5mm、有机质含量不大于试样总质量 5% 的土的液限和塑限。

土的液塑限试验

2. 仪器设备

1）液塑限联合测定仪，其中圆锥质量为 100g 或 76g，锥角为 30°。

2）盛土杯：直径 50mm，深度 40~50mm。

3）天平：感量 0.01g。

4）其他：筛（孔径 0.5mm）、调土刀、调土皿、称量盒、研钵（附带橡胶头的研杵或橡胶板、木棒）、干燥器、吸管、矿脂等。

3. 试验步骤

1）取有代表性的具有天然含水率的土样或风干土样进行试验，如土中含大于 0.5mm 的土粒或杂物，应将风干土样用带橡胶头的研杵研碎或用木棒在橡胶板上压碎，然后过 0.5mm 的筛。取过 0.5mm 筛的代表性土样至少 600g，分开放入三个盛土皿中，加入不同数量的纯水，土样的含水率分别控制在液限（a 点）、略大于塑限（c 点）和二者的中间状态（b 点）。用调土刀将土样调匀，盖上湿布，放置 18h 以上。然后测定 a 点的锥入深度，对于 100g 锥应为（20±0.2）mm，对于 76g 锥应为（17+0.2）mm；测定 c 点的锥入深度，对于 100g 锥应控制在 5mm 以下，对于 76g 锥应控制在 2mm 以下。对于砂类土，用 100g 锥测定 c 点的锥入深度可大于 5mm，用 76g 锥测定 c 点的锥入深度可大于 2mm。

2）将制备的土样充分搅拌均匀，分层装入盛土杯，然后用力压密，使空气逸出。对于较干燥的土样，应先充分搓揉，用调土刀反复压实。试杯装满后，用调土刀将土样刮成与杯边齐平。

3）当用游标式或百分表式液塑限联合测定仪进行试验时，先调平仪器，再提起锥杆（此时游标或百分表的读数为零），在锥头上涂少许矿脂。

4）将装好土样的试杯放在液塑限联合测定仪的升降座上，转动升降旋钮，待锥尖与土样表面刚好接触时停止升降，扭动锥体下降旋钮，经 5s 时，锥体停止下落，此时游标读数

即为锥入深度 h_1。

5）改变锥尖与土的接触位置（锥尖两次锥入位置的距离不小于 1cm），重复步骤 3）、4），得到锥入深度 h_2。h_1、h_2 的允许平行误差为 0.5mm，否则应重做试验。取 h_1、h_2 平均值作为该点的锥入深度 h。

6）去掉锥尖入土处的矿脂，取 10g 以上的两份土样，分别装入称量盒内称取质量（准确至 0.01g），并测定土样的含水率 w_1、w_2（计算至 0.1%），然后计算含水率平均值 w。

7）重复步骤 2）~6），对其他两个含水率土样进行试验，测其锥入深度和含水率。

4. 结果整理

1）在双对数坐标纸上，以含水率 w 为横坐标，锥入深度 h 为纵坐标，绘制 a、b、c 三点含水率的 $h\sim w$ 图（图 3-1），此三点相连后应呈一条直线。如三点不在同一直线上，则要通过 a 点与 b、c 两点连成两条直线，然后根据液限（a 点含水率）在 h_P-w_L 图（图 3-2）上查得 h_P，以此 h_P 再在 h-w 图上的 ab 及 ac 两直线上求出相应的两个含水率。当两个含水率的差值小于 2% 时，以该两点含水率的平均值与 a 点连成一条直线；当两个含水率的差值大于 2% 时，应重做试验。

2）液限的确定方法如下：

① 若采用 76g 锥做液限试验，则在 h-w 图上，查得纵坐标锥入深度 $h=17$mm 所对应的横坐标的含水率 w，即为该土样的液限 w_L。

② 若采用 100g 锥做液限试验，则在 h-w 图上，查得纵坐标锥入深度 $h=20$mm 所对应的横坐标的含水率 w，即为该土样的液限 w_L。

3）塑限的确定方法如下：

① 根据本试验中液限的确定方法第①步求出的液限，通过 76g 锥的锥入深度 h 与含水率 w 的关系（图 3-1），查得锥入深度 2mm 时所对应的含水率即为土样的塑限 w_P。

② 根据本试验中液限的确定方法第②步求出的液限，通过液限 w_L 与塑限入土深度 h_P 的关系曲线（图 3-2）查得 h_P，再由图 3-1 求出入土深度 h_P 对应的含水率，即为该土样的

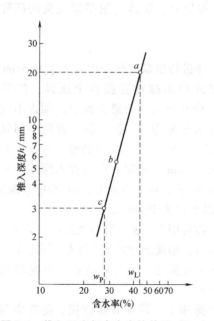

图 3-1 锥入深度与含水率的关系（h-w）

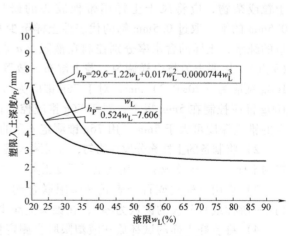

$$h_P=29.6-1.22w_L+0.017w_L^2-0.0000744w_L^3$$

$$h_P=\frac{w_L}{0.524w_L-7.606}$$

图 3-2 h_P-w_L 关系曲线

塑限 w_P。在查 h_P-w_L 关系图时，需先通过简易鉴别法及筛分法把砂类土与细粒土区别开来，再分别采用相应的 h_P-w_L 关系曲线，对于细粒土，用双曲线确定 h_P 值；对于砂类土，则用多项式曲线确定 h_P 值。

4）计算塑性指数 $I_P = w_L - w_P$

5）本试验记录格式见表 3-1。

表 3-1　液限和塑限联合试验记录

工程名称＿＿＿＿＿＿＿＿＿＿＿＿＿＿　　　试验者＿＿＿＿＿＿＿＿＿＿＿＿＿＿＿＿

土样编号＿＿＿＿＿＿＿＿＿＿＿＿＿＿　　　计算者＿＿＿＿＿＿＿＿＿＿＿＿＿＿＿＿

取土深度＿＿＿＿＿＿＿＿＿＿＿＿＿＿　　　校核者＿＿＿＿＿＿＿＿＿＿＿＿＿＿＿＿

土样制备＿＿＿＿＿＿＿＿＿＿＿＿＿＿　　　试验日期＿＿＿＿＿＿＿＿＿＿＿＿＿＿＿

试验项目	试验次数	1	2	3			
入土深度	h_1	4.68	9.81	19.88			
	h_2	4.73	9.79	20.12			
	$\frac{1}{2}(h_1+h_2)$	4.71	9.80	20			
含水率	盒号					w_P	I_P
	盒质量/g	20.00	20.00	20.00	双曲线法	27.2	14.0
	盒+湿土质量/g	25.86	27.49	30.62	搓条法	26.2	15.0
	盒+干土质量/g	24.51	25.52	27.53	液限	$w_L = 41.2$	
	水分质量/g	1.35	1.97	3.09			
	干土质量/g	4.51	5.52	7.53			
	含水率(%)	29.9	35.7	41.04			

6）精度和允许差。本试验应进行两次平行测定，其允许差为：高液限土≤2%，低液限土≤1%。若不满足要求，则应重新试验，取其算术平均值，保留至小数点后一位。

5. 《土工规程》条文说明

1）76g 锥以入土深度 17mm 作为液限时的抗剪强度和 100g 锥以入土深度 20mm 作为液限时的抗剪强度是一致的。影响圆锥入土深度的因素可归结为土质、物理状态（湿度和密度状态）和结构三大方面。对于扰动土，排除了结构状态的影响。塑限入土深度与含水率的关系不稳定的原因就在于湿密状态和土质的影响。土的性质对塑限入土深度有显著影响，一般情况下对砂类土的影响较大，而对粉质土和黏质土的影响则较小。

2）液塑限联合测定仪有数码式、光电式、游标式和百分表式 4 种，《土工规程》并列这四种仪器，可根据具体情况选用。

3）试样制备的质量对试验的精度具有重要意义。制备的试样应均匀、密实。一般要制备三个试样，一个要求含水率接近液限（入土深度为 20mm±0.2mm），一个要求含水率接近塑限，一个要求含水率位于液限和塑限的中值。否则，就不容易控制曲线的走向。对试验精度最有影响的试样是靠近塑限的那个试样。试验时可以先将试样充分搓揉，再将试样紧密地压入容器，刮平后待测。当含水率等于液限时，对控制曲线走向最有利，但此时试样很难制备，必须充分搓揉使试样的断面上无孔隙存在。为了便于操作，含水率限制根据实际经验可略放宽，以入土深度不大于 5mm 为限。

测定土的界限含水率

工作任务：根据《土工规程》中的液限和塑限联合测定法测定土的液限和塑限，完成表3-2，并对土进行分类与定名，并提供稠度状态指标。

实训方式：课前备料，学生分为8组，每组一台液塑限联合测定仪及三套调土设备。小组内统筹安排时间，要求在两节课时间内获得实测数据，结果处理可在课后完成。

实训目的：按照土的工程分类原则，学会选用正确的试验检测方法，掌握相关试验技能，根据试验结果给出土的定名与稠度状态指标。

实训内容和要求：初步鉴定土的类型，遵循《土工规程》完成土的液限与塑限的测定。

实训成果：实践活动中经互相讨论后每组出一份鉴别结果，并与工程地质勘查报告相对照，检验鉴别结果的准确性，并谈谈对土的鉴定方法的认识和感受。

☰》实施计划

表3-2　土的界限含水率试验记录（液限和塑限联合测定法）

工程名称				试验者	
土样编号				计算者	
取土深度				校核者	
土样制备				试验日期	

试验项目 \ 试验次数		1	2	3
锥入深度	h_1			
	h_2			
	$h=(h_1+h_2)/2$			
含水率	盒号			
	盒+湿土质量/g			
	盒+干土质量/g			
	盒质量/g			
	水分质量/g			
	干土质量/g			
	含水率(%)			
	平均含水率(%)			

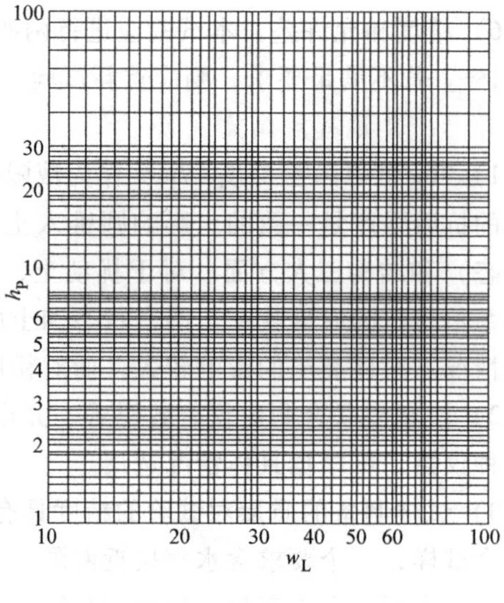

液限：	塑限：	塑性指数：

结论：

评定反馈

试验报告及讨论：

1）根据分组试验情况及相关数据记录，完成本次任务的试验报告，并填写表3-3。

2）各组比较试验成果，看是否存在差异，并讨论差异形成的原因。

表3-3　实训任务三评定反馈

任务内容							
小组号			学生姓名		学号		
序号	检查项目	分数权重	评分要求		自评分	组长评分	教师评分
1	任务完成情况	40	按要求完成任务				
2	试验记录	20	记录、计算规范				
3	学习纪律	20	服从指挥、无安全事故				
4	团队合作	20	服从组长安排,能配合他人工作				

学习心得与反思：

存在问题：

时间：_____

学生自评分占20%	组长评分占20%	教师评分占60%	最后得分

实训任务四

颗粒分析试验

>> 学习情境

颗粒分析试验是测定土中各种粒组所占该土总质量的百分数的常用方法，可分析颗粒的大小及分布情况，分析结果可用于土的分类及概略判断土的工程性质。

>> 资讯

颗粒分析试验一般采用筛分法（T 0115—1993）和密度计法（T 0116—2007）。

一、筛分法（T 0115—1993）

1. 适用范围

本试验方法适用于分析土粒粒径范围在 0.075~60mm 的土粒的粒组含量和级配组成。

土的颗粒分析——筛分法

2. 仪器设备

1）标准筛：孔径为 60mm、40mm、20mm、10mm、5mm、2mm 的粗筛（圆孔）；孔径为 2mm、1mm、0.5mm、0.25mm、0.075mm 的细筛。

2）天平：称量 5000g，感量 1g；称量 1000g，感量 0.01g。

3）摇筛机。

4）其他：烘箱、筛刷、烧杯、木碾、研钵及杵等。

3. 试样

从风干、松散的土样中，用四分法按照下列规定取出具有代表性的试样：

1）小于 2mm 颗粒的土 100~300g。

2）最大粒径小于 10mm 的土 300~900g。

3）最大粒径小于 20mm 的土 1000~2000g。

4）最大粒径小于 40mm 的土 2000~4000g。

5）最大粒径大于 40mm 的土 4000g 以上。

4. 试验步骤

（1）对于无黏聚性的土

1）按规定称取试样，将试样分批过 2mm 筛。

2）将大于 2mm 的试样按照从大到小的顺序通过大于 2mm 的各级粗筛，然后将留在筛上的土分别称量。

3）2mm 筛下的土如果数量过多，可用四分法缩分至 100~800g，然后将试样按从大到小的顺序通过小于 2mm 的各级细筛，同时可用摇筛机进行振摇，振摇时间一般为 10~15min。

4）由最大孔径的筛开始，按顺序将各筛取下，在白纸上用手轻叩摇晃，直至每分钟筛下数量不大于该级筛的筛余质量的 1% 为止。漏下的土粒应全部放入下一级筛内，并将留在各筛上的土样用软毛刷刷净，然后分别称量。

5）筛后各级筛的筛上土和筛底土的总质量与筛前试样总质量之差，不应大于1%。

6）如过2mm筛的筛下土质量不超过试样总质量的10%，可省略细筛分析；如过2mm筛的筛上土质量不超过试样总质量的10%，可省略粗筛分析。

（2）对于含有黏土粒的砂砾土

1）将土样放在橡胶板上，用木碾将黏结的土团充分碾散，然后拌匀、烘干、称量。如土样过多，可用四分法称取代表性土样。

2）将试样置于盛有清水的瓷盆中浸泡并搅拌，使粗细颗粒分散开。

3）将浸润后的混合液过2mm筛，边冲洗边过筛，直至筛上仅留粒径大于2mm以上的土粒为止。然后，将筛上洗净的砂砾风干后称量，按以上方法进行粗筛分析。

4）将通过2mm筛筛下的混合液存放在瓷盆中，待稍沉淀，将上部悬液过0.075mm洗筛，然后用带橡胶头的玻璃棒研磨瓷盆内的浆液，再加入清水，反复进行搅拌、研磨、静置、过筛操作，直至盆内悬液澄清为止。最后，将全部土粒倒在0.075mm筛上，用水冲洗，直到筛上仅留粒径大于0.075mm的净砂为止。

5）将粒径大于0.075mm的净砂烘干后称量，并进行细筛分析。

6）将粒径大于2mm的颗粒及粒径为0.075~2mm的颗粒的质量从总质量中减去，剩下的质量即为粒径小于0.075mm颗粒的质量。

7）如果粒径小于0.075mm的颗粒质量超过土总质量的10%，有必要时，可将这部分土烘干、取样，另进行密度计分析或移液管分析。

5. 结果整理

1）按下式计算小于某粒径颗粒的质量分数：

$$X = \frac{A}{B} \times 100$$

式中　X——小于某粒径颗粒的质量分数，计算至0.1%；

　　　A——小于某粒径的颗粒质量（g）；

　　　B——试样的总质量（g）。

2）当小于2mm的颗粒采用四分法缩分取样时，试样中小于某粒径的颗粒质量占总土质量的百分数：

$$X = \frac{a}{b} \times p \times 100$$

式中　X——小于某粒径颗粒的质量分数，计算至0.1%；

　　　a——通过2mm筛的试样中小于某粒径的颗粒质量（g）；

　　　b——通过2mm筛的土样中所取试样的质量（g）；

　　　p——粒径小于2mm的颗粒质量分数（%）。

3）在半对数坐标纸上，以小于某粒径的颗粒质量分数为纵坐标，以粒径为横坐标，绘制颗粒大小级配曲线，求出各粒组的颗粒质量分数，以整数表示。

4）必要时按式 $C_u = d_{60}/d_{10}$ 计算不均匀系数。

5）本试验记录格式见表4-1。

表 4-1　颗粒分析试验记录（筛分法）

工程名称＿＿＿＿＿＿＿＿＿＿　　　　　　　　　　　　　　　试验者＿＿＿＿＿＿＿＿＿＿

土样编号＿＿＿＿＿＿＿＿＿＿　　　　　　　　　　　　　　　计算者＿＿＿＿＿＿＿＿＿＿

土样说明＿＿＿＿＿＿＿＿＿＿　　试验日期＿＿＿＿＿＿＿＿＿＿　　校核者＿＿＿＿＿＿＿＿＿＿

筛前总土质量＝3000g　　　　　　　　　　　　　　　　　小于2mm取试样质量＝810g

小于2mm土质量＝810g

小于2mm土占总土质量＝27%

粗筛分析				细筛分析				
孔径/ mm	累积留筛上 土质量/ g	小于该孔径的 土质量/ g	小于该孔 径土的质量 分数 （%）	孔径/ mm	累积留筛上 土质量/ g	小于该孔径的 土质量/ g	小于该孔 径土的质量 分数 （%）	占总土质量 的质量分数 （%）
				2.0	2190	810	100	27.0
60				1.0	2410	590	72.8	19.7
40	0	3000	100	0.5	2740	260	32.1	8.7
20	350	2650	88.3	0.25	2920	80	9.9	2.7
10	920	2080	69.3	0.075	2980	20	2.5	0.7
5	1600	1400	46.7					
2	2190	810	27.0					

6）精度和允许差。筛后各级筛的筛上土和筛底土的总质量与筛前试样总质量之差，不应大于筛前试样总质量的1%，否则应重做试验。

6. 《土工规程》条文说明

1）当大于0.075mm的颗粒质量超过试样总质量的15%时，先进行筛分试验，然后过洗筛，再用密度计法或移液管法进行试验。

2）在选用分析筛的孔径时，应根据试样颗粒的粗细情况选用。

3）对于砾类土等颗粒较大的土样，一般按其最大颗粒决定试样数量，这样比较直观，易于操作，可得到比较有代表性的数据。

用风干土样进行筛分试验时，可按四分法取代表性试样，试样数量随粒径大小而异，粒径越大，试样数量越多。

4）对于无黏聚性的土样，一般采用干筛法进行试验；对于含有部分黏土的砾类土，必须用水筛法进行试验，以保证颗粒充分分散。

二、密度计法（T 0116—2007）

1. 适用范围

本试验方法适用于分析粒径小于0.075mm的细粒土的粒组含量和级配组成。

2. 仪器设备

1）密度计

① 甲种密度计：刻度单位以20℃时每1000mL悬液内所含土的质量表示，刻度范围为

土的颗粒分析——密度计法

$-5 \sim 50$，最小分度值为 0.5。

② 乙种密度计：刻度单位以 20℃时悬液的比重表示，刻度范围为 $0.995 \sim 1.020$，最小分度值为 0.0002。

2）量筒：容积为 1000mL，内径为 60mm，高度为（350±10）mm，刻度范围为 $0 \sim 1000$mL。

3）孔径为 2mm、1mm、0.5mm、0.25mm 的细筛；孔径为 0.075mm 的洗筛。

4）天平：称量 200g，感量 0.01g。

5）温度计：测量范围为 $0 \sim 50$℃，精度为 0.5℃。

6）洗筛漏斗：上口径略大于洗筛直径，下口直径略小于量筒直径。

7）煮沸设备：电热板或电砂浴。

8）搅拌器：底板直径为 50mm，孔径约为 3mm。

9）其他：离心机、烘箱、三角烧瓶（500mL）、烧杯（400mL）、蒸发皿、研钵、木碾、称量铝盒、秒表等。

3. 试剂

浓度 25% 的氨水、氢氧化钠、草酸钠、六偏磷酸钠、焦磷酸钠等。如需进行洗盐操作，还应有浓度 10% 的盐酸、浓度 5% 的氯化钡、浓度 10% 的硝酸、浓度 5% 的硝酸银及浓度 6% 的双氧水等。

4. 试样

使用密度计法分析土样应采用风干土。土样应充分碾散，通过 2mm 筛（土样风干可在烘箱内以不超过 50℃的鼓风干燥）；然后求出土样的风干含水率，并按下式计算试样干质量为 30g 时所需的风干土质量，准确至 0.01g。

$$m = m_s(1 + 0.01w)$$

式中　m——风干土质量（g），计算至 0.01g；

　　　m_s——试验所需干土质量（g）；

　　　w——风干土的含水率（%）。

5. 密度计校正

1）密度计刻度及弯月面校正按《标准玻璃浮计检定规程》（JJG 86—2011）进行，土粒沉降距离校正参见《土工规程》的规定。

2）温度校正：当密度计的刻制温度是 20℃，而悬液温度不等于 20℃时，应进行校正，温度校正值查表 4-2。

3）土粒比重校正：密度计刻度应以土粒比重 2.65 为准。当试样的土粒比重不等于 2.65 时，应进行土粒比重校正。土粒比重校正值查表 4-3。

4）分散剂校正：密度计刻度是以纯水为准的，当悬液中加入分散剂时，相对密度增大，故须加以校正。校正时注纯水入量筒内，然后加入分散剂，使量筒溶液达 1000mL；然后用搅拌器在量筒内沿整个深度上下搅拌均匀，恒温至 20℃；最后将密度计放入溶液中，测记密度计读数。此时的密度计读数与 20℃时纯水中密度计的读数之差，即为分散剂校正值。

6. 土样分散处理

土样的分散处理一般采用分散剂进行。对于使用各种分散剂均不能分散的土样（如盐渍土等），需进行洗盐处理。

表 4-2　温度校正值

悬液温度 T/℃	甲种密度计温度校正值 m_T	乙种密度计温度校正值 m_T'	悬液温度 T/℃	甲种密度计温度校正值 m_T	乙种密度计温度校正值 m_T'
10.0	−2.0	−0.0012	20.2	0.0	+0.0000
10.5	−1.9	−0.0012	20.5	+0.1	+0.0001
11.0	−1.9	−0.0012	21.0	+0.3	+0.0002
11.5	−1.8	−0.0011	21.5	+0.5	+0.0003
12.0	−1.8	−0.0011	22.0	+0.6	+0.0004
12.5	−1.7	−0.0010	22.5	+0.8	+0.0005
13.0	−1.6	−0.0010	23.0	+0.9	+0.0006
13.5	−1.5	−0.0009	23.5	+1.1	+0.0007
14.0	−1.4	−0.0009	24.0	+1.3	+0.0008
14.5	−1.3	−0.0008	24.5	+1.5	+0.0009
15.0	−1.2	−0.0008	25.0	+1.7	+0.0010
15.5	−1.1	−0.0007	25.5	+1.9	+0.0011
16.0	−1.0	−0.0006	26.0	+2.1	+0.0013
16.5	−0.9	−0.0006	26.5	+2.2	+0.0014
17.0	−0.8	−0.0005	27.0	+2.5	+0.0015
17.5	−0.7	−0.0004	27.5	+2.5	+0.0016
18.0	−0.5	−0.0003	28.0	+2.9	+0.0018
18.5	−0.4	−0.0013	28.5	+3.1	+0.0019
19.0	−0.3	−0.0002	29.0	+3.3	+0.0021
19.5	−0.1	−0.0001	29.5	+3.5	+0.0022
20.0	−0.0	−0.0000	30.0	+3.7	+0.0023

表 4-3　土粒比重校正值

土粒比重	甲种密度计 C_G	乙种密计计 C_G'	土粒比重	甲种密度计 C_G	乙种密计计 C_G'
2.50	1.038	1.666	2.70	0.989	1.588
2.52	1.032	1.658	2.72	0.985	1.581
2.54	1.027	1.649	2.74	0.981	1.575
2.56	1.022	1.641	2.76	0.977	1.568
2.58	1.017	1.632	2.78	0.973	1.562
2.60	1.012	1.625	2.80	0.969	1.556
2.62	1.007	1.617	2.82	0.965	1.549
2.64	1.002	1.609	2.84	0.961	1.543
2.66	0.998	1.603	2.86	0.958	1.538
2.68	0.993	1.595	2.88	0.954	1.532

对于一般易分散的土，用 25% 的氨水作为分散剂，其用量为 30g 土样中加氨水 1mL。对于用氨水不能分散的土样，可根据土样的 pH 分别采用下列分散剂：

1）酸性土（pH<6.5），30g 土样中加 0.5mol/L 氢氧化钠 20mL。溶液配制方法：称取 20g 氢氧化钠（化学纯），加蒸馏水溶解后定容至 1000mL，摇匀。

2）中性土（pH = 6.5～7.5），30g 土样加 0.25mol/L 草酸钠 18mL。溶液配制方法：称取 33.5g 草酸钠（化学纯），加蒸馏水溶解后定容至 1000mL，摇匀。

3）碱性土（pH>7.5），30g 土样加 0.083mol/L 六偏磷酸钠 15mL。溶液配制方法：称取 51g 六偏磷酸钠（化学纯），加蒸馏水溶解后定容至 1000mL，摇匀。

4）若土的 pH>8，用六偏磷酸钠分散效果不好或不能分散时，则 30g 土样加 0.125mol/L 焦磷酸钠 14mL。溶液配制方法：称取 55.8g 焦磷酸钠（化学纯），加蒸馏水溶解后定容至 1000mL，摇匀。

对于强分散剂（焦磷酸钠）仍不能分散的土，可将 100g 的阳离子交换树脂（粒径大于 2mm）放入土样中一起浸泡，不断摇荡约 2h，再过 2mm 筛，然后将阳离子交换树脂分离，加入 0.083mol/L 六偏磷酸钠 15mL。

对于可能含有水溶盐，采用以上方法均不能分散的土样，要进行水溶盐检验。其方法是：取均匀试样约 3g 放入烧杯内，注入 4~6mL 蒸馏水后用带橡胶头的玻璃棒研散；再加入 25mL 蒸馏水，煮沸 5~10min；然后经漏斗注入 30mL 的试管中，塞住管口，放在试管架上静置一昼夜，若发现管中悬液有凝聚现象（位于沉淀物上部呈松散絮绒状），则说明试样中含有足以使悬液中土粒成团下降的水溶盐，要进行洗盐处理。

7. 洗盐（过滤法）

1）将分散用的试样放入调土皿内，注入少量蒸馏水，拌和均匀。将滤纸微湿后紧贴于漏斗上，然后将调土皿中的土浆迅速倒入漏斗中，并注入热蒸馏水冲洗过滤（附于调土皿上的土粒要全部洗入漏斗）。若发现滤液混浊，需重新过滤。

2）应将漏斗内的液面保持在高出土面约 5mm 处。每次加水后，需用表面皿盖住漏斗。

3）为了检查水溶盐是否已洗干净，可用两个试管各取刚滤下的滤液 3~5mm，一根试管中加入数滴 10% 盐酸及 5% 氯化钡，另一根试管中加入数滴浓度 10% 的硝酸及浓度 5% 的硝酸盐。若发现任一根试管中有沉淀时，说明土中的水溶盐仍未洗净，应继续清洗，直到试管中不再发现白色沉淀时为止。将漏斗上的土样完整洗下，风干后待取样。

8. 试验步骤

1）将称好的风干土样倒入三角烧瓶中，注入蒸馏水 200mL 后浸泡一夜，然后按前述规定加入分散剂。

2）将三角烧瓶稍加摇荡后，放在电热器上煮沸 40min（若用氨水进行分散时，要用冷凝装置；若用阳离子交换树脂进行分散时，则不需煮沸）。

3）将煮沸后经冷却的悬液倒入烧杯中静置 1min，把上部悬液通过 0.075mm 筛后注入 1000mL 量筒中，把烧杯中的沉土用带橡胶头的玻璃棒研磨破碎；然后向烧杯中加水，搅拌后静置 1min，再将上部悬液通过 0.075mm 筛后倒入量筒中。反复进行上述操作，直至静置 1min 后上部悬液澄清为止。最后将全部土粒倒入筛内，用水冲洗至仅存粒径大于 0.075mm 的净砂为止。注意，量筒内的悬液总量不要超过 100mL。

4）将留在筛上的砂粒洗入调土皿中，风干后称量，并计算各粒组颗粒质量占总土质量的百分数。

5）向量筒中注入蒸馏水，使悬液恰为 1000mL（如用氨水作为分散剂，此时应向量筒中再加入浓度 25% 的氨水 0.5mL，氨水加入量应包括在 1000mL 内）。

6）用搅拌器在量筒内沿整个悬液深度上下搅拌 1min，往返各约 30 次，使悬液均匀分布。

7）取出搅拌器，同时开动秒表，测记 0.5min、1min、5min、15min、30min、60min、120min、240min 及 1440min 时的密度计读数。每次读数前的 10~20s，将密度计小心放入量筒内，至估计读数的深度；读数以后，取出密度计（0.5min 及 1min 读数时除外），小心放入盛有清水的量筒中。每次读数后均需测记悬液温度，准确至 0.5℃。

8）如一次制作一批土样（20个），可先完成每个量筒的 0.5min 及 1min 时的读数，再按以上步骤将每个土样的悬液重新依次搅拌一次，然后分别测记各规定时间的读数。同时，在每次读数后测记悬液的温度。

9）密度计读数均以弯液面上缘为准。甲种密度计应准确至 1，估读至 0.1；乙种密度计应准确至 0.001，估读至 0.0001。为方便读数可采用间读法，即将 0.001 读作 1，将 0.0001 读作 0.1，这样既便于读数，又便于计算。

9. 结果整理

1）小于某粒径的试样质量占试样总质量的百分数按下列公式计算：

① 采用甲种密度计的试验：

$$X = \frac{1000}{m_s} C_G (R_m + m_T + n - C_D)$$

$$C_G = \frac{G_s}{\rho_s - \rho_{w20}} \times \frac{2.65 - \rho_{w20}}{2.65}$$

式中 X——小于某粒径的土的质量分数，计算至 0.1%；

    m_s——试样质量（干土质量）（g）；

    C_G——比重校正值，查表 4-1；

    ρ_s——土粒密度（g/cm³）；

    ρ_{w20}——20℃时水的密度（g/cm³）；

    m_T——温度校正值，查表 4-2；

    n——刻度及弯月面校正值；

    C_D——分散剂校正值；

    R_m——甲种密度计读数。

② 采用乙种密度计的试验：

$$X = \frac{100V}{m_s} C_G' \left[(R_m' - 1) + m_T' + n' - C_D' \right] \rho_{w20}$$

$$C_G' = \frac{\rho_s}{\rho_s - \rho_{w20}}$$

式中 X——小于某粒径的土的质量分数，计算至 0.1%；

    V——悬液体积（1000mL）；

    m_s——试样质量（干土质量）（g）；

    C_G'——比重校正值，查表 4-1；

    ρ_s——土粒密度（g/cm³）；

    n'——刻度及弯月面校正值；

    C_D'——分散剂校正值；

    R_m'——乙种密度计读数；

    ρ_{w20}——20℃时水的密度（g/cm³）；

    m_T'——温度校正值，查表 4-2。

2）土粒直径按下列公式计算：

$$d=\sqrt{\frac{1800\times10^4\eta}{(G_s-G_{wt})\rho_{w4}g}\times\frac{L}{t}}$$

式中　d——土粒直径（mm），计算至 0.0001 且含两位有效数字；

　　　η——水的动力黏滞系数（参见实训任务五）（10^{-6}kPa·s）；

　　ρ_{w4}——4℃时水的密度（g/cm^3）；

　　　G_s——土粒比重；

　　G_{wt}——温度 t℃时水的比重；

　　　L——某一时间 t 内的土粒沉降距离（cm）；

　　　g——重力加速度（981cm/s^2）；

　　　t——沉降时间（s）。

　　为了简化计算，上式可写成：

$$d=K\sqrt{\frac{L}{t}}$$

式中　K——粒径计算系数，$K=\sqrt{\dfrac{1800\times10^4\eta}{(G_s-G_{wt})\rho_{w4}g}}$，与悬液温度和土粒比重有关，其值如图 4-1 所示。

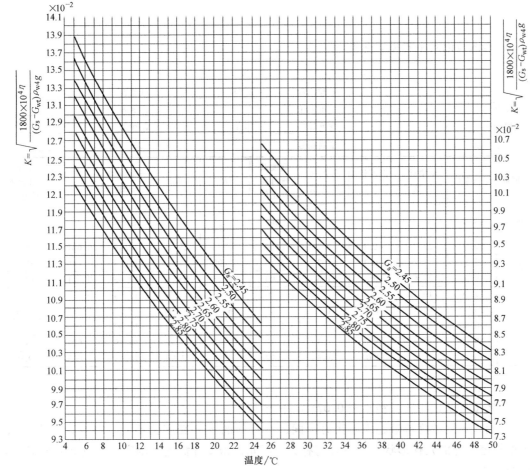

图 4-1　粒径计算系数 K 值

以小于某粒径土的质量百分数为纵坐标，以土粒直径为横坐标，在半对数纸上绘制粒径分配曲线（图4-2），求出各粒组的颗粒质量分数，以整数表示。如与筛分法联合起来进行分析，应将两段曲线绘制成一条平滑曲线。

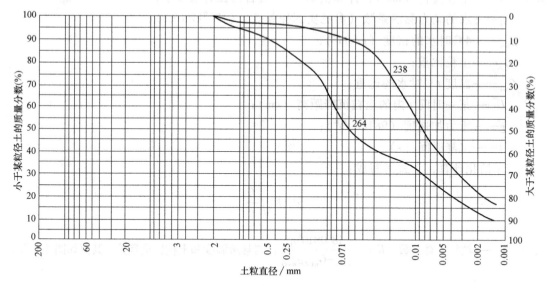

图4-2　粒径分配曲线

3）本试验记录格式见表4-4。

表4-4　颗粒分析试验记录（甲种密度计）

工程名称＿＿＿＿＿＿＿＿＿　　土粒比重　＿＿2.74＿＿　　试验者＿＿＿＿＿＿＿＿＿

土样编号＿＿＿＿＿＿＿＿＿　　比重校正值＿＿＿＿＿＿＿　　计算者＿＿＿＿＿＿＿＿＿

土样说明＿＿＿＿＿＿＿＿＿　　密度计号　＿＿甲4＿＿　　校核者＿＿＿＿＿＿＿＿＿

烘干土质量＿＿＿＿＿＿＿＿　　量筒编号＿＿＿＿＿＿＿　　试验日期＿＿＿＿＿＿＿＿

下沉时间	悬液温度	密度计读数	温度校正值	分散剂校正值	刻度及弯月面校正值	R	R_H	土粒沉降落距	粒径	小于某粒径土的质量分数
$t/\min$	$T/℃$	R_m	m_T	C_D	n	$R_m+m_T+n-C_D$	RC_G	L/cm	D/mm	$X(\%)$
0.5	19.50	29.7	-0.1	1.3	2.06	30.36	29.79	10.49	0.0614	99.3
1	19.50	27.2	-0.1	1.3	2.10	27.90	27.37	12.25	0.0469	91.2
5	19.50	23.6	-0.1	1.3	2.03	24.23	23.77	12.43	0.0211	79.2
15	19.50	19.5	-0.1	1.3	2.00	20.10	19.72	12.94	0.0124	65.7
30	20.00	15.7	0.0	1.3	2.08	16.48	16.17	13.23	0.0088	53.9
60	20.00	9.4	0.0	1.3	1.95	10.05	9.86	13.93	0.0064	32.9
120	20.00	4.8	0.0	1.3	2.10	5.60	5.49	14.19	0.0046	18.3
240	20.00	2.4	0.0	1.3	1.92	3.02	2.96	15.74	0.0034	9.9

10.《土工规程》条文说明

1）密度计法适用于粒径小于0.075mm的细粒土。

2）由于不同浓度溶液的表面张力不同，弯月面的上升高度也不同，密度计在生产后，其刻度与密度计的几何形状、质量等均有关。因此，密度计需进行刻度、有效沉降距离和弯月面的校正。

3）本试验选用的试剂供作分散处理和洗盐之用，其中六偏磷酸钠和焦磷酸钠属强分散剂。

4）密度计分析用的土样采用风干土，试样质量为30g，即悬液浓度为3%。

5）密度计应进行温度、土粒比重和分散剂的校正。

⚡ 下达工作任务

颗粒分析试验
工作任务：根据《土工规程》中的筛分法和密度计法进行颗粒分析试验，完成表4-5、表4-6，并对土进行分类与定名，并提供土的级配特征。 **实训方式**：针对已开挖基坑中的不同土层，在教师指导下进行常见土的野外鉴别。对扰动土进行风干取样，根据土样中的细粒含量进行颗粒大小分析，学生分组完成试验。 **实训目的**：初步学会地基土的简单鉴别方法，积累经验，增加感性认识。按照土的工程分类原则，学会选用正确的试验检测方法，掌握相关试验技能，根据试验结果给出土的定名。 **实训内容和要求**：观察地基土的特征，靠目测、手感初步鉴定土的类型，然后遵循《土工规程》完成土的颗粒分析试验。为取得较好的实训效果，指导教师要根据具体情况编写实训指导书。 **实训成果**：实践活动中经互相讨论后每组出一份鉴别结果，并与工程地质勘查报告相对照，检验鉴别结果的准确性，并谈谈对土的鉴定方法的认识和感受。

⚡ 实施计划

表 4-5 颗粒分析试验记录（筛分法）

工程名称＿＿＿＿＿＿＿＿＿＿＿＿＿＿＿＿＿ 试验者＿＿＿＿＿＿＿＿＿＿＿＿＿＿＿＿＿

土样编号＿＿＿＿＿＿＿＿＿＿＿＿＿＿＿＿＿ 计算者＿＿＿＿＿＿＿＿＿＿＿＿＿＿＿＿＿

试验日期＿＿＿＿＿＿＿＿＿＿＿＿＿＿＿＿＿ 校核者＿＿＿＿＿＿＿＿＿＿＿＿＿＿＿＿＿

筛前总土重/g		小于 2mm 取样重/g	
小于 2mm 土占总土重(%)		土样说明	

试验结果					
	孔径 /mm	留筛试样 质量 /g	累积留筛 试样质量 /g	小于该孔径 试样的质量 /g	小于该孔径 试样的质量 分数(%)	小于该孔径试样质量占 总试样质量的质量分数 （%）
粗筛	60					
	40					
	20					
	10					
	5					
	2					
细筛	1					
	0.5					
	0.25					
	0.075					
	筛底					
土名		不均匀系数：		曲率系数：		

表 4-6 颗粒分析试验记录（甲种密度计）

工程名称＿＿＿＿＿＿＿＿＿ 土粒比重＿＿＿2.74＿＿＿ 试验者＿＿＿＿＿＿＿＿＿

土样编号＿＿＿＿＿＿＿＿＿ 比重校正值＿＿0.981＿＿ 计算者＿＿＿＿＿＿＿＿＿

土样说明＿＿＿＿＿＿＿＿＿ 密度计号＿＿＿甲 4＿＿＿ 校核者＿＿＿＿＿＿＿＿＿

烘干土质量＿＿＿＿＿＿＿＿ 量筒编号＿＿＿＿＿＿＿＿ 试验日期＿＿＿＿＿＿＿＿

试样名称＿＿＿＿＿＿＿＿＿＿＿＿＿ 取样地点＿＿＿＿＿＿＿＿＿＿＿＿＿

试样描述＿＿＿＿＿＿＿＿＿＿＿＿＿ 工程部位＿＿＿＿＿＿＿＿＿＿＿＿＿

土的颗粒大小分析试验记录

	下沉时间 t/min	悬液温度 T/℃	密度计读数 R_m	温度校正值 m_T	分散剂校正值 C_D	$R_m+m_T+n-C_D$	RC_G	土粒沉降距 L/cm	粒径 D/mm	小于某粒径土的质量分数 X(%)
烧瓶编号： 密度计类型： 分散剂校正值： 粒径计算系数 K：	0.5									
	1									
	5									
	15									
	30									
	60									
	120									
	240									
	1440									

土的粒径分配曲线

土的不均匀系数 C_u =

结论：

评定反馈

试验报告及讨论：

1) 根据分组试验情况及相关数据记录，完成本次任务的试验报告，并填写表 4-7。

2) 各组比较试验成果，看是否存在差异，并讨论差异形成的原因。

表 4-7 实训任务四评定反馈

任务内容							
小组号			学生姓名		学号		
序号	检查项目	分数权重	评分要求		自评分	组长评分	教师评分
1	任务完成情况	40	按要求完成任务				
2	试验记录	20	记录、计算规范				
3	学习纪律	20	服从指挥、无安全事故				
4	团队合作	20	服从组长安排，能配合他人工作				

学习心得与反思：

存在问题：

时间：＿＿＿＿＿＿＿＿＿＿

学生自评分占20%	组长评分占20%	教师评分占60%	最后得分

实训任务五

渗透试验

学习情境

渗透是液体在多孔介质中运动的现象，渗透系数是表达这一现象的定量指标。渗透系数是土的一项重要的力学指标，它可用来分析天然地基、堤坝和基坑开挖边坡的渗流稳定问题，确定堤坝的断面，还可用于计算堤坝和地基的渗流量等。影响渗透系数的因素十分复杂，土的颗粒组成、胶体含量、结构状态、密度等，都对土的渗透系数造成影响。

资讯

渗透试验一般采用常水头渗透试验（T 0129—1993）和变水头渗透试验（T 0130—2007）。

一、常水头渗透试验（T 0129—1993）

1. 适用范围

本试验方法适用于测定粗粒土的渗透系数。试验用水应采用实际作用于土的天然水。如用纯水进行试验，在试验前必须用抽气法或煮沸法脱气。试验时的水温宜高于实验室温度 3~4℃。

2. 仪器设备

1）常水头渗透仪（70型渗透仪）如图 5-1 所示，其中有封底圆筒的高度为40cm，内径为10cm；金属孔板距筒底6cm；有三个测压孔，测压孔中心间距为10cm，与筒边的连接处有铜丝网；玻璃测压管的内径为0.6cm，用橡胶管与测压孔相连。

2）其他：木锤、秒表、天平等。

3. 试验步骤

1）按图 5-1 将仪器装好，接通调节管和供水管，使水流到仪器底部，水位略高于金属孔板，关闭止水夹。

2）取具有代表性土样 3~4kg，称量，准确至 1.0g，并测其风干含水率。

3）将土样分层装入仪器，每层厚 2~3cm，用木锤轻轻击实到一定厚度，以控制孔隙比。如土样含黏粒比较多，应在金属孔板上加铺 2cm 厚的粗砂作为缓冲层，以防细粒被水冲走。

4）每层试样装好后，缓慢开启止水夹，水由筒底向上渗入，使试样逐渐饱和，注意水面不得高出

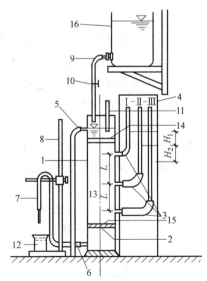

图 5-1　常水头渗透仪

1—金属圆筒　2—金属孔板　3—测压孔
4—测压管　5—溢水孔　6—渗水孔　7—调节管
8—滑动支架　9—供水管　10—止水夹
11—温度计　12—量杯　13—试样
14—砾石层　15—铜丝网　16—供水瓶

试样顶面。当水与试样顶面齐平时，关闭止水夹。试样饱和时水流不可太急，以免扰动试样。

5）重复上述的分层装入试样、饱和步骤，直至高出测压孔3~4cm为止，测出此时试样顶面至筒顶的高度，并计算出试样高度；然后称取剩余土的质量，准确至0.1g，并计算出装入试样总质量。然后，在试样上面铺1~2cm厚的砾石作为缓冲层，铺好后开始放水，放水至水面高出砾石层2cm左右时关闭止水夹。

6）将供水管和调节管分开，将供水管置入圆筒内，开启止水夹，使水由圆筒上部注入，直至水面与溢水孔齐平时为止。

7）静置数分钟，检查各测压管水位是否与溢水孔齐平，如不齐平，说明仪器有集气或漏气，需挤压测压管上的橡胶管，或用吸球在测压管上部将集气吸出，直至水位齐平为止。

8）降低调节管的管口位置，水即渗过试样，经调节管流出。此时调节止水夹，使进入筒内的水量多于渗出水量，溢水孔始终有余水流出，以保持筒中水面不变。

9）测压管水位稳定后测记水位，计算水位差。

10）开动秒表，同时用量筒接取一定时间内的渗透水量，连做两次。接水时，调节管出水口不得浸入水中。

11）测记进水口和出水口处的水温，取其平均值。

12）降低调节管管口至试样中部及下部1/3高度处，改变水力坡降H/L，重复步骤8）~11）进行测定。

4. 结果整理

1）按下式计算渗透系数：

$$k_t = \frac{QL}{AHt}$$

式中　k_t——水温$T℃$时试样的渗透系数（cm/s），计算至两位有效数字；

　　　Q——时间t内的渗透水量（cm³）；

　　　L——两个测压孔中心之间的试样高度（等于测压孔中心间距：$L=10$cm）；

　　　H——平均水位差（cm），$H=(H_1+H_2)/2$；

　　　t——时间（s）。

2）精度和允许差。一个试样进行多次测定时，应在所测结果中取3~4个差值不大于2×10^{-n}的测值，求平均值后作为该试样在某孔隙比e时的渗透系数。

5.《土工规程》条文说明

1）渗透是水在多孔介质中运动的现象，若土中渗透水流呈层流状态，则渗透速度与水力坡降成正比，以达西定律表示，即

$$v=kJ$$

式中　v——渗透速度（cm/s）；

　　　k——渗透系数（cm/s）；

　　　J——水力坡降。

常水头渗透试验适用于砂类土。

2）关于试验用水问题，水中所含气体对渗透系数的影响，主要是由于水中气体分离，形成气泡堵塞土的孔隙，降低土的渗透系数。因此，试验中要求用无气水，用实际作用于土

中的天然水更好。本试验规定用过滤后的纯水进行脱气,并规定水温要高于室温3~4℃,目的是避免水进入试样时因温度升高而分解出气泡。

二、变水头渗透试验(T 0130—2007)

1. 适用范围

本试验方法适用于测定细粒土的渗透系数。本试验采用的纯水,应在试验前用抽气法或煮沸法进行脱气。试验时的水温宜高于实验室温度3~4℃。

2. 仪器设备

1)渗透容器如图5-2所示,由环刀、透水石、套环、上盖和下盖等组成。环刀内径为61.8mm,高度为40mm;透水石的渗透系数应大于10^{-3}cm/s。

2)变水头装置由温度计(分度值为0.2℃)、渗透容器、变水头管、供水瓶、进水管等组成(图5-3)。变水头管的内径应均匀,管径不大于1cm,管外壁应有最小分度值为1.0mm的刻度。变水头管的长度宜为2m左右。

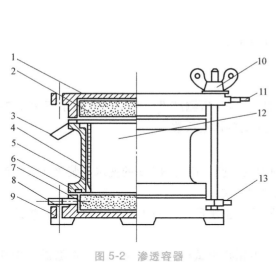

图5-2 渗透容器

1—上盖 2、7—透水石 3、6—橡胶圈 4—环刀
5—盛土筒 8—排气孔 9—下盖 10—固定螺杆
11—出水孔 12—试样 13—进水孔

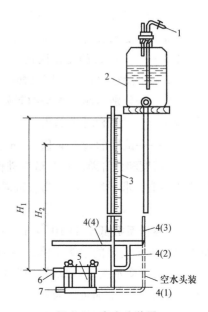

图5-3 变水头装置

1—接水源管 2—供水瓶 3—变水头管
4—进水管夹 5—渗透容器
6—橡胶圈 7—进水管

3)其他:切土器、温度计、削土刀、秒表、钢丝锯、矿脂。

3. 试样制备

应按《土工规程》中的土样和试样制备(T 0102—2007)的规定制备试样,并应测定试样的含水率和密度。

4. 试验步骤

1)将装有试样的环刀装入渗透容器,用螺母旋紧,要求密封至不漏水、不漏气。对不易透水的试样,应进行抽气饱和;对饱和试样和较易透水的试样,直接用变水头装置的水头进行饱和。

2）将渗透容器的进水口与变水头管连接，利用供水瓶中的纯水将进水管注满水，并渗入渗透容器；打开排气阀，排除渗透容器底部的空气，直至溢出水中无气泡为止；关闭排水阀，放平渗透容器，关闭进水管夹。

3）向进水管注入纯水，使水位升至预定高度，水头高度根据试样结构的疏松程度确定，一般宜小于2m。待水位稳定后切断水源，打开进水管夹，使水通过试样。当出水口有水溢出时开始测记变水头管中的起始水头高度和起始时间，按预定时间间隔测记水头和时间的变化，并测记出水口的温度，准确至0.2℃。

4）将变水头管中的水位变换高度，待水位稳定后再测记水头和时间的变化。重复试验5~6次，当基于不同开始水头测定的渗透系数在允许差值范围内时，结束试验。

5. 结果整理

1）变水头渗透系数按下式计算：

$$k_t = 2.3 \frac{aL}{A(t_2-t_1)} \lg \frac{H_1}{H_2}$$

式中　k_t——水温$T°$时试样的渗透系数（cm/s），计算至二位有效数字；

　　　a——变水头管的内径面积（cm^2）；

　　2.3——ln 和 lg 的变换因素；

　　　L——渗径（cm），即试样高度；

t_1、t_2——分别为测读水头的起始和终止时间（s）；

H_1、H_2——起始和终止水头；

　　　A——试样的过水面积（cm^2）。

2）精度和允许差。一个试样进行多次测定时，应在所测结果中取3~4个差值不大于2×10^{-n}的测值，求平均值后作为该试样在某孔隙比e时的渗透系数。

6.《土工规程》条文说明

1）渗透系数低于1×10^{-7}cm/s的细粒土的渗透试验，使用图5-3的变水头装置在较短时间内观测不到明显的水头下降，因而测试不到渗透系数。

2）用于变水头渗透试验的仪器要求结构简单、止水严密、易于排气。对于一些渗透系数较小的土，可增加负压装置。

3）试验用水要求与常水头渗透试验相同。用原状土试样进行试验时，可根据需要用环刀垂直或平行于土样层面切取试样；用扰动土样进行试验时，可按击实法制备试样，两者试样均须进行充水饱和。

⑤》下达工作任务

渗透试验
工作任务：使用相关的试验仪器，通过学生小组的分工协作，按试验步骤进行操作试验，完成试验任务，完成表5-1、表5-2，并写出相应的试验报告。 **实训方式**：教师先示范，学生以小组为单位认真听取教师讲解试验的目的、方法、步骤，然后学生作为试验员进行试验。

实训目的：测定不同土质的土的渗透系数，应选用不同的试验方法。通过教师对常水头渗透试验和变水头渗透试验的演示，可以加深学生对渗透定律的理解，同时也是学生学习试验方法、试验技能以及培养试验结果分析能力的重要途径。

实训内容和要求：掌握常水头渗透试验和变水头渗透试验的适用范围、仪器设备、操作步骤、成果整理等知识。土工试验方法应遵循《土工规程》的规定。

实训成果：试验完成后，将试验数据填入试验记录表，并写出试验过程。各小组之间交流成果，进行分析讨论，由指导教师进行讲评，以提高学生的实际动手能力。

▶ 实施计划

表 5-1　常水头渗透试验记录

工程名称_____　仪器编号_____　试样高度 $h=$ ___30cm___　孔隙比 $e=$ ___0.95___

试验者_____　土样编号_____　测压孔间距 $L=$ ___10cm___　试样干质量 $m_s=3200g$

计算者_____　校核者_____　土样说明_____　试样断面面积 $A=78.5cm^2$

土粒比重 $G_s=$ ___2.65___　试验日期_____

试验次数	经过时间 t/s	测压管水位/cm 1管	2管	3管	水位差 H_1/cm	H_2/cm	平均水位差 H/cm	水力坡降 J	渗透水量 Q/cm^3	渗透系数 $K_t/(cm/s)$	平均渗透系数 $\bar{k}_t$
(1)	(2)	(3)	(4)	(5)	(6)=(3)−(4)	(7)=(4)−(5)	(8)=[(6)+(7)]/2	(9)=(8)/(10)	(10)	(11)=$\frac{(10)}{A(9)(2)}$	(12)=$\frac{\sum(11)}{n}$
1											
2											
3											
4											
5											
6											

表 5-2　变水头渗透试验记录

工程名称_____　仪器编号_____　土粒比重 $G_s=2.71$　孔隙比 $e=$ ___0.721___

试验者_____　土样编号_____　试样断面面积 $A=30cm^2$　测压管面积 $a=0.224cm^2$

计算者_____　校核者_____　土样说明粉状土（原状）　试样高度 $L=4cm$　试验日期_____

开始 t_1（日　时　分）	开始 t_2（日　时　分）	历时 t/s	起始水头 H_1/cm	终止水头 H_2/cm	$2.3\frac{aL}{At}$（cm/s）	$\lg\frac{H_1}{H_2}$	平均水温 T/℃	水温 T 时的渗透系数	平均渗透系数
(1)	(2)	(3)=(2)−(1)	(4)	(5)	(6)	(7)	(8)	(9)=(6)×(7)	(10)=$\frac{\sum(9)}{n}$

▣》 评定反馈

试验报告及讨论：

1）根据分组试验情况及相关数据记录，完成本次任务的试验报告，并填写表5-3。

2）各组比较试验成果，看是否存在差异，并讨论差异形成的原因。

表 5-3 实训任务五评定反馈

任务内容							
小组号			学生姓名		学号		
序号	检查项目	分数权重	评分要求		自评分	组长评分	教师评分
1	任务完成情况	40	按要求完成任务				
2	试验记录	20	记录、计算规范				
3	学习纪律	20	服从指挥、无安全事故				
4	团队合作	20	服从组长安排,能配合他人工作				

学习心得与反思：

存在问题：

时间：_____

学生自评分占20%	组长评分占20%	教师评分占60%	最后得分

实训任务六

压缩试验

学习情境

土的压缩性是导致基础沉降的内因，建筑物的荷载导致地基中产生附加应力是地基沉降的外因，建筑物的沉降是地基、基础和上部结构共同作用的结果。对地基的土质而言，不同的土质，抵抗变形的能力是不同的，对压缩性高的土，在施工前应进行地基处理，所以以评价地基土的压缩性对预测沉降变形和指导施工具有重要意义。

资讯

土的压缩试验一般采用快速固结试验（T 0138—2007）。

1. 适用范围

本试验方法适用于使用饱和细粒土进行快速固结试验。当只进行压缩试验时，允许使用非饱和土。

2. 仪器设备

1）固结仪如图 6-1 所示，试样面积为 $30 cm^2$ 和 $50 cm^2$，高度为 2cm。

2）环刀：内径为 61.8mm 和 79.8mm，高度为 20mm。环刀应具有一定的刚度，内壁应保持较高的光洁度，内壁宜涂薄层的硅脂或聚四氟乙烯。

3）透水石：由氧化铝或耐腐蚀的金属材料组成，其透水系数应大于土体渗透系数 1 个数量级以上。采用固定式容器时，顶部透水石直径要小于环刀内径 0.2~0.5mm；当采用浮环式容器时，上下部透水石的直径都要与浮环内径相等。

4）变形测量设备：量程为 10mm、最小分度为 0.01mm 的百分表或零级位移传感器。

5）其他：天平、秒表、烘箱、钢丝锯、刮土刀、铝盒等。

3. 试样

1）根据工程需要切取原状土样或制备所需湿度、密度的扰动土样。切取原状土样时，应使试样在试验时的受压情况与天然土层中的受荷方向一致。

2）用钢丝锯将土样修成略大于环刀直径的土柱。然后用手轻轻将环刀垂直下压，边压边修，直至环刀装满土样为止。再用刮刀修平两端，同时注意在刮平试样时不得用刮刀往复涂抹土面。在切削过程中，应细心观察试样并记录其层次、颜色和有无杂质等。

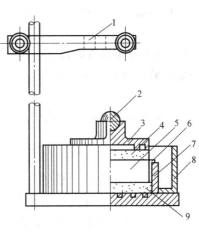

图 6-1　固结仪

1—量表架　2—钢珠　3—加压上盖
4—上透水石　5—试样　6—环刀
7—护环　8—水槽　9—下透水石

3）擦净环刀外壁，称取环刀与土总质量，准确至 0.1g，并取环刀两面修下的土样测定含水率。试样需要饱和时，应进行抽气饱和。

4. 试验步骤

1）将准备好试样的环刀外壁擦净，将刀口向下放入护环内。

2）先在底板上放入下透水石、滤纸；然后将护环与试样一起放入容器内，在试样上面覆上滤纸、上透水石；最后放下加压导环和传压活塞，使各部位密切接触，保持平稳。

3）将压缩容器置于加压框架的正中位置，注意要密合传压活塞及横梁，然后预加 1.0kPa 的预压荷载，使固结仪各部位紧密接触。装好百分表，并调整读数至零。

4）去掉预压荷载，立即加第一级荷载。加砝码时应避免冲击和摇晃，在加上砝码的同时立即开动秒表。荷载等级一般规定为 50kPa、100kPa、200kPa、300kPa、400kPa 和 600kPa。根据土的硬度，第一级荷载可考虑使用 25kPa。如需进行高压固结，则荷载可增加至 800kPa、1600kPa 和 3200kPa。最后一级的荷载应大于上覆土层的计算荷载 100~200kPa。

5）如采用饱和试样进行试验，则在施加第一级荷载后应立即向容器中注水至满；如采用非饱和试样进行试验需以湿棉纱围住上、下透水面及四周，避免水分蒸发。

6）一般按 0s、15s、1min、2min、4min、6min、9min、12min、16min、20min、25min、35min、45min、60min 的间隔设定时间，直至固结稳定为止。各级荷载下的压缩时间规定为 1h，最后一级荷载加载到稳定沉降时的读数。固结稳定的标准是最后 1h 内的变形量不超过 0.01mm。

7）试验结束后拆除仪器，小心取出完整土样，称其质量，并测定其终结含水率（如不需测定试验后的饱和度，则不必测定终结含水率），并将仪器洗干净。

5. 结果整理

1）按下式计算初始孔隙比：

$$e_0 = \frac{\rho_s(1+0.01w)}{\rho} - 1$$

式中　ρ_s——土粒密度（数值上等于土粒比重）（g/cm^3）；

　　　w——试验土样的初始含水率（%）；

　　　ρ——试验开始时土样的密度（g/cm^3）。

2）按下式计算单位沉降量：

$$S_i = \frac{\sum \Delta h_i}{h_0} \times 1000$$

式中　S_i——某一级荷载下的单位沉降量（mm/m），计算至 0.1mm/m；

　　$\sum \Delta h_i$——某一级荷载下的总变形量，等于该荷载下百分表读数（试样和仪器的变形量减去该荷载下的仪器变形量）；

　　　h_0——试样起始时的高度（mm）。

3）按下式计算各级荷载下变形稳定后的孔隙比 e_i：

$$e_i = e_0 - (1+e_0) \times \frac{S_i}{1000}$$

式中　e_0——初始孔隙比，计算至 0.01。

4）进行快速固结试验时，各级荷载下试样的总变形量采用校正后的总变形量，按下式计算：

$$\sum \Delta h_{ia} = (h_i)_t \frac{(h_n)_T}{(h_n)_t} = K(h_i)_t$$

式中　$\sum \Delta h_{ia}$——某一级荷载下校正后的总变形量（mm）；

　　　$(h_i)_t$——同一级荷载下压缩 1h 的总变形量减去该荷载下的仪器变形量（mm）；

　　　$(h_n)_t$——最后一级荷载下压缩 1h 的总变形量减去该荷载下的仪器变形量（mm）；

　　　$(h_n)_T$——最后一级荷载下达到稳定标准的总变形量减去该荷载下的仪器变形量（mm）；

　　　K——大于 1 的校正系数，$K = \dfrac{(h_n)_T}{(h_n)_t}$。

5）以孔隙比 e_i 为纵坐标，以压力 p 为横坐标，绘制孔隙比与压力的关系曲线。

6.《土工规程》条文说明

1）固结试验依据太沙基的单向固结理论制定。对于非饱和土，规定可用该试验中的方法测定压缩指标，但不测定固结系数。

2）固结试验所用固结仪的加载设备，常用的是杠杆式和磅秤式加载设备。近年来，随着固结压力的增大，也有采用气压式、液压式加载设备的。本规程采用杠杆式加载设备。垂直变形测量设备一般用百分表，也可采用灵敏度为零级的位移传感器。

在相同的试验条件下，高度不同的试样，所反映的各固结阶段的沉降量以及时间过程均有差异。本规程所用仪器直径为 61.8mm 和 79.9mm，高度为 20mm，径高比接近国外标准（3.5~4.0）。

▷▷ 下达工作任务

压缩试验
工作任务：使用相关的试验仪器，通过学生小组的分工协作，按试验步骤进行操作试验，完成压缩试验的测定任务，填写表 6-1，并写出相应的试验报告。 **实训方式：**教师先示范，学生以小组为单位，认真听取教师讲解试验的适用范围、方法、步骤，然后学生作为试验员进行试验。 **实训目的：**土的快速固结试验是学习土的压缩性质基本理论不可缺少的教学环节，同时也是在室内确定土的压缩性指标的一项重要工作。通过试验，可以加深学生对基本理论的理解，同时也是学生学习试验方法、试验技能以及培养试验结果分析能力的重要途径。 **实训内容和要求：**进行土的快速固结试验，掌握试验目的、仪器设备、操作步骤、成果整理等知识。土工试验方法应遵循《土工规程》的规定。 **实训成果：**试验完成后，将试验数据填入试验记录表，并写出试验过程。各小组之间交流成果，进行分析讨论，由指导教师进行讲评，以提高学生的实际动手能力。

▶ 实施计划

表 6-1　快速固结试验记录

工程编号＿＿＿＿＿＿＿＿＿＿＿＿＿　　　　　　　　　试验者　＿＿＿＿＿＿＿＿＿＿＿＿

土样说明＿＿＿＿＿＿＿＿＿＿＿＿＿　　　　　　　　　计算者　＿＿＿＿＿＿＿＿＿＿＿＿

试验日期＿＿＿＿＿＿＿＿＿＿＿＿＿　　　　　　　　　校核者　＿＿＿＿＿＿＿＿＿＿＿＿

压力		50kPa	100kPa	200kPa	400kPa
读数时间					
总变形量/mm					
仪器变形量/mm					
试样总变形量/mm					
校正后的总变形量/mm					

土样比重		土样初始密度	
初始含水率		试样面积	
试样原始高度		初始孔隙比	

压力 $P/$ kPa	校正后的总变形量 $\sum \Delta h_{ia}/$ mm	孔隙比 e_i $e_i = e_0 - \dfrac{\sum \Delta h_{ia}}{h_0}(1+e_0)$	压缩系数 $\alpha/\mathrm{MPa^{-1}}$ $\alpha = \dfrac{\Delta e}{\Delta p} =$
50			
100			
200			
400			

压缩曲线(e_i-p曲线)

▶ 评定反馈

试验报告及讨论：

1）根据分组试验情况及相关数据记录，完成本次任务的试验报告，并填写表 6-2。

2）各组比较试验成果，看是否存在差异，并讨论差异形成的原因。

表 6-2　实训任务六评定反馈

任务内容								
小组号				学生姓名		学号		
序号	检查项目	分数权重	评分要求			自评分	组长评分	教师评分
1	任务完成情况	40	按要求完成任务					
2	试验记录	20	记录、计算规范					
3	学习纪律	20	服从指挥、无安全事故					
4	团队合作	20	服从组长安排,能配合他人工作					

学习心得与反思:

存在问题:

时间:_____

学生自评分占 20%	组长评分占 20%	教师评分占 60%	最后得分

实训任务七

测定土的抗剪强度指标

　　土的抗剪强度是地基基础设计必须满足的重要条件，在确定地基的承载力、进行土压力计算和土坡稳定性分析中，都需要用到土的抗剪强度指标，即土的内摩擦角和黏聚力，这两个指标一般通过试验测定。

　　测定土的强度指标的室内试验有：直接剪切试验、三轴压缩试验和无侧限抗压强度试验，此处以快剪试验（T 0142—2019）、不固结不排水试验（T 0144—1993）、无侧限抗压强度试验（T 0148—1993）为例进行讲解。

一、快剪试验（T 0142—2019）

1. 适用范围

　　本试验方法适用于测定细粒土或粒径 2mm 以下的砂类土的抗剪强度指标。

2. 仪器设备

　　1）应变控制式直剪仪：由剪切盒、垂直加载设备、剪切传动装置、测力计和位移测量系统组成，如图 7-1 所示。

　　2）环刀：内径为 61.8mm，高度为 20mm。

　　3）位移测量设备：百分表或位移传感器。

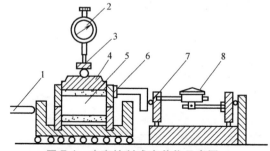

图 7-1　应变控制式直剪仪示意图

1—推动座　2—垂直位移百分表　3—垂直加载框架
4—活塞　5—试样　6—剪切盒
7—测力计　8—测力百分表

3. 试样

（1）原状土试样制备

　　1）每组试样不得少于 4 个。

　　2）按土样的上下层次小心开启原状土的包装层，将土样取出后放正，并整平两端。在环刀内壁涂薄层矿脂，然后刀口向下放在试样上。无特殊要求时，切土方向与天然土层层面垂直。

　　3）将试验用的环刀内壁涂薄层矿脂，然后刀口向下放在试样上，用切土刀将试件削成略大于环刀直径的土柱。然后将环刀垂直下压，边压边削，直至土样伸出环刀上部为止。然后削平环刀两端，擦净环刀外壁，称取环刀与土的质量，准确至 0.1g，并测定环刀两端所削下土样的含水率。操作过程中试件与环刀要密合，否则应重取。

　　切削过程中，应细心观察并记录试件的层次、气味、颜色、有无杂质、土质是否均匀、有无裂缝等。

　　如连续切削数个试件，应使含水率不发生变化。

应根据试件本身及工程要求来决定试件是否进行饱和。如不立即进行试验或饱和时，则将试件暂存于保湿器内。

切取试件后，剩下的原状土样用蜡纸包好置于保湿器内，以备补做试验时用。切削的余土用于做物理试验。平行试验的同一组试件的密度差值不大于±0.1g/cm³，含水率差值不大于2%。

（2）细粒土扰动土样的制备程序

1）对扰动土样进行描述，如颜色、土类、气味及夹杂物等。如有需要，将扰动土样充分拌匀，取代表性土样进行含水率测定。

2）将块状扰动土用木碾或粉碎机碾散，但不得压碎颗粒。如含水率较大不能碾散时，应风干至可碾散状态为止。

3）根据试验所需土样数量，将碾散后的土样过筛。按规定过标准筛后，取出足够数量的代表性试样，然后分别装入容器内，标上标签。标签上应注明工程名称、土样编号、过筛孔径、用途、制备日期和制备人员等，以备各项试验用。若是含有较多粗砂及少量细粒土（泥沙或黏土）的松散土样，应加水润湿松散后，用四分法取出代表性试样；若是净砂，则可用匀土器取代表性试样。

4）为配备一定含水率的试样，取过筛的足够试验用的风干土，将所取土样平铺于不吸水的盘内，用喷雾设备喷洒计算加水量，并充分拌和；然后装入容器内盖紧，润湿一昼夜备用（砂土类的浸润时间可酌量缩短）。

5）测定湿润土样不同位置（至少2处）的含水率时，要求差值满足含水率测定的允许平行差值要求。

6）对不同土层的土样在制备混合试样时，应根据各土层的厚度按比例计算相应的质量配合比，然后按上述步骤1）~4）进行扰动土的制备。

（3）试样饱和

根据土的性质决定饱和的方法：

1）砂类土：可直接在仪器内浸水饱和。

2）较易透水的黏性土：渗透系数大于10^{-4}cm/s时，采用毛细管饱和法较为方便，或采用浸水饱和法。

3）不易透水的黏性土：渗透系数小于10^{-4}cm/s时，一般采用真空饱和法。当土的结构性较弱，抽气可能发生扰动时，不宜采用真空饱和法。

4. 试验步骤

1）对准剪切盒的上下盒，插入固定销，在下盒内放置透水石和滤纸，将带有试样的环刀的刀口向上，对准剪切盒口，然后在试样上放置滤纸和透水石，将试样小心地推入剪切盒。

2）移动传动装置，使上盒前端的钢珠刚好与测力计接触，然后依次安装传压板和加载框架，安装垂直位移百分表，并测记初始读数。

3）根据工程实际和土的硬度施加各级垂直荷载，然后向剪切盒内注水。当试样为非饱和试样时，应在传压板周围包以湿棉花。

4）施加垂直压力，拨去固定销的同时开动秒表，以0.8mm/min的剪切速度进行试验。

5）当测力计百分表的读数不变或后退时，继续剪切至剪切位移为4mm时停止，记下此时的破坏值。当剪切过程中测力计百分表无峰值时，剪切至剪切位移达6mm时停止。

6）剪切结束后吸去剪切盒内的积水，退掉剪力和垂直压力，取下加载框架，取出试样并测定含水率。

5. 结果整理

1）剪切位移按下式计算：

$$\Delta l = 20n - R$$

式中　Δl——剪切位移（0.01mm），计算至0.1mm；

　　　n——手轮转数；

　　　R——百分表读数。

2）剪应力按下式计算：

$$\tau = CR$$

式中　τ——剪应力（kPa），计算至0.1kPa；

　　　C——测力计校正系数（kPa/0.01mm）。

3）以剪应力τ为纵坐标，剪切位移Δl为横坐标，绘制τ-Δl的关系曲线，如图7-2所示。

4）以垂直压力P为横坐标，抗剪强度S为纵坐标，将每一个试样的最大抗剪强度绘制在坐标纸上，并连成一条直线。此直线的倾角为摩擦角φ，纵坐标上的截距为黏聚力c，如图7-3所示。

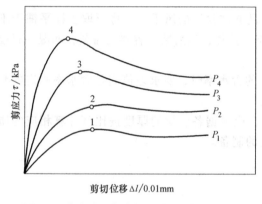

图7-2　剪应力τ与剪切位移Δl的关系曲线

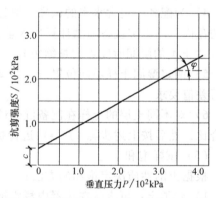

图7-3　抗剪强度与垂直压力的关系曲线

6. 《土工规程》条文说明

快剪试验是在土样上施加垂直压力后，立即施加水平剪切力进行剪切的。快剪试验用于在土体上施加荷载和剪切过程中均不发生固结和排水作用的情况，例如公路挖方边坡，土质比较干燥，且施工期间边坡不发生排水固结作用时，可以采用快剪试验。

▷ 下达工作任务

快剪试验
工作任务：使用相关的试验仪器，通过学生小组的分工协作，按试验步骤进行操作试验，完成试验任务，完成表7-1，并写出相应的试验报告。
实训方式：教师先示范，学生以小组为单位认真听取教师讲解试验的目的、方法、步骤，然后学生作为试验员进行试验。
实训目的：土的快剪试验既是学习土的抗剪强度基本理论不可缺少的教学环节，也是室内确定土的抗剪强度指标的一项重要工作。通过试验，可以加深学生对基本理论的理解，同时也是学生学习试验方法、试验技能以及培养试验结果分析能力的重要途径。

实训内容和要求：掌握快剪试验的适用范围、仪器设备、操作步骤、成果整理等知识。土工试验方法应遵循《土工规程》的规定。

实训成果：试验完成后，将试验数据填入试验记录表，并写出试验过程。各小组之间交流成果，进行分析讨论，由指导教师讲评，以提高学生的实际动手能力。

实施计划

表 7-1　快剪试验记录

工程名称＿＿＿＿＿＿＿＿＿＿＿＿　　　　　　　　试验者＿＿＿＿＿＿＿＿＿＿＿＿

土样编号＿＿＿＿＿＿＿＿＿＿＿＿　　　　　　　　校核者＿＿＿＿＿＿＿＿＿＿＿＿

试验方法＿＿＿＿＿＿＿＿＿＿＿＿　　　　　　　　试验日期＿＿＿＿＿＿＿＿＿＿＿＿

试样编号＿＿＿＿＿　　仪器编号＿＿＿＿＿　　　　　剪切历时＿＿＿＿＿＿＿＿＿＿＿＿＿

手轮转速＿＿＿＿＿　　垂直压力＿＿＿＿＿ kPa　　　抗剪强度＿＿＿＿＿＿＿＿＿＿＿＿＿

测力计校正系数 $C=$＿＿＿＿ kPa/0.01mm

转动圈数 （1）	测力计百分表读数 （2）	剪切位移/ 0.01mm （3）=（1）× 20-（2）	剪应力/ kPa （4）=（2）×C	垂直位移/ 0.01mm	转动圈数 （1）	测力计百分表读数 （2）	剪切位移/ 0.01mm （3）=（1）× 20-（2）	剪应力/ kPa （4）=（2）×C	垂直位移/ 0.01mm

τ-Δl的关系曲线　　　　　　　　抗剪强度与垂直压力的关系曲线

评定反馈

试验报告及讨论：

1）根据分组试验情况及相关数据记录，完成本次任务的试验报告，并填写表 7-2。

2）各组比较试验成果，看是否存在差异，并讨论差异形成的原因。

表7-2 快剪试验评定反馈表

任务内容							
小组号			学生姓名		学号		
序号	检查项目	分数权重	评分要求		自评分	组长评分	教师评分
1	任务完成情况	40	按要求完成任务				
2	试验记录	20	记录、计算规范				
3	学习纪律	20	服从指挥、无安全事故				
4	团队合作	20	服从组长安排,能配合他人工作				

学习心得与反思:

存在问题:

时间:_____

学生自评分占20%	组长评分占20%	教师评分占60%	最后得分

二、不固结不排水试验（T 0144—1993）

三轴压缩试验

1. 适用范围

本试验适用于测定细粒土和砂类土的总抗剪强度参数 c_u、φ_u。

2. 仪器设备

1）应变控制式三轴压缩仪如图 7-4 所示，由周围压力系统、反压力系统、孔隙水压力测量系统和主机组成。

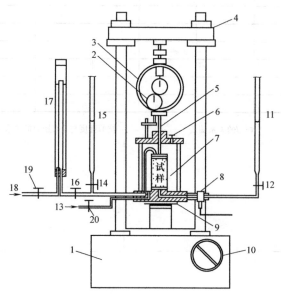

图 7-4 应变控制式三轴压缩仪示意

1—试验机 2—轴向位移计 3—轴向测力计 4—试验机横梁 5—活塞 6—排气孔 7—压力室 8—孔隙压力传感器
9—升降台 10—手轮 11—排水管 12—排水管阀 13—周围压力 14—排水管阀
15—量水管 16—体变管阀 17—体变管 18—反压力 19—反压力阀 20—周围压力阀

2）附属设备包括击实器（图 7-5）、饱和器（图 7-6）、切土盘（图 7-7）、切土器（图 7-8）、原状土分样器（图 7-9）、承膜筒（图 7-10）和对开圆模（图 7-11）。

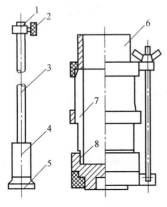

图 7-5　击实器

1—套环　2—定位螺钉　3—导杆　4—击锤
5、8—底板　6—套筒　7—饱和器

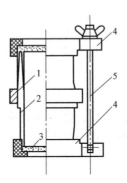

图 7-6　饱和器

1—紧箍　2—土样筒　3—透水石
4—夹板　5—拉杆

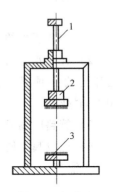

图 7-7　切土盘

1—转轴　2—上盘　3—下盘

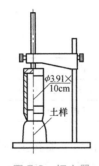

图 7-8　切土器

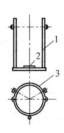

图 7-9　原状土分样器（适用于软黏土）

1—滑杆　2—底座　3—钢丝架

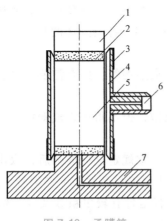

图 7-10　承膜筒
（橡胶膜通过承膜筒套在试样外）

1—上帽　2—透水石　3—橡胶膜　4—承膜筒身
5—试样　6—吸气孔　7—三轴仪底座

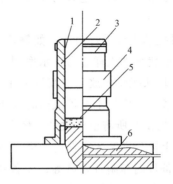

图 7-11　对开圆模（制备饱和的砂样）

1—橡胶膜　2—制样圆模（两片组成）　3—橡胶圈
4—圆箍　5—透水石　6—仪器底座

3）百分表：量程 3cm。

4）天平：感量 0.01g。

5）橡胶膜：应具有弹性，厚度应小于橡胶膜直径的 1/100，不得有漏气孔。

3. 仪器检查

1）周围压力的测量精度为全量程的 1%，测读分值为 5kPa。

2）孔隙水压力测量系统内的气泡应完全排除，系统内的气泡可用纯水施加压力使气泡上升至试样顶部，然后沿底座溢出。孔隙水压力测量系统的体积因数应小于 $1.5 \times 10^{-5} cm^3/kPa$。

3）管路应畅通，活塞应能滑动，各连接处应无漏气。

4）橡胶膜在使用前应仔细检查，检查方法是在膜内充气，并扎紧两端，然后在水下检查有无漏气。

4. 试样制备

1）本试验需 3~4 个试样，分别在不同周围压力下进行试验。

2）试样尺寸：最小直径为 35mm，最大直径为 101mm，试样高度宜为试样直径的 2~2.5 倍，试样的最大粒径应符合表 7-3 的规定。对于有裂缝、软弱面和构造面的试样，试样直径宜大于 60mm。

表 7-3　试样土粒的最大粒径

试样直径 ϕ/mm	允许最大粒径/mm
$\phi<100$	试样直径的 1/10
$\phi \geqslant 100$	试样直径的 1/5

3）原状土试样的制备。根据土样的硬度，分别用切土盘和切土器按上述试样制备的规定切成圆柱形试样，试样两端应平整，并垂直于试样轴。当试样侧面或端部有小石子或凹坑时，允许用削下的余土进行修整。试样切削时应避免扰动，并取余土测定试样的含水率。

4）扰动土试样制备。根据预定的干密度和含水率，按下述方法备样后，将试样放在击实器内分层击实，粉质土宜为 3~5 层，黏质土宜为 5~8 层，各层土样的数量相等，各层的接触面应刨毛。

① 对扰动土样进行描述，如颜色、土类、气味及夹杂物等。如有需要，将扰动土样充分拌匀，取代表性土样进行含水率测定。

② 将块状扰动土放在橡胶板上用木碾或粉碎机碾散，但不得压碎成颗粒。如含水率较大不能碾散时，应风干至可碾散时为止。

③ 根据试验所需土样数量，将碾散后的土样过筛。按规定过标准筛后，取出足够数量的代表性土样分别装入容器内，标以标签。标签上应注明工程名称、土样编号、过筛孔径、用途、制备日期和制备人员等，以备各项试验时用。若是含有较多粗砂及少量细粒土（泥沙或黏土）的松散土样，应加水润湿松散后，用四分法取出代表性土样；若是净砂，则可用匀土器取代表性土样。

④ 为配制具有一定含水率的试样，取过筛的足够试验用的风干土，按下式计算所需的加水量：

$$m_w = \frac{m}{1+0.01w_h} \times 0.01(w-w_h)$$

式中　m_w——土样所需加水量（g）；

　　　m——风干含水率时的土样质量（g）；

　　　w_h——风干含水率（%）；

　　　w——土样所要求的含水率（%）。

求出所需的加水量后，将所取土样平铺于不吸水的盘内，用喷雾设备喷洒预计的加水量，并充分拌和，然后装入容器内盖紧，润湿一昼夜备用（砂类土的浸润时间可酌情缩短）。

⑤ 测定湿润土样不同位置的含水率（至少两个以上），要求差值满足含水率测定的允许平行差值。

⑥ 当采用不同土层的土样制备混合试样时，应根据各土层的厚度按比例计算相应的质量配合比，然后按上述步骤①~④进行扰动土的制备工序。

5）对于砂类土，应先在压力室的底座上依次放置不透水板、橡胶膜和对开圆膜，然后将砂料填入对开圆膜内，分三层按预定干密度击实。当制备饱和试样时，在对开圆膜内注入纯水至1/3高度，再将煮沸的砂料分三层填入，直至达到预定高度为止。最后放置不透水板、试样帽、扎紧了的橡胶膜。上述操作完成后，对试样内部施加5kPa的负压力，使试样能站立，然后拆除对开膜。

6）对制备好的试样测量其直径和高度。试样的平均直径 D_0 按下式计算：

$$D_0 = (D_1 + 2D_2 + D_3)/4$$

式中　D_1、D_2、D_3——分别为试样上、中、下部位的直径（mm）。

5. 试样饱和

（1）抽气饱和

1）抽气饱和所用仪器设备：

① 真空饱和法整体装置如图 7-12 所示。

② 饱和器的形式如图 7-13 和图 7-14 所示。

③ 真空缸：金属制或玻璃制。

④ 抽气机。

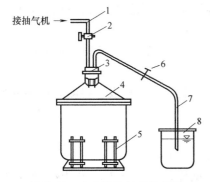

图 7-12　真空饱和法整体装置

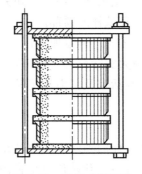

图 7-13　重叠式饱和器

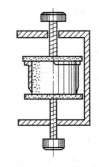

图 7-14　框架式饱和器

1—排气管　2—二通阀　3—橡胶塞　4—真空缸
5—饱和器　6—管夹　7—引水管　8—水缸

⑤ 真空测压表。

⑥ 其他：天平、硬橡胶管、橡胶塞、管夹、二路活塞、水缸、矿脂等。

2）抽气饱和的操作步骤：

① 将试件削入环刀，然后装入饱和器。

② 将装好试件的饱和器放入真空缸内，盖口涂薄层矿脂，以防漏气。

③ 关闭管夹，打开阀门，开动抽气机抽除真空缸内及土中的气体。当真空压力表达到 -101.325kPa（一个负的大气压力值）后，稍微开启管夹，使清水从引水管徐徐注入真空缸内。在注水过程中应调节管夹，使真空压力表上的数值基本上保持不变。

④ 待饱和器完全淹没水中后立即停止抽气，将引水管自水缸中提出，使空气进入真空缸内，然后静置一段时间，借助大气压力使试件饱和。

⑤ 取出试件称取质量，准确至 0.1g，并计算饱和度。

（2）水头饱和

将试样装于压力室内，施加 20kPa 的周围压力，同时水头应高出试样顶部 1m，使纯水从底部进入试样，并从试样顶部溢出，直至流入水量和溢出水量相等时为止。当需要提高试样的饱和度时，宜在水头饱和前，从压力室底部将二氧化碳气体通入试样，以置换孔隙中的空气，然后再进行水头饱和。

（3）反压力饱和

试样要求完全饱和时，应对试样施加反压力。反压力系统与周围压力系统相同，但应使用双层体变管代替排水管。试样装好后，调节孔隙水压力等于 101.325kPa（大气压力），关闭孔隙水压力阀、反压力阀、体变管阀，测记体变管读数。然后打开周围压力阀，对试样施加 10~20kPa 的周围压力，再打开孔隙水压力阀，待孔隙水压力变化稳定后测记读数。接着关闭孔隙水压力阀，打开体变管阀和反压力阀，同时施加周围压力和反压力，每级增量为 30kPa；然后缓慢打开孔隙水压力阀，检查孔隙水压力的增量，待孔隙水压力稳定后测记孔隙水压力和体变管的读数，再施加下一级周围压力和反压力。每施加一级压力都要测定孔隙水压力，当孔隙水压力的增量与周围压力的增量之比 $\Delta u/\Delta \sigma_3 > 0.98$ 时，认为试样达到饱和。

6. 试验步骤

1）在压力室的底座上依次放置不透水板、试样及试样帽，然后将橡胶膜套在试样外，并用橡胶圈将橡胶膜两端与底座及试样帽分别扎紧。

2）装上压力室罩，向压力室内注满纯水，并关闭排气阀，注意压力室内不应有残留气泡。然后，将活塞对准测力计和试样的顶部。

3）关闭排水阀，打开周围压力阀施加周围压力，周围压力值应与工程实际荷载相匹配，最大一级周围压力应与最大实际荷载大致相等。

4）转动手轮，使试样帽与活塞及测力计接触，然后装上变形百分表，将测力计和变形百分表的读数调至零位。

7. 试样剪切

1）剪切应变的速率宜使试样的轴向应变为每分钟 0.5%~1%。

2）开动电动机，接上离合器，开始进行试样剪切。试样每产生 0.3%~0.4% 的轴向应变时，测记一次测力计读数和轴向应变。当轴向应变大于 3% 时，每隔 0.7%~0.8% 的应变值测记一次读数。

3）当测力计读数出现峰值时，剪切应继续进行至超过 5% 的轴向应变时为止。当测力计读数无峰值时，剪切应进行到轴向应变为 15%~20% 时为止。

4）试验结束后，按照关闭周围压力阀、关闭电动机、拨开离合器、倒转手轮的顺序操作；然后打开排气孔，排除压力室内的水；最后拆除试样，描述试样破坏的形状，称取试样质量，并测定含水率。

8. 结果整理

1）轴向应变按下式计算：

$$\varepsilon_1 = \frac{\Delta h_i}{h_0}$$

式中　ε_1——轴向应变值（%）；

　　Δh_i——剪切过程中试样的高度变化（mm）；

　　h_0——试样的初始高度（mm）。

2）试样的校正面积按下式计算：

$$A_a = \frac{A_0}{1-\varepsilon_1}$$

式中　A_a——试样的校正截面面积（cm^2）；

　　A_0——试样的初始截面面积（cm^2）。

3）主应力差按下式计算：

$$(\sigma_1 - \sigma_3) = \frac{CR}{A_a} \times 10$$

式中　σ_1——大主应力（kPa）；

　　σ_3——小主应力（kPa）；

　　C——测力计校正系数（N/0.01mm）；

　　R——测力计读数（0.01mm）；

　　A_a——试样的校正截面面积（cm^2）。

4）轴向应变与主应力差的关系曲线应在直角坐标纸上绘制。以 $(\sigma_1-\sigma_3)$ 的峰值为破坏点；无峰值时，取 15% 轴向应变时的主应力差值作为破坏点。以法向应力为横坐标，以剪应力为纵坐标，在横坐标上以 $\frac{\sigma_{1f}+\sigma_{3f}}{2}$ 为圆心，以 $\frac{\sigma_{1f}-\sigma_{3f}}{2}$ 为半径（下角标 "f" 表示破坏），在 τ-σ 应力平面图上绘制破损应力图，并绘制不同周围压力下破损应力圆的包线，求出不排水强度参数（图 7-15）。

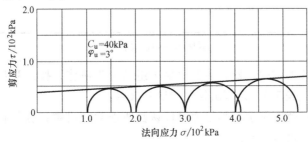

图 7-15　不固结不排水试验强度包线

9. 《土工规程》条文说明

1）不固结不排水（UU）试验通常用 3~4 个圆柱形试样，分别在不同的恒定周围压力（即小主应力 σ_3）下，施加轴向压力［即主应力差（$\sigma_1-\sigma_3$）］进行剪切，直至试样破坏。在整个试验过程中，不允许试样排水。

2）三轴仪由压力室、周围压力系统、轴向加压系统、孔隙水压力测量系统以及试样体积变化测量设备等组成。按轴向加压的不同，三轴仪分为应变控制式和应力控制式两种。其中，应变控制式三轴仪因为操作方便、应用广泛，故《土工规程》规定采用此种仪器。

3）试验前要求对仪器进行检查，以保证施加的周围压力能保持恒压。孔隙水压力测量系统应无气泡。仪器管路应畅通，无漏水现象。

4）试样的允许尺寸及最大粒径是根据国内现有的三轴仪压力室确定的。国产三轴仪的试样尺寸为 $\phi39.1mm$、$\phi61.8mm$、$\phi101mm$，但从国外引进的三轴仪的试样尺寸最小为 35mm，故《土工规程》规定试样直径为 $\phi35\sim\phi101mm$。试样的最大允许粒径参照国内外标准，规定为试样直径的 1/10 及 1/5，以便扩大适用范围。

原状土试样制备用切土器切取即可。对扰动试样，可采用压样法和击样法制备。压样法制备的试样较均匀，但制备时间较长，故通常采用击样法制备试样，注意击样法的击锤面积宜小于试样面积。在击实分层方面，为使试样均匀、层数多、效果好，《土工规程》规定黏质土为 5~8 层，粉质土为 3~5 层。

砂类土的试样制备通常有干样制备和煮沸制备两种。前者可测定干燥状态砂类土的强度。也可以在试样成型后注水饱和，以测定饱和状态下砂类土的强度。

5）饱和的方法有抽气饱和、浸水饱和、水头饱和及反压饱和，应根据不同土类和要求的饱和度选用不同的饱和方法。通常对黏性土采用抽气饱和，对粉土采用浸水饱和，对砂性土采用水头饱和，对渗透系数小于 $1\times10^{-7}cm/s$ 的黏土采用反压饱和等。

6）对试样施加的周围压力应尽可能与土体现场的压力一致。对于高路堤或其他荷载较大的工程，由于仪器性能的限制，不能对试样施加较大的周围压力，故《土工规程》也允许用较小的周围压力进行试验。

7）就不固结不排水试验而言，如不测孔隙水压力，在通常的速率范围内对强度影响不大，故可根据试验方便的原则选择剪切速率，《土工规程》建议应变速率为每分钟应变 0.5%~1.0%。

8）由于不同土类的破坏特性不同，不能用一种标准来选择破坏标准。《土工规程》规定采用最大主应力差、最大主应力比和有效应力路径的方法来确定强度的破坏值。当试验中无明显破坏值时，为了简单起见，采用应变为 15% 时的主应力差作为破坏值。当出现峰值后，再发生 5% 的应变后停止试验；若测力计读数无明显减少，则垂直应变应进行到 20%。

▶ 下达工作任务

不固结不排水试验
工作任务：使用相关的试验仪器，通过学生小组的分工协作，按试验步骤进行操作试验，完成试验任务，完成表 7-4，并写出相应的试验报告。 **实训方式**：教师先示范，学生以小组为单位认真听取教师讲解试验的目的、方法、步骤，然后学生作为试验员进行试验。

实训目的： 土的不固结不排水试验既是学习土的抗剪强度基本理论不可缺少的教学环节，也是确定土的抗剪强度指标的一项重要工作。通过试验，可以加深学生对基本理论的理解，同时也是学生学习试验方法、试验技能以及培养试验结果分析能力的重要途径。

实训内容和要求： 掌握不固结不排水试验的适用范围、仪器设备、操作步骤、成果整理等知识。土工试验方法应遵循《土工规程》的规定。

实训成果： 试验完成后，将试验数据填入试验记录表，并写出试验过程。各小组之间交流成果，进行分析讨论，由指导教师进行讲评，以提高学生的实际动手能力。

实施计划

表 7-4　不固结不排水试验记录

试样编号	周围压力 σ_3/kPa	轴向变形 Δh_i/0.01mm	轴向应变 ε_1(%)	校正截面面积 /cm²	测力计读数 R/0.01mm	主应力差 /kPa

评定反馈

试验报告及讨论：

1）根据分组试验情况及相关数据记录，完成本次任务的试验报告，并填写表 7-5。

2）各组比较试验成果，看是否存在差异，并讨论差异形成的原因。

表 7-5　不固结不排水试验评定反馈

任务内容							
小组号			学生姓名		学号		
序号	检查项目	分数权重	评分要求		自评分	组长评分	教师评分
1	任务完成情况	40	按要求完成任务				
2	试验记录	20	记录、计算规范				
3	学习纪律	20	服从指挥、无安全事故				
4	团队合作	20	服从组长安排，能配合他人工作				

学习心得与反思：

存在问题：

时间：＿＿＿＿＿＿＿＿

学生自评分占20%	组长评分占20%	教师评分占60%	最后得分

三、无侧限抗压强度试验 （T 0148—1993）

无侧限抗压强度试验是三轴压缩试验的一个特例，是将试样置于不受侧向限制的条件下进行的强度试验。此时，试样所受的小主应力为零，而大主应力的极限值为无侧限抗压强度，通常用 q_u 表示。该试验中试样的破坏面是沿着黏土最软弱部分发生的，能获得均匀的应力-应变关系曲线。

1. 适用范围

1）无侧限抗压强度是试件在无侧向压力的条件下，抵抗轴向压力的极限强度。

2）本试验适用于测定黏聚性土的无侧限抗压强度和饱和软黏土灵敏度。

2. 仪器设备

1）应变控制式无侧限抗压强度仪如图 7-16 所示，包括测力计、加压框架及升降螺杆等。试验时，应根据土的硬度选用不同量程的测力计。

2）切土盘如图 7-17 所示。

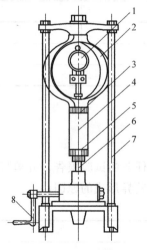

图 7-16　应变控制式无侧限抗压强度仪

1—百分表　2—测力计　3—上加压板　4—试样
5—下加压板　6—升降螺杆　7—加压框架　8—手轮

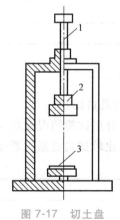

图 7-17　切土盘

1—转轴　2—上盘　3—下盘

3）重塑筒：筒身可拆为两半，内径为 40mm，高为 100mm。

4）其他：百分表（量程为 10mm、30mm）、天平（感量 0.01g）、秒表、卡尺、直尺、削土刀、钢丝锯、塑料布、金属垫板、矿脂等。

3. 试样

1）将原状土样按天然层次方向放在桌上，用削土刀或钢丝锯削成稍大于试件直径的土柱，然后放入切土盘的上盘与下盘之间，再用削土刀或钢丝锯沿侧面自上而下仔细切削，同时转动圆盘，直至达到要求的直径为止。取出试件，按要求的高度削平两端。两端面要平整，且与侧面垂直。如试件表面因有砾石或其他杂物而形成孔洞时，允许用土填补。

2）试件的直径和高度应与重塑筒的直径和高度相同，试件的直径一般为 40~50mm，高度一般为 100~120mm。试件高度与直径之比应大于 2，按软土的硬度不同可采用 2.0~2.5。

4. 试验步骤

1）将切削好的试件立即称量，准确至 0.1g。同时，取切削下的余土测定含水率，并用卡尺测量其高度及上、中、下各部位的直径，按下式计算其平均直径 D_0：

$$D_0 = (D_1 + 2D_2 + D_3)/4$$

式中　　　D_0——试件平均直径（cm）；

D_1、D_2、D_3——试件上、中、下各部位的直径（cm）。

2）在试件两端抹一薄层矿脂。如为防止水分蒸发，试件侧面也可抹一薄层矿脂。

3）将制备好的试件放在应变控制式无侧限抗压强度仪的下加压板上，转动手轮，使试件与上加压板刚好接触，调测力计百分表读数为零点。

4）以轴向应变 1%/min~3%/min 的速度转动手轮，使试验在 8~10min 内完成。

5）应变在 3%以前，每 0.5%应变记读百分表读数一次；应变达 3%以后，每 1%应变记读百分表读数一次。

6）当百分表达到峰值或读数趋于稳定，再继续增加 3%~5%的应变值即可停止试验。如读数无稳定值，则轴向应变达 20%时即可停止试验。

7）试验结束后，迅速反转手轮，取下试件，描述破坏情况。

8）若需测定灵敏度，则去掉破坏后试件表面的矿脂，再加少许土，包以塑料布，用手捏搓，破坏其结构，重塑为圆柱形，放入重塑筒内，用金属垫板挤成与筒体积相等的试件（即与重塑前尺寸相等），然后立即重复上述 3)~7) 的步骤进行试验。

5. 结果整理

1）按下式计算轴向变形、轴向应变和校正后试件的断面面积：

$$\Delta h = n\Delta L - R \qquad \varepsilon_1 = \frac{\Delta h}{h_0} \times 100 \qquad A_a = \frac{A_0}{1 - \varepsilon_1}$$

式中　ε_1——轴向应变（%）；

h_0——试件起始高度（cm）；

Δh——轴向变形（cm）；

n——手轮转数；

ΔL——手轮每转一转，应变控制式无侧限抗压强度仪下加压板的上升高度（cm）；

R——百分表读数（cm）；

A_a——校正后试件的断面面积（cm^2）；

A_0——试件起始面积（cm^2）。

2）应变控制式无侧限抗压强度仪上试件所受轴向应力按下式计算：

$$\sigma = \frac{10CR}{A_a}$$

式中　σ——轴向应力（kPa）；

C——测力计校正系数（N/0.01mm）；

R——百分表读数（0.01mm）；

A_a——校正后试件的断面面积（cm^2）。

3）以轴向应力为纵坐标，轴向应变为横坐标，绘制应力-应变曲线（图 7-18），以最大轴向应力作为无侧限抗压强度。若最大轴向应力不明显，取轴向应变15%处的应力作为该试件的无侧限抗压强度 q_u。

4）按下式计算灵敏度 S_t：

$$S_t = \frac{q_u}{q_u'}$$

式中　q_u——原状试件的无侧限抗压强度（kPa）；

　　　q_u'——重塑试件的无侧限抗压强度（kPa）。

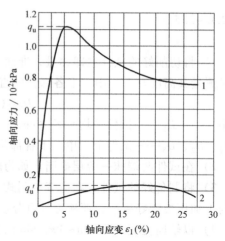

图 7-18　轴向应力与轴向应变的关系曲线
1—原状试件　2—重塑试件

6. 《土工规程》条文说明

1）目前采用的无侧限抗压强度试验的仪器，一般有应变控制式和应力控制式两种。其中，应变控制式仪器操作简单、精度高、质量小、应用广泛。

2）试件的高度与直径应有适当的比值，《土工规程》建议该比值为 2~2.5；试件直径建议采用 3.5~4cm。

测定软黏土的灵敏度时，重塑试件应保持同原状试件相同的密度和湿度。

3）试件受压破坏时，一般有脆性破坏和塑性破坏两种。脆性破坏有明显的破坏面，轴向应力具有峰值，破坏值容易选取；对于塑性破坏的试件，一般选取应变为 15% 的抗压强度作为破坏值。为了与国家标准和三轴压缩试验取得一致，选取应变为 15% 的抗压强度作为破坏值，但试验应进行到应变达 20% 以上。

⊡ 下达工作任务

无侧限抗压强度试验

工作任务： 使用相关的试验仪器，通过学生小组的分工协作，按试验步骤进行操作试验，完成试验任务，完成表 7-6，并写出相应的试验报告。

实训方式： 教师先示范，学生以小组为单位认真听取教师讲解试验的目的、方法、步骤，然后学生作为试验员进行试验。

实训目的： 通过土的无侧限抗压强度试验既是学习土的抗剪强度基本理论不可缺少的教学环节，也是室内确定土的抗剪强度指标的一项重要工作。通过试验，可以加深学生对土的抗剪强度的理解，同时也是学生学习试验方法、试验技能以及培养试验结果分析能力的重要途径。

实训内容和要求： 掌握无侧限抗压强度试验的适用范围、仪器设备、操作步骤、成果整理等知识。土工试验方法应遵循《土工规程》的规定。

实训成果： 试验完成后，将试验数据填入试验记录表，并写出试验过程。各小组之间交流成果，进行分析讨论，由指导教师进行讲评，以提高学生的实际动手能力。

表 7-6　无侧限抗压强度试验记录

工程名称＿＿＿＿＿＿＿＿＿＿＿＿　　　　　　　　试验者＿＿＿＿＿＿＿＿＿＿＿＿

土样编号＿＿＿＿＿＿＿＿＿＿＿＿　　　　　　　　计算者＿＿＿＿＿＿＿＿＿＿＿＿

取土深度＿＿＿＿＿＿＿＿＿＿＿＿　　　　　　　　校核者＿＿＿＿＿＿＿＿＿＿＿＿

土样说明＿＿＿＿＿＿＿＿＿＿＿＿　　　　　　　　试验日期＿＿＿＿＿＿＿＿＿＿＿＿

试验前试件高度 $h_0 = $ ＿＿ cm　　　试验前试件直径 $D_0 = $ ＿＿ cm　　无侧限抗压强度 $q_u = $ ＿＿ kPa

试件起始面积 $A_0 = $ ＿＿ cm²　　　试件质量 $m = $ ＿＿ g　　灵敏度 $S_t = $ ＿＿ $q_u' = $ ＿＿ kPa

试件密度 $\rho = $ ＿＿ g/cm³　　　测力计校正系数 $C = $ ＿＿ N/0.01mm　　　试件破坏时情况：＿＿

主轮转数	测力计百分表读数 R/0.01mm	下加压板上升高度 ΔL/mm	轴向变形 Δh/mm	轴向应变 ε_1（%）	校正后试件的断面面积 A_a/cm²	轴向荷载 P/N	轴向应力 ν/kPa	备注
（1）	（2）	（3）	（4）	（5）	（6）	（7）	（8）	
			$(1)\times(3)-(2)$	$\dfrac{(4)}{h_0}$	$\dfrac{A_0}{1-(5)}$	$(2)\times C$	$\dfrac{(7)}{(6)}$	
1								
2								
3								
4								
5								
6								
7								
8								
9								
10								
11								
12								
13								
14								
15								
16								
17								

试验报告及讨论：

1）根据分组试验情况及相关数据记录，完成本次任务的试验报告，并填写表 7-7。

2）各组比较试验成果，看是否存在差异，并讨论差异形成的原因。

表 7-7　无侧限抗压强度试验评定反馈

任务内容							
小组号			学生姓名		学号		
序号	检查项目	分数权重	评分要求		自评分	组长评分	教师评分
1	任务完成情况	40	按要求完成任务				
2	试验记录	20	记录、计算规范				
3	学习纪律	20	服从指挥、无安全事故				
4	团队合作	20	服从组长安排,能配合他人工作				

学习心得与反思:

存在问题:

时间:_____

学生自评分占 20%	组长评分占 20%	教师评分占 60%	最后得分

实训任务八

击实试验

学习情境

在工程建设中，经常遇到填土压实、软弱地基的夯实和换土碾压等问题，常采用既经济又合理的压实方法对土进行压实，使土变得密实，在短期内提高土的强度，以达到改善土的工程性质的目的。在填筑道路工程路堤时，对压实填土的施工和压实效果的检测都离不开土的最大干密度和最佳含水率这两个参数，这需要通过击实试验来获得。

击实试验

资讯

击实试验（T 0131—2019）可用于测定土的最大干密度和最佳含水率。

1. 适用范围

本试验分为轻型击实和重型击实，应根据工程要求和试样的最大粒径按表 8-1 选用击实试验方法。当粒径大于 40mm 的颗粒含量大于 5% 且不大于 30% 时，应对试验结果进行校正；当粒径大于 40mm 的颗粒含量大于 30% 时，按《土工规程》中的表面振动压实仪法（T 0133—2019）进行试验。

表 8-1 击实试验方法

试验方法	类别	锤底直径/cm	锤质量/kg	落高/cm	试筒尺寸 内径/cm	试筒尺寸 高/cm	试样尺寸 高度/cm	试样尺寸 体积/cm³	层数	每层击数	最大粒径/mm
轻型	Ⅰ-1	5	2.5	30	10	12.7	12.7	997	3	27	20
轻型	Ⅰ-2	5	2.5	30	15.2	17	12	2177	3	59	40
重型	Ⅱ-1	5	4.5	45	10	12.7	12.7	997	5	27	20
重型	Ⅱ-2	5	4.5	45	15.2	17	12	2177	3	98	40

2. 仪器设备

1）标准击实仪如图 8-1 和图 8-2 所示，击实试验方法和相应设备的主要参数应符合表 8-1 的规定。

2）烘箱及干燥器。

3）电子天平：称量 2000g，感量 0.01g；称量 10kg，感量 1g。

4）圆孔筛：孔径 40mm、20mm 和 5mm 各 1 个。

5）拌和工具：平面尺寸 400mm×600mm、深 70mm 的金属盘，土铲。

6）其他：喷水设备、碾土器、盛土盘、量筒、推土器、铝盒、削土刀、平直尺等。

3. 试样

本试验可分别采用不同的方法准备试样，不论采用哪种方法准备试样，均可按表 8-2 准备试料。经过击实试验后的试样不宜重复使用。

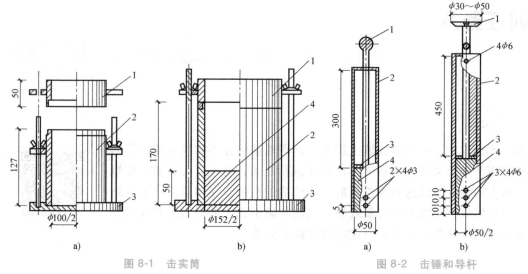

图 8-1　击实筒　　　　　　　　　　　　　图 8-2　击锤和导杆

a）小击实筒　b）大击实筒　　　　　　　　a）2.5kg 击锤（落高 30cm）　b）4.5kg 击锤（落高 45cm）

1—套筒　2—击实筒　3—底板　4—垫板　　　　1—提手　2—导筒　3—硬橡胶垫　4—击锤

1）干土法。过 40mm 筛后，按四分法至少准备 5 个试样，然后分别加入不同的水量（含水率按 1%～3% 的速率递增）将土样拌和均匀，土样拌匀后闷料一夜后备用。

表 8-2　试料用量

使用方法	试筒内径/cm	最大粒径/mm	试料用量
干土法	10	20	至少 5 个试样，每个 3kg
	15.2	40	至少 5 个试样，每个 6kg
湿土法	10	20	至少 5 个试样，每个 3kg
	15.2	40	至少 5 个试样，每个 6kg

2）湿土法。对于含水率较高的土，可省略过筛步骤，拣除粒径大于 40mm 的石子。保持天然含水率的第一个土样，可立即用于击实试验；其余几个试样，可将土分成小土块，然后分别风干，使含水率按 2%～3% 的速率递减。

4. 试验步骤

1）根据土的性质和工程要求，按表 8-1 的规定选择轻型或重型试验方法，并选用干土法或湿土法。

2）称取试筒（击实筒）质量 m_1，准确至 1g。将击实筒放在坚硬的地面上，在筒壁上抹薄层矿脂，并在筒底（小试筒）或垫块（大试筒）上放置蜡纸或塑料薄膜。然后，取制备好的土样分 3~5 次倒入筒内。对于小试筒，按三层法时，每次倒入 800~900g（其量应使击实后的试样等于或略高于筒高的 1/3）；按五层法时，每次倒入 400~500g（其量应使击实后的土样等于或略高于筒高的 1/5）。对于大试筒，先将垫块放入筒内底板上，按三层法时，每层需试样约 1700g。土样倒入完毕，整平表面，并稍加压紧，然后按规定的击数进行第一层土的击实，击实时击锤应自由垂直落下，锤迹必须均匀分布于土样表面。第一层击实完后，将试样层表面拉毛，然后再装入套筒，重复上述方法进行其余各层土的击实。小试筒击实后，试样不应高出筒顶面 5mm；大试筒击实后，试样不应高出筒顶面 6mm。

3）用削土刀沿套筒内壁削刮，使试样与套筒脱离，脱离后扭动并取下套筒，然后对齐筒顶仔细削平试样。试样削平后拆除底板，擦净筒外壁，称取筒与土的总质量 m_2，准确至 1g。

4）用推土器推出筒内试样，从试样中心处取代表性的土样测其含水率，计算至 0.1%。测定含水率用试样的数量按表 8-3 的规定取样（取出有代表性的土样）。

表 8-3　测定含水率用试样的数量

最大粒径/mm	试样质量/g	数量
<5	约 100	2
约 5	约 200	1
约 20	约 400	1
约 40	约 800	1

5. 结果整理

1）按下式计算击实后各点的干密度：

$$\rho_d = \frac{\rho}{1+0.01w}$$

式中　ρ_d——干密度（g/cm³），计算至 0.01g/cm³；

　　　ρ——湿密度（g/cm³）；

　　　w——含水率（%）。

2）以干密度为纵坐标、含水率为横坐标，绘制干密度与含水率的关系曲线，曲线上峰值点的纵、横坐标分别为最大干密度和最佳含水率。如曲线不能绘出明显的峰值点，应进行补点或重做试验。

3）当试样中有粒径大于 40mm 的颗粒时，应先取出粒径大于 40mm 的颗粒，并求出其含量百分率 p；然后把粒径小于 40mm 的部分试样做击实试验，并按下面公式分别对试验所得的最大干密度和最佳含水率进行校正（适用于粒径大于 40mm 的颗粒含量小于 30% 的情况）。

① 最大干密度按下式校正：

$$\rho'_{dmax} = \frac{1}{\dfrac{1-0.01p}{\rho_{dmax}}+\dfrac{0.01p}{\rho_w G'_s}}$$

式中　ρ'_{dmax}——校正后的最大干密度（g/cm³），计算至 0.01g/cm³；

　　　ρ_{dmax}——用粒径小于 40mm 的土样做试验得到的最大干密度（g/cm³）；

　　　p——试样中粒径大于 40mm 颗粒的含量百分率（%）；

　　　G'_s——粒径大于 40mm 颗粒的毛体积比重，计算至 0.01。

② 最佳含水率按下式校正：

$$w'_0 = w_0(1-0.01p)+0.01pw_2$$

式中　w'_0——校正后的最佳含水率（%），计算至 0.1%；

　　　w_0——用粒径小于 40mm 的土样做试验得到的最佳含水率（%）；

　　　p——含义同上；

　　　w_2——粒径大于 40mm 颗粒的吸水量（%）。

4）精度和允许差。最大干密度精确至 0.01g/cm³；最佳含水率精确至 0.1%。

6.《土工规程》条文说明

1）各国所用的击实试验方法是大同小异的，重型击实试验方法的单位击实功为轻型击实试验方法的 4.5 倍。

为了适应不同道路等级、各种压实机具等的要求，本规程将轻型击实试验与重型击实试验并列。试验时采用哪种方法，应根据有关规定或工程需要选定。试验表明，在单位体积击实功相同的情况下，同类土用轻型击实试验和重型击实试验的结果相同。工程上，含水率高的土在碾压过程中易出现"弹簧"现象，适宜采用轻型压实机械，碾压遍数相对较少。与此相对应的是，含水率较高的土适宜采用轻型击实试验。

同一类土若同时进行了击实试验与表面振动击实，则取两者结果中的干密度最大值作为该土样的最大干密度。

2）根据试验类型的不同，分别采用干土法和湿土法准备试样。

首次使用与重复使用的击实土样，两者的最大干密度和最佳含水率均有差异，因此击实试验的土样不宜重复使用。

干土法是指先将击实所需的土样烘干或将含水率降至试样的最低含水率以下，准备 5 个以上的试样，然后往每个试样中添加不同的水以达到预计的含水率，拌和均匀后进行闷料，以备试验用。

湿土法是指采集 5 个以上的高含水率土样，每个土样的质量为 3kg 左右，施工时能进行碾压的最高含水率分别晾干至所需的不同要求的含水率，其中至少 3 个土样小于此最高含水率，至少 2 个土样大于此最高含水率，然后按常规方法进行击实试验。湿土法的试验过程较干土法更接近施工的实际过程，一般情况下，采用湿土法测得的最大干密度要小于干土法，最佳含水率要高于干土法，这点对于南方地区的红黏土与高液限土等尤为明显。

3）根据工程的具体要求，按表 8-1 的规定选择轻型或重型试验方法；根据土的性质按表 8-2 的规定选用干土法或湿土法。对于为天然含水率较高的土宜选用湿土法。

4）土中如夹有较大的颗粒，如碎（砾）石等，对求最大干密度和最佳含水率都有一定的影响，所以试验规定要过 40mm 筛。当过 40mm 筛的筛余颗粒（称为超尺寸颗粒）含量较多（3%~30%）时，所得结果误差较大。因此，必须对含有超尺寸颗粒的试样直接用大型试筒（如容积为 2177cm³）做试验。

⚅》 下达工作任务

击实试验
工作任务：使用相关的试验仪器，通过学生小组的分工协作，按试验步骤进行操作试验，完成击实试验的测定任务，填写表 8-4，并写出相应的试验报告。 **实训方式**：教师先示范，学生以小组为单位，认真听取教师讲解试验的适用范围、方法、步骤，然后学生作为试验员进行试验。 **实训目的**：利用标准化的击实仪，采用重型小试筒击实方法，规范地检测出土的最佳含水率及其最大干密度。 **实训内容和要求**：进行土的击实试验，掌握试验目的、仪器设备、操作步骤、成果整理等知识。土工试验方法应遵循《土工规程》的规定。 **实训成果**：试验完成后，将试验数据填入试验记录表，并写出试验过程。各小组之间交流成果，进行分析讨论，由指导教师进行讲评，以提高学生的实际动手能力。

实施计划

表 8-4　击实试验记录

校核者＿＿＿＿＿＿＿＿＿＿　　　　计算者＿＿＿＿＿＿＿＿＿＿　　　　试验者＿＿＿＿＿＿＿＿＿＿

土样编号		筒号		落距		45cm		
土样来源		筒容积	997cm³	每层击数		27		
试验日期		击锤质量	4.5kg	大于5mm颗粒含量				
	试验次数		1	2	3	4	5	
干密度	筒+土质量/g							
	筒质量/g							
	湿土质量/g							
	湿密度/(g/cm³)							
	干密度/(g/cm³)							
含水率	盒号							
	盒+湿土质量/g							
	盒+干土质量/g							
	盒质量/g							
	水质量/g							
	干土质量/g							
	含水率(%)							
	平均含水率(%)							
最佳含水率=				最大干密度=				

击实曲线

评定反馈

试验报告及讨论：

1）根据分组试验情况及相关数据记录，完成本次任务的试验报告，并填写表8-5。

2）各组比较试验成果，看是否存在差异，并讨论差异形成的原因。

表 8-5 实训任务八评定反馈

任务内容								
小组号			学生姓名			学号		
序号	检查项目	分数权重	评分要求			自评分	组长评分	教师评分
1	任务完成情况	40	按要求完成任务					
2	试验记录	20	记录、计算规范					
3	学习纪律	20	服从指挥、无安全事故					
4	团队合作	20	服从组长安排,能配合他人工作					

学习心得与反思:

存在问题:

时间:＿＿＿＿＿＿＿＿＿＿＿

学生自评分占 20%	组长评分占 20%	教师评分占 60%	最后得分